微课版

Linux 网络操作系统

项目式教程

（统信UOS）

张运嵩 张娴◉主编
征慧 徐胜 刘丹◉副主编

人民邮电出版社
北京

图书在版编目（CIP）数据

Linux网络操作系统项目式教程 : 统信UOS : 微课版 / 张运嵩，张娴主编. -- 北京 : 人民邮电出版社，2024.7
工业和信息化精品系列教材. 网络技术
ISBN 978-7-115-64324-7

Ⅰ. ①L… Ⅱ. ①张… ②张… Ⅲ. ①Linux操作系统－高等职业教育－教材 Ⅳ. ①TP316.85

中国国家版本馆CIP数据核字(2024)第085082号

内 容 提 要

本书以国产操作系统（统信 UOS）为基础，系统、全面地介绍 Linux 操作系统的基本概念和网络服务配置。全书共 4 篇 10 个项目，内容包括 Linux 操作系统概述、统信 UOS 初体验、用户管理、文件管理、磁盘管理、网络管理、部署基础网络服务、部署文件共享服务、部署 Web 与 Mail 服务，以及技能大赛综合案例。

本书既可作为高校计算机、通信等相关专业的教材，也可作为广大计算机爱好者自学 Linux 操作系统的参考书。

◆ 主　　编　张运嵩　张　娴
　副 主 编　征　慧　徐　胜　刘　丹
　责任编辑　郭　雯
　责任印制　王　郁　焦志炜

◆ 人民邮电出版社出版发行　　北京市丰台区成寿寺路 11 号
　邮编　100164　　电子邮件　315@ptpress.com.cn
　网址　https://www.ptpress.com.cn
　北京天宇星印刷厂印刷

◆ 开本：787×1092　1/16
　印张：16　　　　2024 年 7 月第 1 版
　字数：410 千字　　　　2024 年 7 月北京第 1 次印刷

定价：59.80 元

读者服务热线：(010)81055256　印装质量热线：(010)81055316
反盗版热线：(010)81055315
广告经营许可证：京东市监广登字 20170147 号

党的二十大报告提出，以国家战略需求为导向，集聚力量进行原创性引领性科技攻关，坚决打赢关键核心技术攻坚战。信创产业正是在这一大背景下诞生和快速发展的。在信息技术领域，操作系统被认为是计算机之“魂”。推动信创国产操作系统自主创新，事关信息技术竞争力，更关乎国家信息安全。当前，以统信 UOS 为代表的信创国产操作系统在企业和个人消费市场得到越来越多的应用。“Linux 系统管理”是高校计算机网络技术专业的核心课程。本书以统信 UOS 为平台，介绍 Linux 操作系统的基础知识，以及搭建和维护常见网络服务器的方法。本书编写团队根据《职业院校教材管理办法》《“十四五”职业教育规划教材建设实施方案》等文件精神，结合多年的教学改革实践经验，精心规划结构、科学编排内容，使得本书具有以下几个显著特点。

1. 思政贯穿，德技并修，知识传授与价值观培养协同并进

本书编写团队坚持正确的政治方向和价值导向，将价值观培养与知识传授放在同等重要的位置。本书编写团队充分挖掘“Linux 系统管理”课程的思政元素，将课程思政要求融入知识传授与技能提升中。例如，在介绍国产操作系统时，一方面培养学生开放、共享的精神特质，学会在开放、共享中铸造优秀产品；另一方面，通过学习国产操作系统的发展历史，了解信创产业的现状和成就，增强民族自豪感、民族自信心，培养爱国精神。通过合理编排本书理论知识与任务实训，有效提高课程思政协同育人的实际效果，强化学生职业素养和职业精神。

2. 能力为本，大赛引领，强化实操技能和知识应用能力

针对高职学生的学情分析和课程标准，本书以理论知识“必要、够用”为原则，仅包括必须掌握的基础知识和重点内容。在结构编排上，将理论知识与实训内容分开，突出 Linux 实操技能的锻炼和提升。针对工作岗位中的核心技能需求，设计相应的实验进行强化练习，让学生掌握解决实际问题的思路和方法，在实践中强化知识应用能力。另外，编写团队依托全国职业院校技能大赛网络系统管理赛项设计实训内容，根据比赛考核内容和评价标准，并结合自身带队比赛经验，将竞赛内容适当删减后整合为一个综合案例，并给出完整的解答过程。该案例覆盖本书核心内容，可以作为学期实训项目使用。

3. 项目统筹，任务实施，打造模块化教学和分层教学新模式

在本书体例设计上，编写团队以“项目+任务”的形式编排课程内容。本书根据知识的递进关系设计了 4 个学习篇章，即入门篇、基础篇、进阶篇和实战篇，将“Linux 系统管理”课程的主要学习内容整合为 10 个项目，包括 Linux 操作系统概述、统信 UOS 初体验、用户管理、文件管理、磁盘管理、网络管理、部署基础网络服务、部署文件共享服务、部署 Web 与 Mail 服务、技能大赛综合案例。在项目 1～项目 9 中，通过精心设计的情景案例引出具体的任务，每个任务都以“知识准备+任务实施”为主线，体现“理实一体”的学习理念和“学中做、做中学”的高职学生学习特点。同时，还为每个任务专门设计了“知识拓展”模块以帮助教师更好地实施分层教学，满足基础较好、学习能力较强的学生的学习需求。

4. 校企合作，联合开发，保证内容实用性与先进性

本书编写团队由教学名师和企业专家构成，以确保本书内容的实用性与先进性。教学名师长年工作于教学一线，对职业教育教学规律和高职学生学习特点比较了解，熟悉专业基础理论知识，在编写本书的过程中主要负责文字工作，在内容上尽量图文并茂，在表述上力求生动活泼，力争做到既通俗易懂又不失规范、准确。企业专家更关注企业实际工作所需的必备技能，在编写本书的过程中除提供每个任务的实施案例外，还将任务实施过程与企业真实工作流程对接，让学生在提高技术能力的同时，自觉践行企业文化，锤炼职业素养和职业精神。

5. 配套完善，立体多样，打造自主学习与探究式学习空间

为提升广大师生的用书体验，满足不同人群多样化的用书需求，本书提供了丰富的数字教学资源，包括课程标准、教案设计、PPT 课件、试题库及答案解析等。书中的重点、难点部分设有对应二维码，读者扫描二维码即可观看关于相关知识点的详细讲解。与本书配套的在线开放课程为学生打造了一个自由开放、内容丰富的自主学习空间，其中包含的拓展性内容也为学生开展探究式学习提供了素材。

本书由张运嵩、张娴担任主编，征慧、徐胜、刘丹担任副主编，张运嵩统编全稿。锐捷网络（苏州）有限公司和江苏阅衡智能科技有限公司为本书的编写提供了大力支持。在编写本书的过程中，编者从众多公开的文献资料中得到了许多启发，未能一一注明出处，在此向各位原作者表示衷心的感谢。

由于编者水平有限，书中疏漏和不足之处在所难免，殷切希望广大读者批评指正，编者将不胜感激，编者邮箱为 zyunsong@qq.com。

编者

2024 年 2 月

目 录

入门篇

基础篇

进阶篇

入门篇

在信息技术日新月异的今天，Linux操作系统以其开源、稳定、高效的特点，在服务器市场占据重要地位，并逐渐渗透至桌面环境。本篇作为学习Linux的起点，旨在为读者构建坚实的基础框架。通过项目1 Linux操作系统概述，读者将宏观了解Linux的发展历程、体系结构及应用领域；项目2统信UOS初体验将引领读者步入国产操作系统的实践殿堂，读者可亲自体验其用户友好的界面与强大的功能，为后续深入学习铺设道路。

项目1 Linux操作系统概述

01

学习目标

知识目标

- 了解 Linux 的发展历史。
- 熟悉 Linux 的层次结构与版本。
- 了解国产操作系统的发展历史和现状。
- 了解统信 UOS 产品体系。

能力目标

- 能够安装 VMware 虚拟化工具。
- 能够在 VMware 中创建虚拟机并安装统信 UOS。
- 能够在 VMware 中创建虚拟机快照和克隆虚拟机。

素质目标

- 通过学习操作系统的组成，读者可理解事物整体和局部的关系，以及分层设计的思路和方法，学会从整体着眼，从细节着手。
- 通过学习 Linux 的发展历史，培养读者开放、共享的精神特质。同时，学会尊重他人劳动成果，了解“自由”软件并非“免费”软件。
- 通过收集我国在关键高科技领域面临的问题，增强科技自立自强的意识。同时，了解信创产业的现状和成就，增强民族自豪感和培养爱国精神。

项目引例

尤博是一所高职院校计算机网络技术专业的一年级学生。学习之余，尤博在校外的一家网络安全公司找了一份暑期兼职工作，主要职责是协助运维部门的网络工程师管理和维护公司网络服务器。公司的网络服务器运行的是国产的统信UOS，这对尤博来说是一个陌生的领域。不过公司的韩经理在这方面经验丰富。韩经理告诉尤博，国产操作系统集中体现了我国实现科技自主的决心，统信UOS是其中的优秀代表；统信UOS的学习之路不会一帆风顺，要做好“打硬仗”的心理准备；不过学成之后，肯定会对日后的发展大有帮助。他叮嘱尤博，既要注重基础理论知识的学习，还要在实践上多下功夫。尤博自信地点了点头，他告诉自己要勇敢地接受这份挑战，通过不懈的努力提交一份满意的答卷。

任务 1.1 认识国产操作系统

任务概述

本任务首先介绍操作系统，然后介绍 Linux 操作系统的发展历史、层次结构与版本。操作系统是信息技术体系中重要的基础软件，在信息产业中占据核心地位。Linux 在很大程度上借鉴了 UNIX 操作系统的成功经验，继承并发展了 UNIX 操作系统的优良传统。Linux 的开源特性也是它得以迅速发展壮大的关键因素之一。本任务同时介绍了国产操作系统。操作系统国产化是实现科技自立自强的重要一环。本任务将重点介绍国产操作系统的优秀代表——统信 UOS 的产品体系。

知识准备

1.1.1 操作系统概述

计算机系统由硬件系统和软件系统两大部分组成，操作系统是软件系统中重要的基础软件。一方面，操作系统直接向各种硬件下发指令，控制硬件的运行；另一方面，所有的应用程序都运行在操作系统之上。操作系统为计算机用户提供了良好的操作界面，用户可以方便地使用各种应用程序完成不同的任务。因此，操作系统是计算机用户或应用程序与硬件交互的“桥梁”，控制着整个计算机系统的硬件资源和软件资源。操作系统不仅能提高硬件的利用效率，还能极大地方便普通用户使用计算机。

图 1-1 所示为计算机系统的层次结构。狭义地说，操作系统只是覆盖硬件设备的内核，具有设备管理、作业管理、进程管理、文件管理和存储管理五大核心功能。操作系统与硬件设备直接交互，而不同硬件设备的架构设计有很大差别，因此，在一种硬件设备上运行良好的操作系统很可能无法运行于另一种硬件设备上，这就是操作系统的移植性问题。广义地说，操作系统还包括一套系统调用，用于为高层应用程序提供各种接口以直接访问操作系统的核心功能，方便应用程序的开发。库函数是由开发者编写的可重用的代码，可以帮助用户实现各种常用的操作，如文件处理、网络通信等。外壳程序是一个命令解释器，它为用户提供了一个与操作系统内核进行交互的命令行界面，允许用户在该界面中输入命令，并传递给内核执行。

微课

V1-1 计算机系统的层次结构

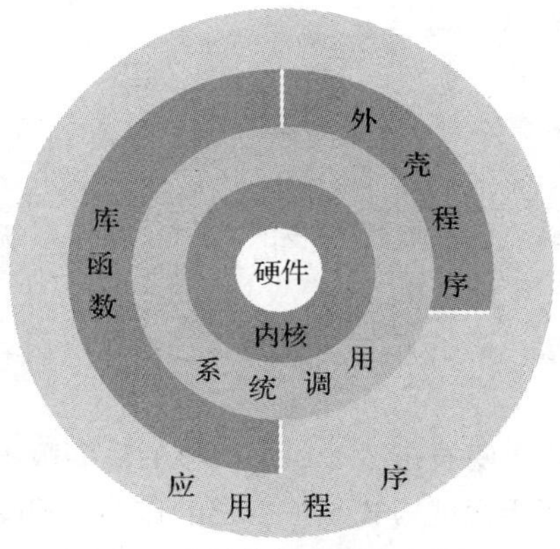

图 1-1 计算机系统的层次结构

Linux 作为一种操作系统，既有一个稳定、性能优异的内核，又有丰富的系统调用接口。下面简单介绍 Linux 操作系统的诞生与发展。

1.1.2 Linux 的发展历史

回顾 Linux 的历史，可以说它是“踩着巨人的肩膀”逐步发展起来的。在 Linux 之前已经出现了一些非常成功的操作系统，Linux 在设计上借鉴了这些操作系统的成功之处，并充分利用了自由软件所带来的巨大便利。下面简单介绍在 Linux 的发展历史中具有代表性的重要人物和事件。

1. Linux 的前身

（1）UNIX

谈到 Linux，就不得不提 UNIX。最早的 UNIX 原型是美国贝尔实验室的肯·汤普森（Ken Thompson）于 1969 年 9 月使用汇编语言开发的，取名为“Unics”。但 Unics 是使用汇编语言开发的，和硬件联系紧密，为了提高 Unics 的可移植性，肯·汤普森和丹尼斯·里奇（Dennis Ritchie）使用 C 语言实现了 Unics 的第 3 版内核，并将其更名为“UNIX”，于 1973 年正式对外发布。UNIX 和 C 语言作为计算机领域两颗闪耀的新星，从此开始了一段光辉的历程。

在 UNIX 诞生的早期，肯·汤普森和丹尼斯·里奇并没有将其视为“私有财产”据为己有。相反，他们把 UNIX 源码免费提供给各大科研机构研究学习，研究者可以根据自己的实际需要对 UNIX 进行改写。因此，在 UNIX 的发展历程中，有多达上百种的 UNIX 版本陆续出现。在众多 UNIX 版本中，有些版本的生命周期很短，早已被淹没在历史的浪涛中。然而，有两个重要的 UNIX 分支对 UNIX 的发展产生了深远的影响，即 System V 和 BSD UNIX。

微课

V1-2 UNIX 操作系统家族

（2）Minix

UNIX 的开源特性在 1979 年迎来终结。从那时起，大学教师无法继续使用 UNIX 源码进行授课。为了能在学校继续讲授 UNIX 相关课程，1984 年，荷兰阿姆斯特丹自由大学的安德鲁·塔能鲍姆（Andrew Tanenbaum）教授在不参考 UNIX 核心代码的情况下，完成了 Minix 操作系统的开发。Minix 取 Mini UNIX 之意，即迷你版的 UNIX。Minix 与 UNIX 兼容，主要用于教学和科学研究，用户支付很少的授权费即可获得 Minix 源码。由于 Minix 的维护主要依靠安德鲁·塔能鲍姆教授，无法及时响应众多使用者的改进诉求，Minix 最终未能成功发展为一款使用广泛的操作系统。不过，Minix 在学校的应用却培养了一批对操作系统有浓厚兴趣的学生，其中最有名的莫过于 Linux 的发明人莱纳斯·托瓦兹（Linus Torvalds）。

2. Linux 的出现

莱纳斯·托瓦兹于 1988 年进入芬兰赫尔辛基大学的计算机科学系，在那里他接触到了 UNIX 操作系统。学校当时的实验环境无法满足莱纳斯·托瓦兹的需求，于是他萌生了自己开发一套操作系统的想法。借助安德鲁·塔能鲍姆教授开发的 Minix 操作系统，莱纳斯·托瓦兹将其安装到自己贷款购买的一台 Intel 80386 计算机上，并从 Minix 的源码中学习有关操作系统的设计理念。莱纳斯·托瓦兹将当时放置内核代码的 FTP（文件传送协议）目录取名为 Linux，因此大家就把这个操作系统称为 Linux。

莱纳斯·托瓦兹于 1991 年年底发布了 Linux 内核的早期版本。此后，莱纳斯·托瓦兹并没有选择与安德鲁·塔能鲍姆教授相同的方式维护自己的作品。相反，莱纳斯·托瓦兹在网络中积极寻找一些志同道合的伙伴，组成了一个虚拟团队共同完善 Linux。1994 年，在莱纳斯·托瓦兹和众多志愿者的通力协作下，Linux 内核 1.0 版本正式对外发布，1996 年又完成了 Linux 内核 2.0 版本的开发。与 2.0 版本一同发布的还有 Linux 操作系统的标志—— 一只坐着的可爱的企鹅。

微课

V1-3 Linux 内核版本演化

现如今，Linux 在企业服务器市场获得了巨大的成功。在个人消费市场，Linux 也被越来越多的用户使用。这归功于 Linux 具有开源、免费、硬件要求低、安全、稳定、多用户、多任务和支持多平台等诸多优秀特征。

1.1.3 Linux 的层次结构与版本

1. Linux 的层次结构

前文提到了计算机系统的层次结构。下面详细说明 Linux 操作系统的层次结构。按照从内到外的顺序，Linux 操作系统分为内核、命令解释层和高层应用程序三大部分。

（1）内核

内核是整个操作系统的“心脏”，与硬件直接交互，在硬件和其他应用程序之间提供了一层接口。内核包括进程管理、内存管理、虚拟文件系统、网络接口和设备驱动程序等几个主要模块。内核是否稳定、高效，直接决定了整个操作系统的性能表现。

（2）命令解释层

Linux 内核外面的一层是命令解释层，即图 1-1 中的外壳程序。这一层为用户提供了一个与内核进行交互的操作环境，用户的各种输入经命令解释层转交给内核进行处理。外壳程序（Shell）、桌面（Desktop）及窗口管理器（Window Manager）是 Linux 中几种常见的操作环境。这里要特别说明的是 Shell。Shell 类似于 Windows 操作系统中的命令提示符界面，用户可以在这里直接输入命令，由 Shell 负责解释、执行。Shell 还有自己的解释型编程语言，允许用户编写大型的脚本文件来执行复杂的管理任务。

（3）高层应用程序

Linux 内核的最外层是高层应用程序。对于普通用户来说，Shell 的工作界面不太友好，通过 Shell 完成工作在技术上也不能现实。用户接触更多的是各种各样的高层应用程序。这些高层应用程序为用户提供了友好的图形化操作界面，帮助用户完成各种工作。

2. Linux 内核版本与发行版

虽然在普通用户看来，Linux 操作系统是以一个整体出现的，但其实 Linux 的版本由内核版本和发行版两部分组成，每一部分都有不同的含义和相关规定。

（1）Linux 内核版本

Linux 的内核版本一直由其创始人莱纳斯·托瓦兹领导的开发小组控制。内核版本号的格式是“主版本号.次版本号.修订版本号”。主版本号和次版本号对应内核的重大变更，而修订版本号则表示某些小的功能改动或优化。一般会把若干优化整合在一起统一对外发布。在 3.0 版本之前，次版本号有特殊的含义。当次版本号是偶数时，表示这是一个可以正常使用的稳定版本；当次版本号是奇数时，表示这是一个不稳定的测试版本。例如，2.6.2 是稳定版本，而 2.3.12 是测试版本。但 3.0 版本之后的 Linux 内核版本没有继续使用这个命名规定，所以 3.7.5 也是一个稳定版本。

（2）Linux 发行版

显然，如果没有高层应用程序的支持，只有内核的操作系统是无法供用户使用的。Linux 的内核是开源的，任何人都可以对内核进行修改，有一些商业公司以 Linux 内核为基础，开发了配套的应用程序，并将其组合在一起以 Linux 发行版（Linux Distribution）的形式对外发行，又称 Linux 套件。现在人们提到的 Linux 操作系统其实指的是这些 Linux 发行版，而不是 Linux 内核版本。常见的 Linux 发行版有 Red Hat、CentOS、Ubuntu、openSUSE 及国产的红旗 Linux、统信 UOS、麒麟系统等。

微课

V1-4 Linux 发行版

1.1.4 国产操作系统概述

在具体介绍国产操作系统的发展历史之前，有必要先简单介绍其所依托的大背景——信创。

1. 信创的内涵

经济社会的平稳发展需要安全可控的信息技术作为支撑。《中共中央关于制定国民经济和社会发展第十四个五年规划和二〇三五年远景目标的建议》提出，坚持创新在我国现代化建设全局中的核心地位，把科技自立自强作为国家发展的战略支撑。而信创正是新时期支撑国家稳定发展的重要抓手。

信创是信息技术应用创新的简称，其核心是建立自主可控的信息技术底层架构和标准，在基础硬件、基础软件和应用软件等领域全面推进自主研发和国产替代，实现信息技术领域的自主可控，保障国家信息安全。信创产业起步于党政军领域，在产品性能不断提升后逐步扩展至其他对国计民生有重要影响的领域，如金融、电信、电力等。

2. 国产操作系统的发展历史

操作系统是信息技术体系中重要的基础软件，向下衔接硬件，向上为应用程序提供运行环境，并提供必需的人机交互环境。因此，操作系统的国产化在整个软件国产化产业中占据核心地位，被称为“信创之魂”。国产操作系统的发展经历了启蒙、发展、壮大、攻坚 4 个阶段。随着我国企业在操作系统领域持续加大研发力度，依托于国产操作系统的国产软件在数量和质量上都得到了很大提升。历经 30 多年的发展，国产操作系统逐渐走向成熟、好用的阶段。

（1）启蒙阶段（1989—1995 年）

“七五”计划首次提出了操作系统的自主创新需求，“八五”计划制定了以 UNIX 为技术路线的开发模式。1993 年，中国软件与技术服务股份有限公司（以下简称中软公司）推出第一代自主创新操作系统 COSIX 1.0，并于随后几年发布了 COSIX 2.0。总的来说，这一时期的国产操作系统处于不断探索的初级研发阶段。

（2）发展阶段（1996—2009 年）

20 世纪 90 年代，随着 Linux 的出现和发展，UNIX 不再是操作系统的主流，国产操作系统的研发也转向 Linux。从 1999 年开始，中软公司、中科红旗公司、蓝点软件技术有限公司及其他中小型企业相继推出了各自基于 Linux 的产品。在此阶段，以 Linux 为核心进行二次开发的技术路线成为国产操作系统的主流选择，而国产操作系统也从初级研发阶段过渡到实用化阶段。

（3）壮大阶段（2010—2017 年）

国产操作系统在经历了 Linux 系统的热潮后迎来行业洗牌，部分国产操作系统退出市场，而以中标麒麟、深度操作系统（deepin）为代表的国产操作系统成功突围并延续至今。这一时期，信息技术自主可控成为焦点问题，国产操作系统日益成熟，逐步成为“可用”的操作系统产品。

（4）攻坚阶段（2018 年至今）

国产操作系统在历经了数次的技术更新换代后，从“可用”过渡到“好用”。发展至这一阶段，数字生态系统的重要性日益凸显。以 openEuler 和 openKylin 为代表的本土开源社区持续推动国内数字生态系统的建设。同时，随着国家国产化项目工程的推进及信创产业的发展，国产操作系统进入更多行业领域并实现加速替换。

3. 国产操作系统的发展现状

根据《2023 年中国信创产业研究报告》中的数据，截至 2023 年，适配麒麟操作系统的软硬件分别达到 140 万种和 60 万种，适配统信 UOS 的软硬件则分别达到 85 万种和 32 万种。与之相对应的是，Windows 操作系统在 2018 年的应用软件数量达到 3500 万，硬件和驱动组合数量则有 1600 万。国产操作系统厂商未来的发展应依托信创相关政策，积极协同软硬件厂商实现产品适配，通过共建、共享加快生态系统建设。同时，国产操作系统厂商还应积极探索操作系统内核底层技术开发，进一步优化系统性能和用户体验，提升操作系统技术的自主可控性。

1.1.5 统信 UOS 产品体系

统信软件技术有限公司（以下简称统信软件）是目前国内领先的操作系统厂商。统信 UOS 是统信软件研发的国产操作系统，主要包括统信桌面操作系统（Uniontech OS Desktop）、统信服务器操作系统（Uniontech OS Server）和统信智能终端操作系统（Uniontech OS Smart）三大产品线。

统信桌面操作系统具有简洁、高效的人机交互环境，可提供美观易用、安全稳定的桌面应用和系统服务，兼容多种硬件设备，支持双内核及系统备份/还原等功能。统信桌面操作系统又分为专业版、教育版、家庭版和社区版，每种版本都面向不同的目标用户和市场。例如，专业版面向政府单位、企事业单位等；社区版面向 Linux 社区用户、平台开发者和开源爱好者等。

统信服务器操作系统是一款用于构建信息化基础设施环境的平台级软件产品。该操作系统主要运行于党政军、企业事单位、教育机构，以及普通企业用户的服务器环境，着重满足服务器的安装部署、运行维护和应用支撑等需求，被广泛应用于高可用集群、中间件、云计算和容器等应用场景。统信服务器操作系统具有高可靠、易维护、高性能、安全和生态丰富的特点，体现了当代主流 Linux 操作系统的发展水平。

统信智能终端操作系统是专为自助终端、平板计算机、手持终端、智慧大屏等终端设备设计的操作系统，具有易维护、多重安全和稳定可靠的特点。统信智能终端操作系统支持海思、瑞芯微、紫光展锐等国内主流的智能终端芯片，被广泛应用于金融、医疗、政府、教育、能源等行业，能够有效支撑各行业对操作系统的定制化需求。

本书的主要目的是培养读者在统信服务器操作系统中部署和维护常用网络服务的能力。如果没有特别说明，那么本书之后提到的统信 UOS 均默认代指统信服务器操作系统。

任务实施

实验 1：探寻 Linux 的发展轨迹

Linux 的诞生离不开 UNIX。Linux 继承了 UNIX 的许多优点，并凭借开源的特性迅速发展壮大。读者可参阅相关计算机书籍或在互联网上查阅相关资料，了解 Linux 与 UNIX 的区别与联系。

实验 2：了解信创产业的发展背景和趋势

信创产业的核心是通过行业应用推动构建国产化信息技术软硬件底层架构体系和全周期生态体系，解决我国在核心技术关键环节的突出问题，为我国的未来发展奠定坚实的数字基础。读者可查阅相关资料，了解近几年发生的重大信息安全事件，认识信创产业发展的必要性和紧迫性，从多个角度对我国信创产业的发展态势进行梳理，深入分析各核心产业环节的能力要求。对标这些能力要求，明确学习目标，努力学习理论知识，增强实践技能，为日后推动信创产业发展添砖加瓦。

知识拓展

信创产业链分布

信创产业是在硬件、软件、应用和信息安全等多个层面上开展的信息技术全产业链应用创新。信创产业链分为上游（硬件）、中游（软件）及下游（应用）3 个环节，而信息安全则贯穿整个信创产业链。图 1-2 所示为信创产业链各环节的具体要素及安全组成。

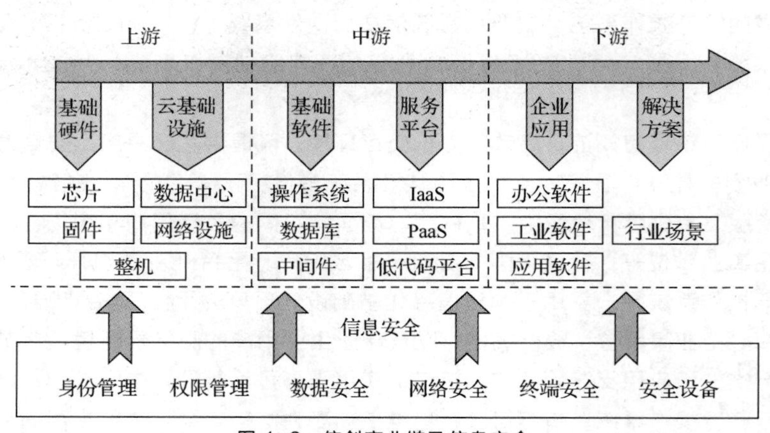

图 1-2　信创产业链及信息安全

任务实训

Linux操作系统包含内核、命令解释层和高层应用程序三大部分。深刻理解Linux操作系统的层次结构对于之后的学习有很大的帮助。本实训的主要目的是加深读者对Linux的层次结构及相互关系的理解，进一步认识Linux内核的角色和功能等。请根据以下实训内容完成实训。

【实训内容】

（1）研究Linux层次结构的组成及相互关系。

（2）学习Linux内核的角色和功能。

（3）学习Linux命令解释层的角色和功能。

（4）学习Linux高层应用程序的特点和分类。

任务 1.2 安装与管理统信 UOS 虚拟机

任务概述

在进一步学习 Linux 之前，先要学习如何安装 Linux 操作系统。Linux 操作系统的安装过程与 Windows 操作系统的安装过程有很大的不同，且不同的 Linux 发行版的安装方法也存在一些差异。Linux 支持光盘安装、系统镜像文件安装及网络安装等多种安装方法。本任务的主要目的是向大家演示如何使用 VMware 虚拟化工具创建虚拟机，并使用系统镜像文件安装统信 UOS。

知识准备

1.2.1 统信 UOS 选型

根据所选用的上游 Linux 发行版的不同，统信 UOS 主要有以下 3 个版本分支。

- a 版。此版本是基于龙蜥社区（OpenAnolis）的龙蜥操作系统（Anolis OS）开发的版本。Anolis OS 是一款基于 Linux 的开源、免费的社区操作系统。Anolis OS 本身基于 CentOS 进行开发和优化，目的是为企业级用户提供具有良好稳定性和兼容性的操作系统。
- d 版。此版本是基于 Debian 开源社区的 Debian 操作系统开发的版本。Debian 是完全由志愿者组成的社区开发的自由操作系统，被认为是最稳定的 Linux 发行版之一。
- e 版。此版本是基于 openEuler 社区的欧拉操作系统（EulerOS）开发的版本。EulerOS 是基于 Linux 内核开发的开源、免费的企业级操作系统，安全性高、可扩展性强、性能优异，能够满足企业级用户在信息技术基础设施和云计算服务等多种业务场景中的需求。

对于初学者而言，购买商业版操作系统进行学习无疑会增加学习成本。统信软件为广大中国用户及合作伙伴提供了统信 UOS 的免费使用授权（UOS-Free-Use，UFU）版。免费授权版与对应商业版的基本功能一致，只是统信软件对该产品不提供任何商业支持。如果用户需要商业保障和其他高级服务，则可以将免费授权版升级为商业版。统信 UOS 官网目前只提供 a 版和 e 版的免费授权版镜像文件。本书使用的是 a 版的统信 UOS V20(1060)。

1.2.2 虚拟化技术

在计算机中安装操作系统有多种方法。其中一种方法是在磁盘中划分一块单独的空间，然后在这块磁盘空间中安装操作系统。采用这种安装方法时，计算机就成为一个“多启动系统”，因为新安装的操作系统和计算机原有的操作系统（可能有多个）是相互独立的，用户在启动计算机时需要选择使用哪个操作系统。这种安装方法的缺点是计算机同一时刻只能运行一个操作系统，不利于本书的理论学习和实践。如果每学习一种操作系统就采用这种方法在计算机中安装一个操作系统，那么对计算机的硬件配置要求很高，提高了学习成本。虚拟化技术可以很好地解决这个问题。

虚拟化技术是指在物理硬件中创建多个虚拟机实例（后文简称虚拟机），在每个虚拟机中都运行独立的操作系统。虚拟机之所以能独立地运行操作系统，是因为每个虚拟机都包含一套“虚拟”的硬件资源，包括内存、磁盘、网卡、声卡等。这些虚拟的硬件资源是通过虚拟化软件实现的。安装虚拟化软件的计算机称为物理机或宿主机。如今普遍的做法是先在物理机上安装虚拟化软件，通过虚拟化软件为要安装的操作系统创建一个虚拟环境，再在虚拟环境中安装操作系统。用户可以在虚拟机操作系统中完成在物理机中所能执行的几乎所有任务。在不同的虚拟机操作系统之间切换就像在普通应用程序之间切换一样方便。近年来，随着云计算等技术的广泛应用，虚拟化技术的优势得到了充分体现。虚拟化技术不仅大大地降低了企业的信息技术成本，还提高了系统的安全性和可靠性。

常用的虚拟化软件有 VMware、VirtualBox、KVM 等。本书使用 VMware 安装统信 UOS。VMware 是 VMware 公司推出的一款虚拟化软件，可以从 VMware 公司的官方网站下载并安装。注意，VMware 是一款收费软件，大家可以购买使用许可证，也可以在试用期内免费体验。

任务实施

实验 1：安装统信 UOS

1. 创建虚拟机

本书使用的 VMware 版本是 VMware Workstation Pro 16.1.0，其工作界面如图 1-3 所示。

选择【文件】→【新建虚拟机】命令，或单击图 1-3 右侧主工作区中的【创建新的虚拟机】按钮，弹出图 1-4 所示的【新建虚拟机向导】对话框。

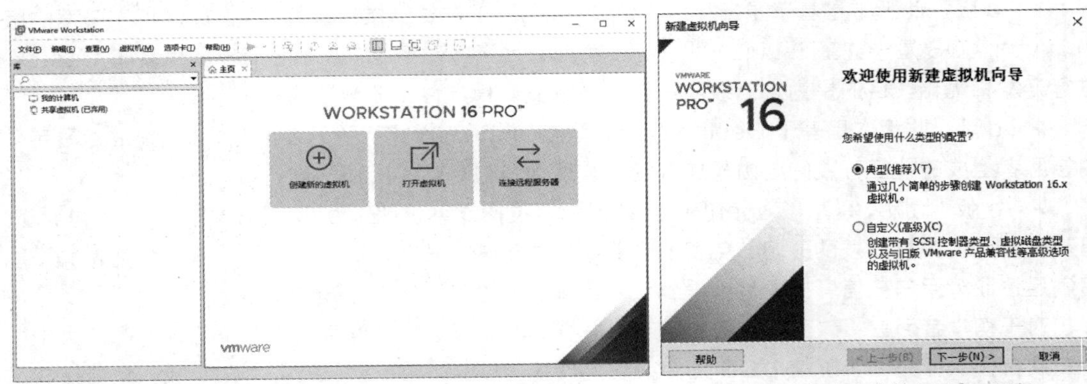

图 1-3　VMware Workstation Pro 16.1.0 的工作界面　　图 1-4 【新建虚拟机向导】对话框

在图 1-4 中选择默认的【典型(推荐)】安装方式，单击【下一步】按钮，进入【安装客户机操作系统】界面。选择虚拟机安装来源，可以选择通过光盘或者光盘镜像文件来安装操作系统。因为要在虚拟的空白磁盘中安装光盘镜像文件，并且要自定义一些安装策略，所以这里一定要选中【稍后安装操作系统】单选按钮，如图 1-5 所示。

单击【下一步】按钮，进入【选择客户机操作系统】界面，选择客户机操作系统及版本，这里选择【Linux】单选按钮，并选择【CentOS 7 64 位】，如图 1-6 所示。

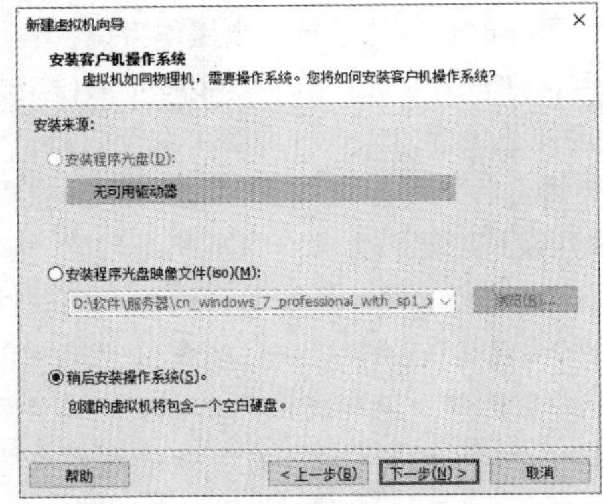

图 1-5　选择虚拟机安装来源

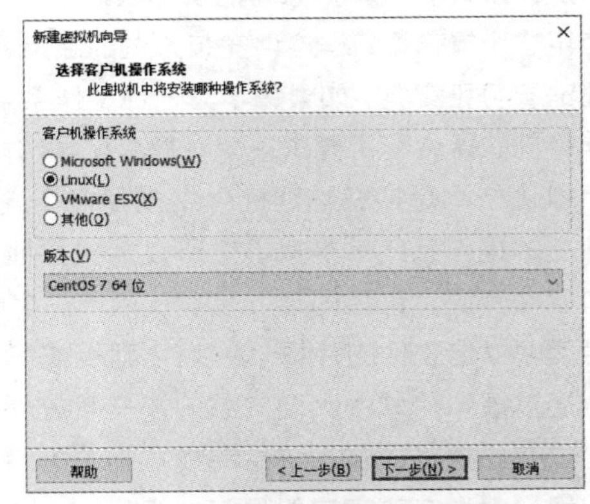

图 1-6　选择客户机操作系统及版本

单击【下一步】按钮，进入【命名虚拟机】界面，为新建的虚拟机命名，并设置虚拟机在物理机中的位置，如图 1-7 所示。

单击【下一步】按钮，进入【指定磁盘容量】界面，为新建的虚拟机指定虚拟磁盘的最大容量。注意，这里指定的容量是虚拟机文件在物理磁盘中可以使用的最大容量。本次安装将其设为 60GB，如图 1-8 所示。

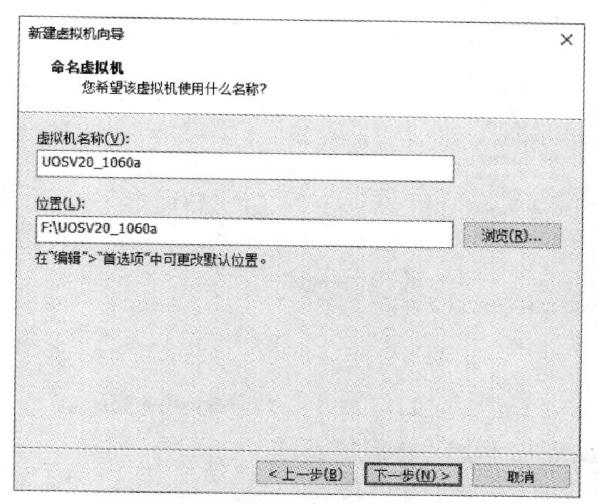

图 1-7　设置虚拟机名称和位置

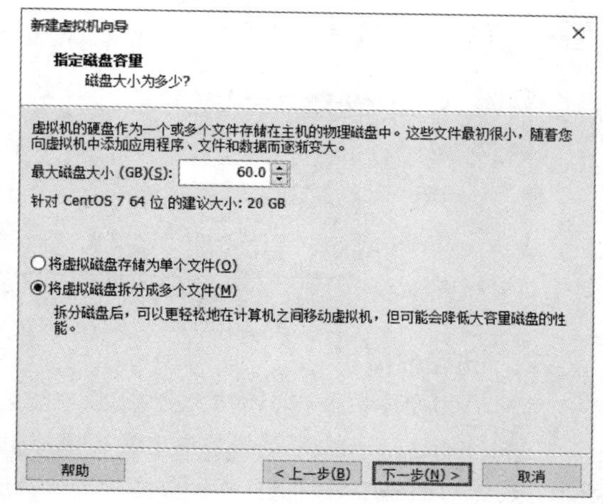

图 1-8　指定磁盘容量

将虚拟磁盘存储为单个文件还是拆分成多个文件主要取决于物理机的文件系统。FAT32 文件系统中单个文件的最大容量是 4GB，所以如果物理机文件系统是 FAT32，那么为虚拟机指定的虚拟磁盘的最大容量不能大于 4GB。如果物理机文件系统是 NTFS，就不用考虑这个问题，因为 NTFS 支持的单个文件的容量达到了 2TB，完全可以满足学习的需求。现在的计算机磁盘分区大多使用 NTFS。

单击【下一步】按钮，进入【已准备好创建虚拟机】界面，显示虚拟机配置信息摘要，如图 1-9 所示。单击【完成】按钮，即可完成虚拟机的创建，如图 1-10 所示。

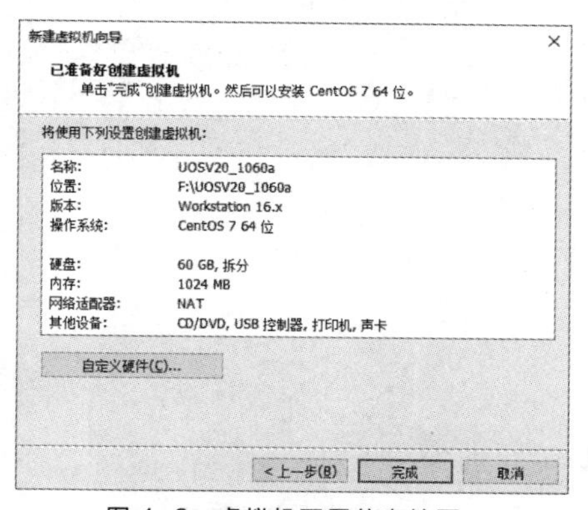

图 1-9　虚拟机配置信息摘要

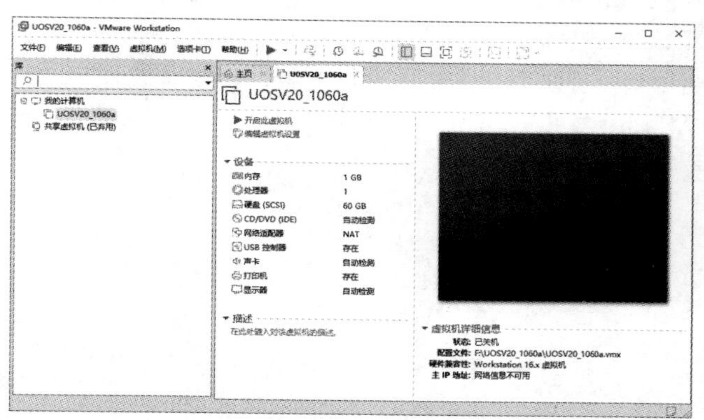

图 1-10　完成虚拟机的创建

在物理机中打开虚拟机磁盘所在目录（即在图 1-7 中指定的虚拟机位置，在本实验中为 F:\UOSV20_1060a），可以看到虚拟机的配置文件和辅助文件，如图 1-11 所示。其中，UOSV20_1060a.vmx 文件是虚拟机的主配置文件。

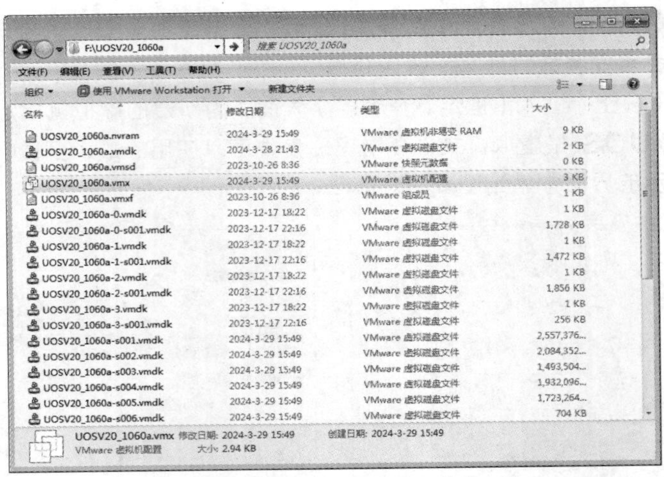

图 1-11 虚拟机的配置文件和辅助文件

2. 设置虚拟机

虚拟机和物理机一样，需要硬件资源才能运行。下面介绍如何为虚拟机分配硬件资源。

在图 1-10 所示的界面中单击【编辑虚拟机设置】，弹出【虚拟机设置】对话框，如图 1-12 所示。在该对话框中可以选择不同类型的硬件并进行相应设置，如内存、处理器、硬盘(SCSI)、显示器等。下面简要说明内存、CD/DVD(IDE)及网络适配器的设置。

单击【内存】，在该对话框右侧可设置虚拟机内存大小。一般来说，建议将虚拟机内存设置为小于或等于物理机内存。这里将其设置为 2GB。

单击【CD/DVD(IDE)】，设置虚拟机的安装源。在该对话框右侧选中【使用 ISO 映像文件】单选按钮，并选择实际的镜像文件，如图 1-13 所示。

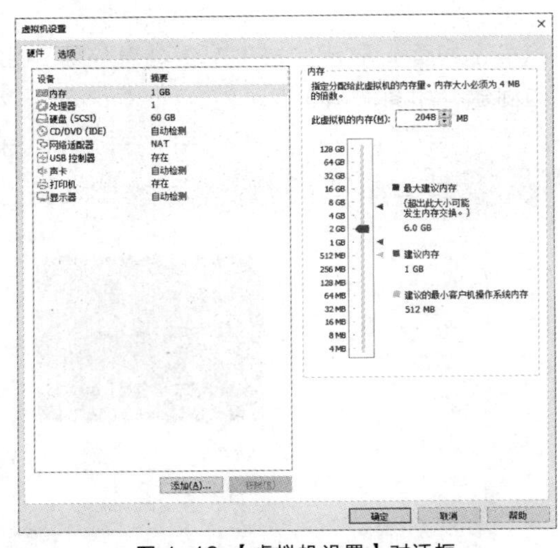

图 1-12 【虚拟机设置】对话框

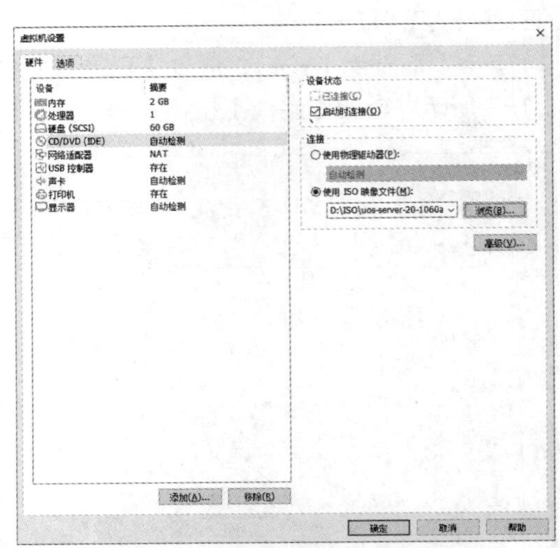

图 1-13 设置虚拟机的安装源

单击【网络适配器】，设置虚拟机的网络连接，如图 1-14 所示。可通过 3 种模式设置虚拟机的网络连接，分别是桥接模式、NAT 模式和仅主机模式。这里的设置不影响后续的安装过程，因此暂时保留默认选中的【NAT 模式：用于共享主机的 IP 地址】单选按钮。单击【确定】按钮，回到图 1-10 所示的界面。

注意，以上操作只是在 VMware 中创建了一个虚拟机条目并完成了安装前的基本配置，并不是真正安装了统信 UOS。

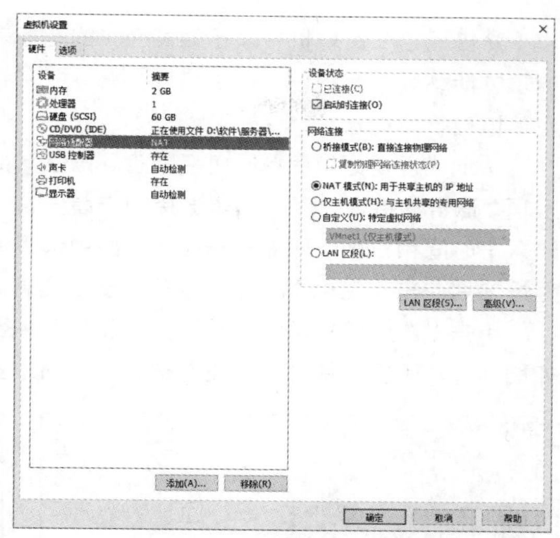

图 1-14 设置虚拟机的网络连接

3. 安装统信 UOS

在图 1-10 所示的界面中单击【开启此虚拟机】，开始在虚拟机中安装统信 UOS。

俗话说，万事开头难。很多 Linux 初学者第一次在虚拟机中安装操作系统时，往往会在这一步得到一个错误提示，如图 1-15 所示。这是一个很普遍的问题。Intel VT-x 是美国英特尔（Intel）公司为解决纯软件虚拟化技术在可靠性、安全性等方面的问题，而在其硬件产品上引入的虚拟化技术，该技术可以让单个 CPU（中央处理器）模拟多个 CPU 并行运行。这个错误提示的意思是物理机支持 Intel VT-x，但是当前处于禁用状态，因此需要启用 Intel VT-x。解决方法一般是，在启动计算机时进入系统的基本输入/输出系统（Basic Input/Output System，BIOS），在其中选择相应的选项即可。至于进入 BIOS 的方法，则取决于具体的计算机生产商及相应的型号。Intel VT-x 的问题解决之后就可以继续安装操作系统了。

首先进入的是统信 UOS 安装引导界面，如图 1-16 所示。这里先介绍一个虚拟机的操作技巧：要想让虚拟机捕获鼠标和键盘的输入，则可以将鼠标指针移动到虚拟机内部（即图中黑色区域）后单击，或者按【Ctrl+G】组合键；将鼠标指针移出虚拟机或按【Ctrl+Alt】组合键，可使鼠标和键盘的输入返回至物理机。

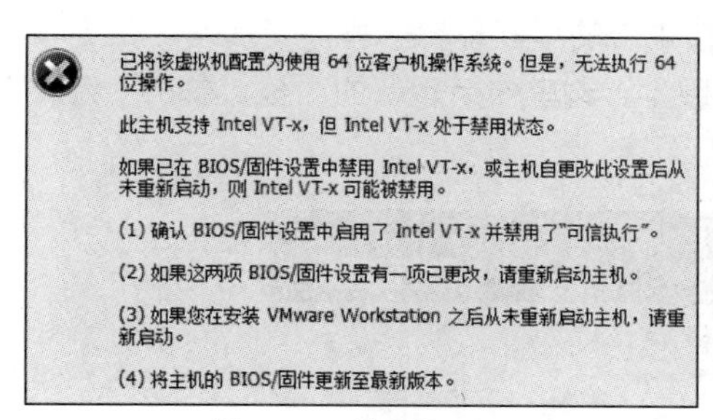

图 1-15 错误提示

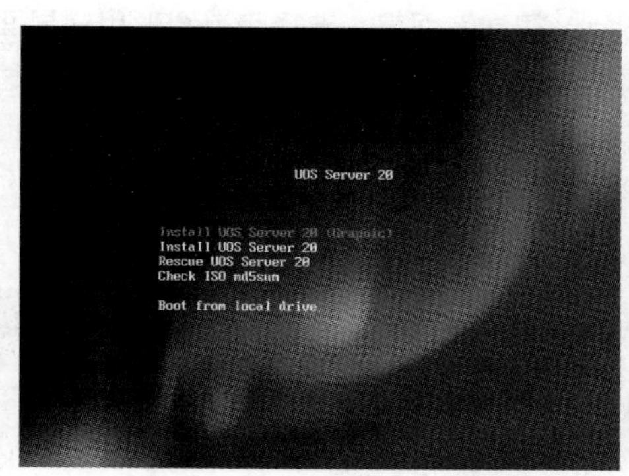

图 1-16 统信 UOS 安装引导界面

在统信 UOS 安装引导界面中选择【Install UOS Server 20 (Graphic)】，按【Enter】键进入统信 UOS 图形化安装界面。

安装程序开始加载系统镜像文件，进入欢迎界面。在欢迎界面中可以选择安装语言。统信 UOS 提供了多种语言供用户选择，此处选择的语言是系统安装后的默认语言。本次安装选择的语言是简体中文。选择好安装语言后，单击【继续】按钮，进入【安装信息摘要】界面，如图 1-17 所示。

【安装信息摘要】界面是整个安装过程的入口，分为本地化、软件、系统和用户设置 4 个设置组，每个设置组都包含 2～3 个设置项。单击某个图标即可进入相应的设置界面。带有警告标志（警告标志在计算机中显示为黄色）的图标表示该设置项是必需的，也就是说，只有完成该设置项才能继续安装统信 UOS。其他图标中不带警告标志的设置项是可选的，可以使用默认设置，也可以自行设置。

本地化设置比较简单，包括键盘、语言支持以及时间和日期 3 项。其中，键盘项采用默认的汉语，语言支持项沿用上一步选择的安装语言，这两项都不需要修改。单击【时间和日期】图标，进入【时间和日期】界面。先在此界面中选择合适的城市，再在界面的底部设置时间和日期，设置好之后单击【完成】按钮，返回【安装信息摘要】界面。

单击【选择授权类型】图标，进入【选择授权类型】界面，选择【免费使用授权】单选按钮，如图 1-18 所示。单击【完成】按钮，返回【安装信息摘要】界面。

图 1-17 【安装信息摘要】界面

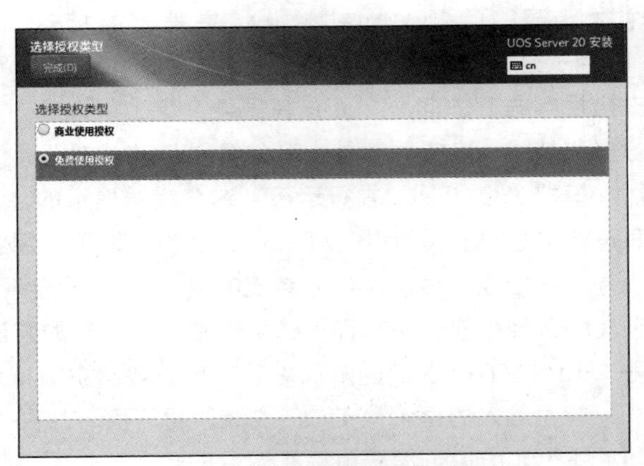

图 1-18 选择授权类型

单击【软件选择】图标，进入【软件选择】界面，配置要安装的附加软件，如图 1-19 所示。对 Linux 初学者而言，选择带有图形用户界面的工作环境可以降低学习难度，有利于快速上手。本次安装选择的基本环境是【带 DDE 的服务器】，也就是带图形用户界面的操作系统。DDE 是统信软件自研的桌面环境，与 GNOME、KDE 等国际主流的桌面环境一样广受欢迎。在【软件选择】界面的底部，还可以根据需要选择 Linux 内核版本，这里使用默认的内核。单击【完成】按钮，返回【安装信息摘要】界面。

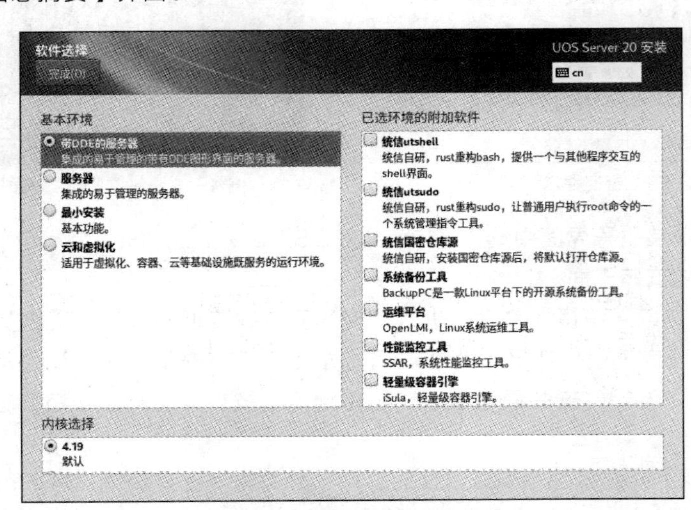

图 1-19 配置要安装的附加软件

单击【安装目的地】图标，进入【安装目标位置】界面，选择要在其中安装操作系统的磁盘并指定分区方式，如图 1-20 所示。在左下角的【存储配置】处选择【自定义】单选按钮，单击【完成】按钮，进入【手动分区】界面，如图 1-21 所示。

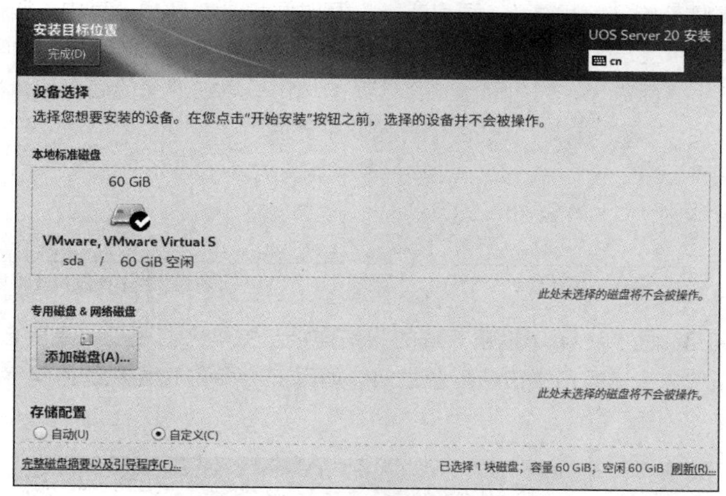

图 1-20 【安装目标位置】界面

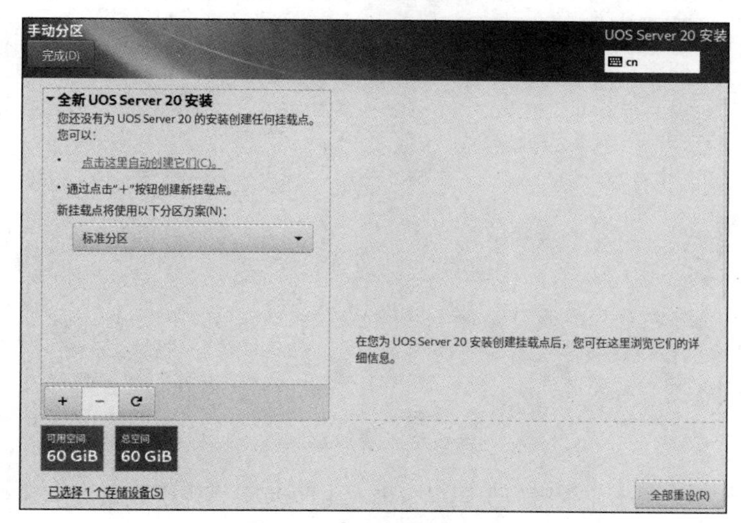

图 1-21 【手动分区】界面

在【手动分区】界面中可以配置磁盘分区与挂载点。项目 5 会详细介绍磁盘分区与挂载点的相关概念与操作。简单起见，在【新挂载点将使用以下分区方案】下拉列表中选择【标准分区】选项后单击【点击这里自动创建它们】，安装程序会自动生成几个标准的分区。选择根分区 sda3（/），将期望容量设为 20GiB。单击【更新设置】按钮进行确认，结果如图 1-22 所示。

标准分区设置完成后，单击【手动分区】界面左上角的【完成】按钮，进入【更改摘要】界面，如图 1-23 所示，可以看到标准分区的结果，同时提醒用户为使分区生效安装程序将执行哪些操作。

单击【接受更改】按钮，返回【安装信息摘要】界面。可以看到，设置完成后该界面中的警告标志（警告标志在计算机中显示为黄色）自动消失。

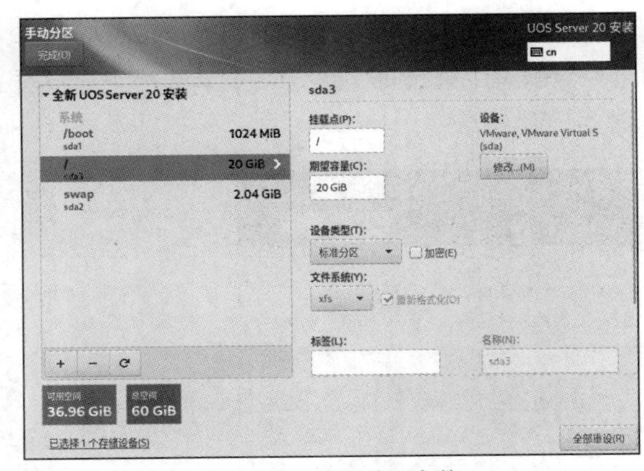

图 1-22　设置分区参数

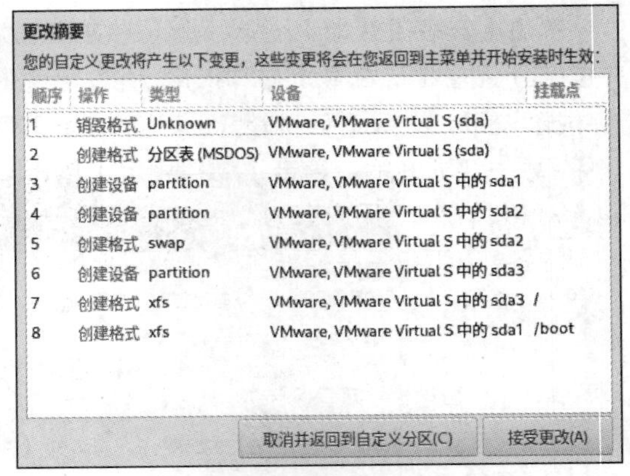

图 1-23　【更改摘要】界面

系统组中的网络和主机名用于设置系统的网络连接及主机名。这里将主机名设为 uosv20，如图 1-24 所示，单击【应用】按钮使配置生效。项目 6 会专门介绍系统的网络配置，因此这里暂时跳过。

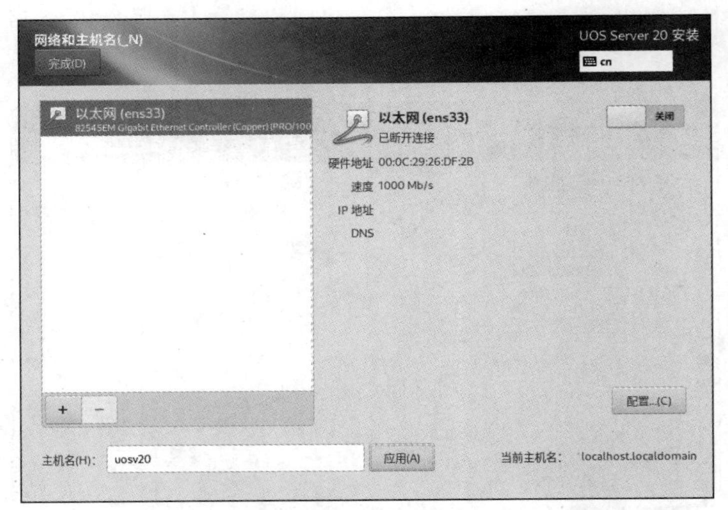

图 1-24　设置主机名

在用户设置组中，单击【根密码】图标，进入【ROOT 密码】界面。在这里可以为 root 用户设置密码，如图 1-25 所示。root 用户是系统的超级用户，具有操作系统的所有权限。root 用户的密码一旦泄露，将会给操作系统带来巨大的安全风险，因此这里要为其设置一个复杂的密码。注意，本书后面的很多命令和实验都要以 root 用户的身份进行操作，所以在图 1-25 中要取消选中【锁定 root 账户】复选框。

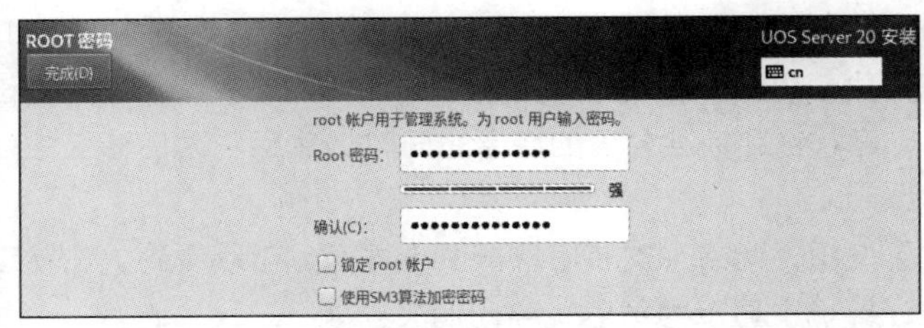

图 1-25　为 root 用户设置密码

单击【完成】按钮，返回【安装信息摘要】界面。由于 root 用户的权限过大，为了防止以 root 用户的身份登录系统后的误操作，一般会在系统中创建一些普通用户。正常情况下，会以普通用户的身份登录系统。如果需要执行某些特权操作，则切换为 root 用户即可，具体方法会在项目 3 中详细介绍。单击【创建用户】按钮，进入【创建用户】界面。在这里创建一个全名为 zhangyunsong、用户名为 zys 的普通用户，如图 1-26 所示。注意，全名是操作系统登录界面显示的名称，用户名是操作系统内部存储的名称。如果没有特殊说明，本书的例子默认以用户 zys 的身份执行。

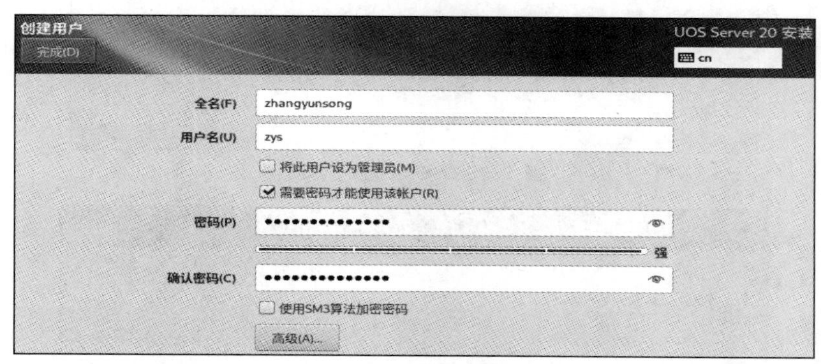

图 1-26 创建普通用户

单击【完成】按钮，返回【安装信息摘要】界面。单击【开始安装】按钮，安装程序开始按照之前的设置安装操作系统，并实时显示安装进度，如图 1-27 所示。根据选择的基本环境、附加软件及物理机的硬件配置，整个安装过程可能会持续 10～20 分钟。安装成功后进入图 1-28 所示的界面，单击【重启系统】按钮，重新启动计算机。

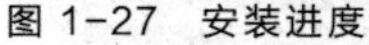
图 1-27 安装进度

图 1-28 操作系统安装成功

重启系统后首先进入【初始设置】界面对系统进行初始设置，如图 1-29 所示。单击【许可信息】图标，在【许可信息】界面中选中左下角的【我同意许可协议】复选框，如图 1-30 所示。单击【完成】按钮，回到【初始设置】界面。

图 1-29 【初始设置】界面

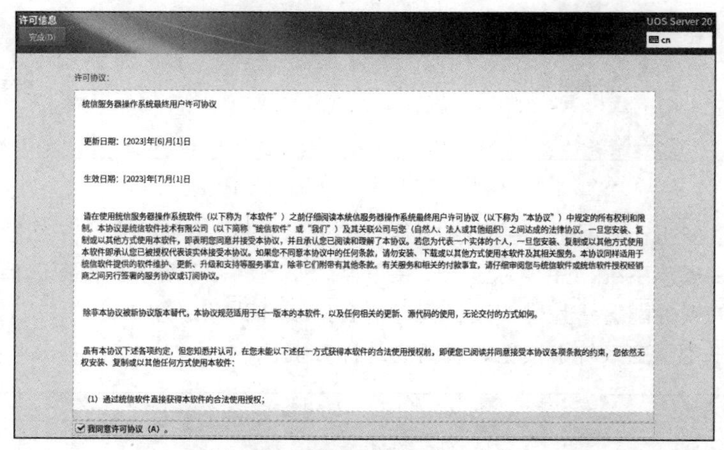

图 1-30 操作系统使用许可协议

单击【结束配置】按钮完成初始设置。再次重启系统后进入登录界面，如图 1-31 所示。输入用户名 zys 及其密码后单击登录箭头图标或按【Enter】键，即可进入统信 UOS 的桌面环境，如图 1-32 所示。至此，我们成功安装了统信 UOS。

图 1-31 登录界面

图 1-32 统信 UOS 的桌面环境

单击桌面任务栏左侧的【启动器】图标，在弹出的系统菜单中单击【电源】图标，可以执行关机或其他系统操作，如图 1-33 所示。

图 1-33　系统操作界面

实验 2：创建虚拟机快照

在虚拟机中安装统信 UOS 后，就可以像在物理机中一样完成各种工作，非常方便。这也意味着如果不小心执行了错误的操作，则很可能会破坏虚拟机操作系统的正常运行，甚至导致操作系统无法启动。VMware 提供了一种创建虚拟机快照的功能，可以保存虚拟机在某一时刻的状态。如果虚拟机出现故障或者因为其他某些情况需要退回过去的某个状态，则可以利用虚拟机快照这一功能。一般来说，在下面几种情况下需要创建虚拟机快照。

（1）第一次安装好操作系统后。这时创建的虚拟机快照保留了虚拟机的原始状态，也是最“干净”的虚拟机状态。利用这个快照可以让一切“从头开始”。

（2）进行重要的系统设置前。这时创建虚拟机快照，以便系统设置出现错误时恢复到系统设置之前的状态。

（3）安装某些软件前。这时创建虚拟机快照，以便软件运行出错时恢复到软件安装前的状态。

（4）进行某些实验或测试前。这时创建虚拟机快照，以便在实验或测试结束后恢复虚拟机状态。

下面介绍在 VMware 中创建虚拟机快照的方法。

在图 1-10 所示的界面中，左侧的工作区显示了已经创建好的虚拟机。在虚拟机关机的状态下，单击要创建快照的虚拟机（这里为 UOSV20_1060a），依次选择【虚拟机】→【快照】→【拍摄快照】命令，如图 1-34 所示。在弹出的【UOSV20_1060a-拍摄快照】对话框中，设置快照的名称和描述，单击【拍摄快照】按钮，如图 1-35 所示。

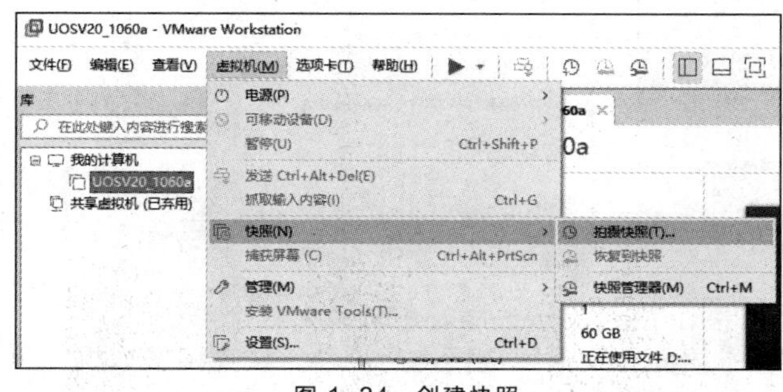

图 1-34　创建快照

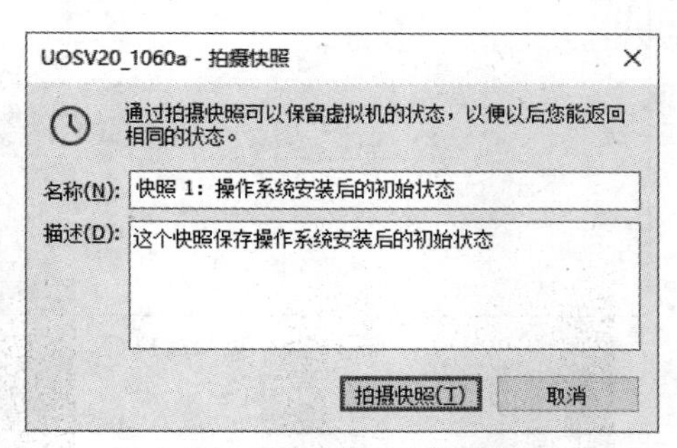

图 1-35　设置快照的名称和描述

创建好的虚拟机快照显示在【虚拟机】菜单中，如图 1-36 所示。如果要恢复到某个快照时的状态，则选择相应的虚拟机快照，并在弹出的确认对话框中单击【是】按钮即可，如图 1-37 所示。注意，这个操作会清空虚拟机当前的系统设置，务必谨慎操作。

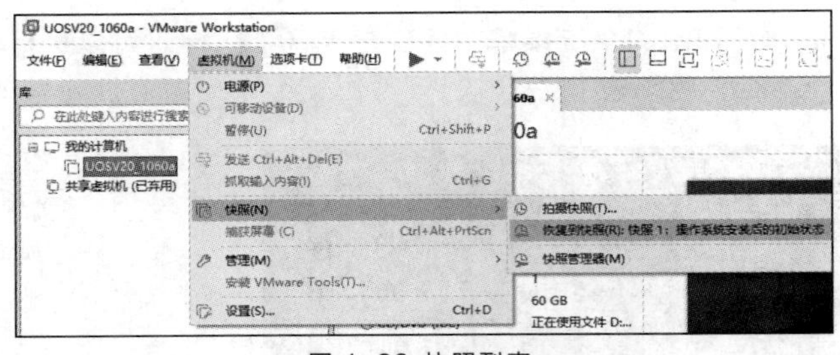
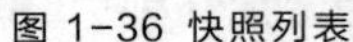
图 1-36 快照列表

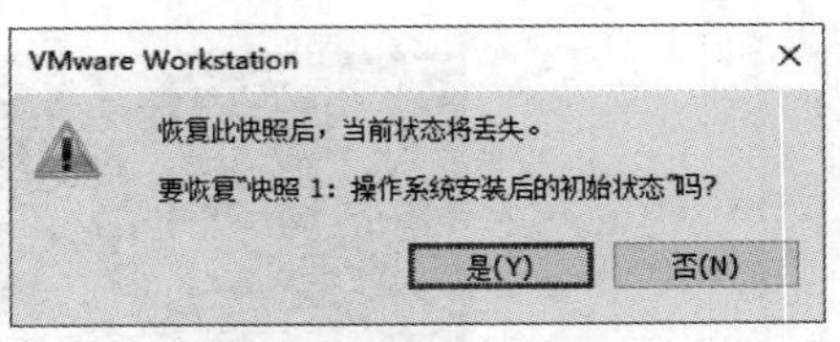

图 1-37 确认恢复快照

实验 3：克隆虚拟机

跟着韩经理学完统信 UOS 的安装方法后，尤博又在自己的笔记本计算机中实验了几次，现在尤博已经可以熟练地安装统信 UOS 了。可是尤博又有了新的困惑：如果在 20 台计算机中重复同样的安装过程，则有些枯燥和浪费时间，有没有快速的安装方法？韩经理告诉尤博确实有这样的方法。VMware 提供了"克隆"虚拟机的功能，可以利用已经安装好的虚拟机再创建一个新的虚拟机，新虚拟机的系统设置和原来的虚拟机完全相同。韩经理并不打算带着尤博完成这个实验，他把这个实验作为一次考验让尤博自己完成。尤博从互联网中查找了一些资料，经过梳理后，他按照下面的步骤完成了韩经理布置的任务。

在图 1-10 所示的界面中，依次选择【虚拟机】→【管理】→【克隆】命令，如图 1-38 所示，弹出【克隆虚拟机向导】对话框。

单击【下一步】按钮，进入【克隆源】界面，在这里选择从虚拟机的哪个状态创建克隆。克隆虚拟机向导提供了两种克隆源。如果选择【虚拟机中的当前状态】，那么克隆虚拟机向导会根据虚拟机的当前状态创建一个虚拟机快照，并利用这个快照克隆虚拟机。如果选择【现有快照(仅限关闭的虚拟机)】，那么克隆虚拟机向导会根据已有的虚拟机快照进行克隆，但要求该虚拟机当前处于关机状态。这里选择第 1 种克隆源，如图 1-39 所示。

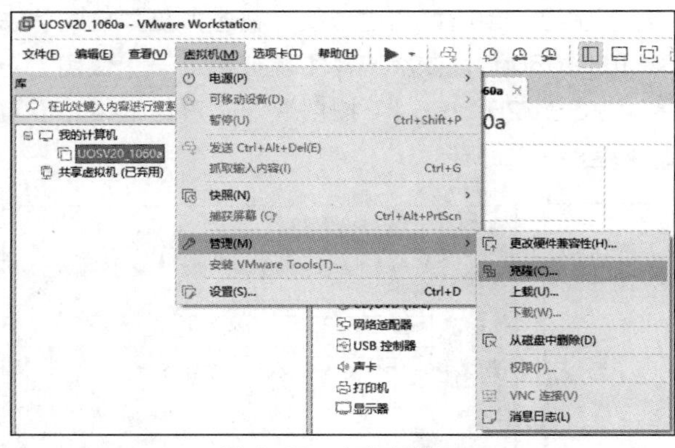
图 1-38 克隆虚拟机

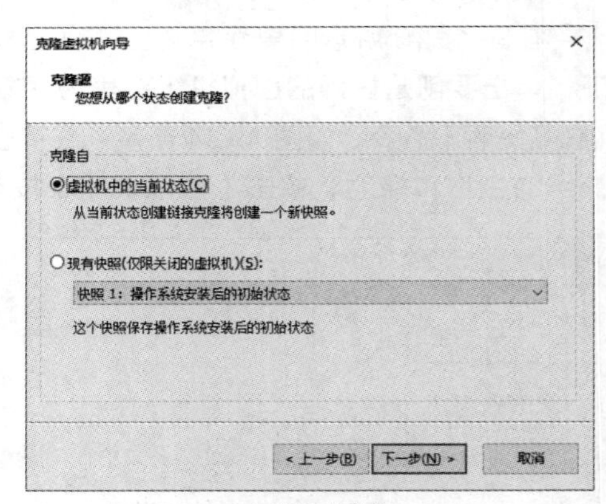

图 1-39 选择克隆源

单击【下一步】按钮，进入【克隆类型】界面，在这里选择使用哪种方法克隆虚拟机。第 1 种方法是【创建链接克隆】。链接克隆是对原始虚拟机的引用，其原理类似于在 Windows 操作系统中创建快捷方式。这种克隆方法需要的磁盘存储空间较小，但运行时需要原始虚拟机的支持。第 2 种方法是【创建完整克隆】，这种克隆方法会完整克隆原始虚拟机的当前状态，运行时完全独立于原始虚拟机，但是需要较大的磁盘存储空间。这里选择第 2 种克隆方法，如图 1-40 所示。

单击【下一步】按钮，进入【新虚拟机名称】界面，设置新虚拟机的名称和位置，如图 1-41 所示。单击【完成】按钮开始克隆虚拟机，完成之后单击【关闭】按钮，关闭【克隆虚拟机向导】对话框。在 VMware 界面中可以看到克隆好的新虚拟机，如图 1-42 所示。还可以把虚拟机文件复制到其他计算机中直接打开，相当于跨计算机的克隆，整个过程要比在虚拟机中从零开始安装一个操作系统方便得多。

下面简单介绍从物理机中移除或删除虚拟机的方法。右击虚拟机名称，在快捷菜单中选择【移除】命令，如图 1-43 所示，可将选中的虚拟机从 VMware 的虚拟机列表中移除。注意，这个操作没有把虚拟机从物理磁盘中删除，被移除的虚拟机是可以恢复的。因此确切地说，移除虚拟机只是让虚拟机在 VMware 界面中“隐身”。选择【文件】→【打开】命令，选中虚拟机的主配置文件（即图 1-11 中的 UOSV20_1060a.vmx），即可将移除的虚拟机重新添加到虚拟机列表中。

要想把虚拟机从物理磁盘中彻底删除，可以在图 1-38 所示的子菜单中选择【从磁盘中删除】命令。需要特别提醒的是，这个操作是不可逆的，执行时一定要谨慎。

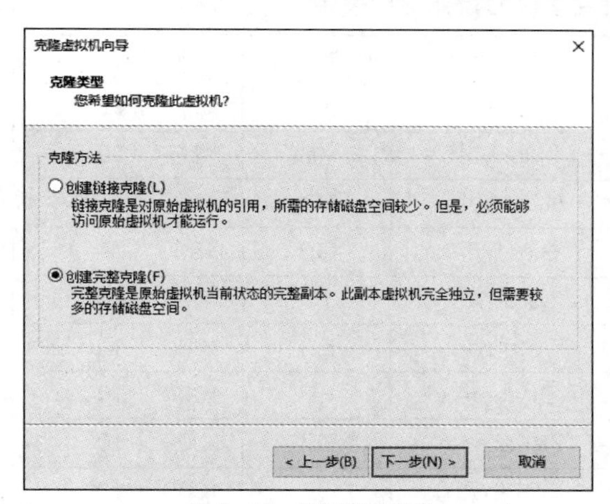

图 1-40　选择克隆类型

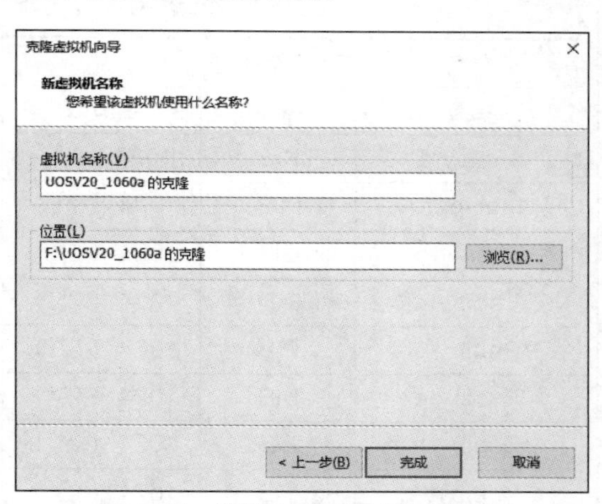

图 1-41　设置新虚拟机的名称和位置

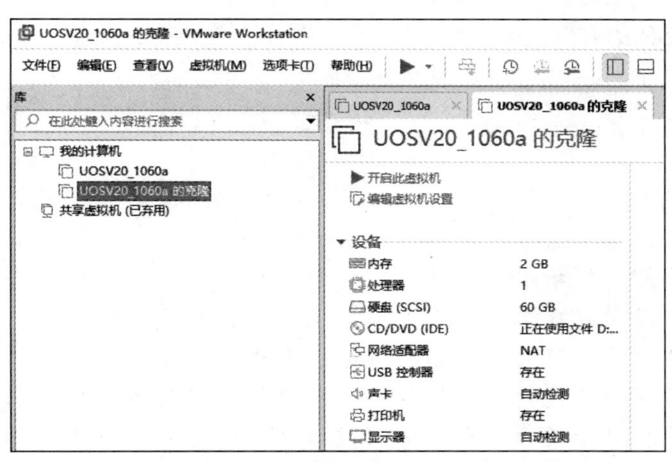

图 1-42　克隆好的新虚拟机

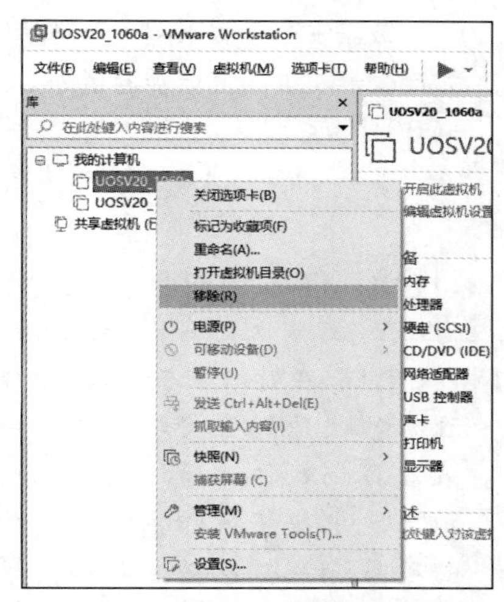

图 1-43　从虚拟机列表中移除虚拟机

掌握了虚拟机的克隆技术，尤博顿时觉得压力小了许多。只要在一台计算机中安装好虚拟机，剩下的工作基本上就是复制文件。他现在希望公司购买的计算机早点到货，这样就可以练习自己这段时间学习的技能了。这时他看到韩经理领着几位工作人员正在搬运箱子，尤博知道自己大显身手的机会到了……

知识拓展

两种磁盘容量单位

细心的读者可能已经注意到，图 1-22 中标识磁盘分区容量的单位是 MiB 和 GiB，而不是我们经常使用的 MB 和 GB。其实，它们是两种不同的容量单位，前者是二进制单位，以 2 为底数；而后者是十进制单位，以 10 为底数。二者的具体对应关系如表 1-1 所示。

表 1-1　二进制单位与十进制单位的具体对应关系

二进制单位			十进制单位		
名称	缩写	字节数	名称	缩写	字节数
Kibibyte	KiB	1024（2^{10}）	Kilobyte	KB	1000（10^3）
Mebibyte	MiB	1024^2（2^{20}）	Megabyte	MB	1000^2（10^6）
Gibibyte	GiB	1024^3（2^{30}）	Gigabyte	GB	1000^3（10^9）
Tebibyte	TiB	1024^4（2^{40}）	Terabyte	TB	1000^4（10^{12}）
Pebibyte	PiB	1024^5（2^{50}）	Petabyte	PB	1000^5（10^{15}）
Exbibyte	EiB	1024^6（2^{60}）	Exabyte	EB	1000^6（10^{18}）
Zebibyte	ZiB	1024^7（2^{70}）	Zettabyte	ZB	1000^7（10^{21}）
Yobibyte	YiB	1024^8（2^{80}）	Yottabyte	YB	1000^8（10^{24}）

磁盘生产厂家采用十进制单位标注磁盘容量，而操作系统使用的是二进制单位。这也是为什么一块盘面上标明容量为 500GB 的磁盘在操作系统中显示只有 465GB 左右（$500\times1000^3/1024^3\approx465.66$）。

任务实训

如果在物理机中安装操作系统，把物理机当作“多启动系统”，那么这对物理机的硬件配置要求较高，会提高学习成本。现在普遍的做法是先在物理机上安装虚拟化软件，通过虚拟化软件为要安装的操作系统创建一个虚拟环境，再在虚拟环境中安装操作系统，这就是通常所说的“虚拟机”。虚拟机可以共享物理机的硬件资源，包括磁盘和网卡等。对于用户来说，使用虚拟机就像是使用物理机一样，可以完成在物理机中所能执行的几乎所有任务。本实训的主要任务是在Windows物理机中安装VMware软件并在其中安装统信UOS。请根据以下实训内容完成实训任务。

【实训内容】

（1）在Windows物理机中安装VMware软件。

（2）在VMware中新建虚拟机。

（3）修改虚拟机的设置。

（4）使用镜像文件安装统信UOS，要求如下。

① 将虚拟磁盘容量设置为60GB，将内存设置为4GB。

② 选择安装带有图形用户界面的系统环境。

③ 将主机名设置为ilikelinux。

④ 为root用户设置密码toor@0211；创建普通用户zys，将其密码设置为868@srty。

项目小结

本项目包括两个任务。任务1.1从操作系统的基本概念讲起，内容主要包括操作系统概述、Linux的发展历史、Linux的层次结构与版本。同时，任务1.1还介绍了信创的基本概念、国产操作系统的发展历史及统信UOS产品体系。作为学习Linux操作系统的背景知识，这部分内容可以帮助读者从整体上了解Linux操作系统的概貌，尤其是Linux的层次结构和版本两个知识点，大家最好能够熟练掌握。任务1.2主要介绍了如何在VMware中安装统信UOS，以及创建虚拟机快照和克隆虚拟机。对于初学者来说，这是学习Linux操作系统的第一步，必须熟练掌握。

项目练习题

1. 选择题

（1）Linux操作系统最早是由芬兰赫尔辛基大学的（　　）开发的。

A. Richard Petersen　　B. Linus Torvalds

C. Rob Pick　　D. Linux Sarwar

（2）在计算机系统的层次结构中，位于硬件和系统调用之间的一层是（　　）。

A. 内核　　B. 库函数

C. 外壳程序　　D. 高层应用程序

（3）下列选项中，（　　）不是常用的操作系统。

A. Windows 7　　B. UNIX　　C. Linux　　D. Microsoft Office

（4）下列选项中，（　　）不是Linux的特点。

A. 开源、免费　　B. 硬件要求低　　C. 支持单一平台　　D. 多用户、多任务

（5）采用虚拟化软件安装Linux操作系统的一个突出优点是（　　）。

A. 系统稳定性大幅提高　　B. 系统运行更加流畅

C. 获得更多的商业支持　　D. 节省软件和硬件成本

（6）下列关于 Linux 操作系统的说法中错误的一项是（　　）。

A．Linux 操作系统不限制应用程序可用内存的大小

B．Linux 操作系统是免费软件，可以通过网络下载

C．Linux 是一个类 UNIX 的操作系统

D．Linux 操作系统支持多用户，允许多个用户同时登录系统

（7）Linux 操作系统是一种（　　）的操作系统。

A．单用户、单任务　　B．单用户、多任务

C．多用户、单任务　　D．多用户、多任务

（8）严格地说，原始的 Linux 只是一个（　　）。

A．简单的操作系统内核　　B．Linux 发行版

C．UNIX 操作系统的复制品　　D．具有大量应用程序的操作系统

（9）下列关于 Linux 内核版本的说法中不正确的一项是（　　）。

A．内核有两种版本：测试版本和稳定版本

B．次版本号为偶数时，说明该版本为测试版本

C．当 Linux 内核版本号为 2.6.49 时，说明其为稳定版本

D．当 Linux 内核版本号为 2.5.75 时，说明其为测试版本

（10）信创是信息技术应用创新的简称，其目标不包括（　　）。

A．建立自主可控的信息技术底层架构和标准

B．在关键技术领域推进自主研发和国产替代

C．实现信息技术领域的自主可控，保障国家信息安全

D．拒绝使用国外高科技产品，尽快实现技术“脱钩”

（11）下列不是信创产业自主研发和实现国产替代的领域的是（　　）。

A．基础硬件　　B．基础软件　　C．应用软件　　D．交通基础设施

（12）目前，国产操作系统的发展已进入（　　）。

A．启蒙阶段　　B．发展阶段　　C．壮大阶段　　D．攻坚阶段

（13）信创产业起步于下列（　　）领域。

A．金融　　B．电信　　C．党政军　　D．教育

（14）统信操作系统（统信 UOS）的产品线不包括（　　）。

A．桌面操作系统　　B．嵌入式操作系统

C．服务器操作系统　　D．智能终端操作系统

2．填空题

（1）计算机系统由____________和____________两大部分组成。

（2）一个完整的 Linux 操作系统包括____________、____________和____________3 个主要部分。

（3）在 Linux 操作系统的组成中，____________和硬件直接交互。

（4）UNIX 在发展过程中有两个主要分支，分别是____________和____________。

（5）Linux 的版本由____________和____________构成。

（6）将 Linux 内核和配套的应用程序组合在一起对外发行，称为____________。

（7）按照 Linux 内核版本传统的命名方式，当次版本号是偶数时，表示这是一个____________。

（8）信创产业起步于＿＿＿＿＿＿领域，并逐步应用于＿＿＿＿＿＿、＿＿＿＿＿＿和＿＿＿＿＿＿等领域。

（9）统信 UOS 的产品线包括＿＿＿＿＿＿、＿＿＿＿＿＿和＿＿＿＿＿＿ 3 部分。

（10）国产操作系统的发展经历＿＿＿＿＿＿、＿＿＿＿＿＿、＿＿＿＿＿＿和＿＿＿＿＿＿几个阶段。

3. 简答题

（1）计算机系统的层次结构包括哪几部分？每一部分的功能是什么？

（2）Linux 操作系统由哪 3 部分组成？每一部分的功能是什么？

（3）简述 Linux 操作系统的主要特点。

（4）简述信创的目标和意义。

（5）简述统信 UOS 的产品线及应用领域。

项目2 统信UOS初体验

02

学习目标

知识目标

- 熟悉 Linux 命令的结构和特点。
- 熟悉常用的 Bash 操作方式。
- 熟悉 vim 的 3 种模式及其常用操作。

能力目标

- 熟练使用命令行界面执行基本命令。
- 熟练使用常用的 Bash 操作技巧。
- 熟练使用 vim 编辑文本。

素质目标

- 学习 Linux 命令行操作方式，体验 Linux 命令的强大功能，探寻图形用户界面操作背后的命令，培养从复杂的表面现象抽取本质的能力。
- 练习 Bash 的操作技巧，培养快速、高效执行工作任务的能力，增强“效率就是生产力”的意识，理解效率对于生活、学习和工作的重要性。
- 练习不同 vim 模式下的常用操作，明白任何专业技能的获得都是长期积累的过程，只有反复练习才能达到熟能生巧的境界。

项目引例

在韩经理的悉心指导下，尤博已经掌握了在VMware中安装统信UOS的方法。对于安装过程中关键步骤的常见问题，尤博也能轻松应对。看到统信UOS清爽的桌面环境，尤博心中泛起一丝好奇，这清爽的桌面环境背后究竟隐藏了哪些“好玩”的功能？统信UOS和自己每天都用的Windows操作系统有什么不同？尤博带着这些问题找到了韩经理，期望从他那里得到想要的答案。可是韩经理却告诉尤博，如果没有亲自使用过统信UOS，那么无论如何也体会不到它的优点。他还告诫尤博，安装好统信UOS只是“万里长征”的第一步。现在的首要任务是尽快熟悉统信UOS的基本使用方法，尤其是以后会经常使用的命令行界面和vim文本编辑器。韩经理告诉尤博可以从Linux命令行界面的基本操作开始，逐步探索统信UOS的强大功能。

任务 2.1 探寻 Linux 命令行界面

任务概述

本书后面的所有实验基本上都是在 Linux 命令行界面中完成的，所以熟练掌握 Linux 命令行界面的基本操作对后面的理论学习和实验操作非常重要。Linux 命令行界面的特点和使用方法是本任务的核心知识点，请大家务必熟练掌握。

知识准备

2.1.1 Linux 命令行模式

从现在开始，我们把学习重点转移到 Linux 命令行界面。Linux 命令行界面也被称为字符界面或 Shell 终端窗口等。不同于图形用户界面，命令行界面是一种字符型的工作界面。在命令行界面中没有按钮、下拉列表、文本框等图形用户界面中常见的元素，也没有炫酷的窗口切换效果。用户能做的只是以命令的形式告诉 Shell 要完成什么任务，并等待系统的响应。

1. 打开 Linux 命令行界面

如果直接在命令行界面中工作，那么可能大部分 Linux 初学者会感到极不适应。确实，命令行界面更适合经验丰富的 Linux 系统管理员使用。普通用户或初学者可以通过 Shell 来体验 Linux 的命令行界面。

单击【启动器】按钮，选择【终端】命令，如图 2-1（a）所示，或者直接右击桌面空白处，在快捷菜单中选择【在终端中打开】命令，如图 2-1（b）所示，即可打开 Shell 终端窗口（以下简称终端窗口），如图 2-2 所示。

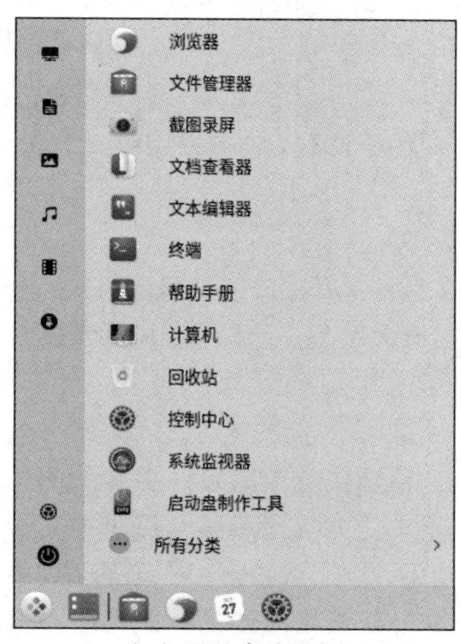

（a）通过启动器打开

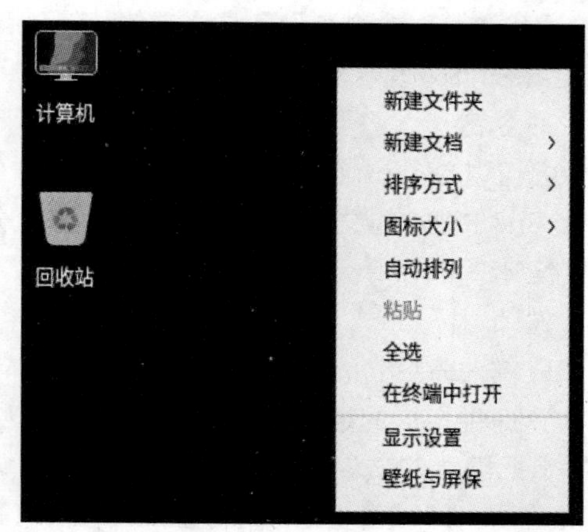

（b）通过快捷菜单打开

图 2-1 打开 Shell 终端窗口

图 2-2 中，终端窗口的位置 1 处有 4 个按钮，从左至右分别为主菜单、最小化、最大化及关闭按钮；终端窗口的位置 2 处显示的是 Linux 命令提示符。用户在命令提示符右侧输入命令，按【Enter】键即可将命令提交给 Shell 解释、执行。

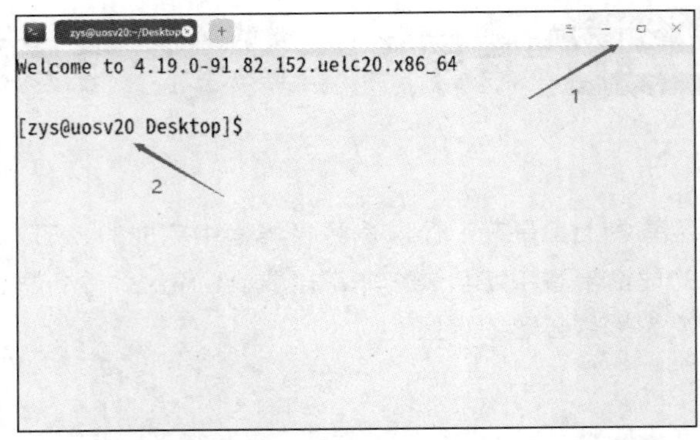

图 2-2　Shell 终端窗口

这里重点说明命令提示符的组成及含义。以图 2-2 中的“[zys@uosv20 Desktop]$”为例，“[ ]”是命令提示符的边界。在其内部，“zys”是当前的登录用户名，“uosv20”是系统主机名，二者以“@”符号分隔。系统主机名右侧的“Desktop”是用户当前的工作目录。如果用户的工作目录发生改变，那么命令提示符的这一部分也会随之改变。注意，“[ ]”右侧还有一个“$”符号，它是当前登录用户的身份级别指示符。如果是普通用户，则用“$”符号表示；如果是 root 用户，则用“#”符号表示。命令提示符的格式可以根据用户习惯自行设置，具体方法这里不演示，感兴趣的读者可以查阅相关资料自行学习。

微课

V2-1　Linux 命令提示符

微课

V2-2　Linux 命令的结构

2. Linux 命令的结构

学习 Linux 操作系统总会涉及大量 Linux 命令。在学习具体的 Linux 命令之前，有必要先了解 Linux 命令的基本结构。Linux 命令一般包括命令名、选项和参数 3 部分，其基本语法如下。

```
命令名　[选项]　[参数]
```

其中，选项和参数对命令来说不是必需的。在介绍具体命令的语法时，本书采用统一的表示方法，“[ ]”括起来的部分表示非必需的内容。

（1）命令名

命令名可以是 Linux 操作系统自带的工具软件、源程序编译后生成的二进制可执行程序，或者是包含 Shell 脚本的文件名等。命令名严格区分英文字母大小写，所以 cd 和 Cd 在 Linux 中是两个完全不同的命令。

（2）选项

如果只输入命令名，那么命令只会执行基本的功能。若想执行更高级、更复杂的功能，就必须为命令提供相应的选项。以常用的 ls 命令为例，其基本功能是显示某个目录中非隐藏的内容。如果想把隐藏的文件和子目录也显示出来，则必须使用“-a”或“--all”选项。其中，“-a”是短格式选项，即减号（短横线）后跟一个字符；“--all”是长格式选项，即两个减号后跟一个字符串。可以在一条命令中同时使用多个短格式选项和长格式选项，但选项之间需要用一个或多个空格分隔。另外，多个短格式选项可以组合在一起使用，组合后只保留一个减号。例如，“-a”“-l”两个选项组合后变成“-al”。例 2-1 演示了 Linux 命令中选项的基本用法。注意：本书示例中所有的命令或部分重点内容用黑体表示。另外，命令后以“//”开头的内容表示对命令的说明。

例 2-1：Linux 命令中选项的基本用法

```
[zys@uosv20 Desktop]$ ls              // 只输入命令名
dde-computer.desktop   dde-trash.desktop
[zys@uosv20 Desktop]$ ls -a           // 短格式选项，省略部分执行结果，下同
.  ..  dde-computer.desktop   dde-trash.desktop
[zys@uosv20 Desktop]$ ls --all        // 长格式选项
.  ..  dde-computer.desktop   dde-trash.desktop
[zys@uosv20 Desktop]$ ls -al          // 组合使用两个短格式选项
drwxr-xr-x   2   zys zys    59     10 月  28 05:04   .
drwx------  15   zys zys    4096   10 月  28 08:48   ..
-rw-r--r--   1   zys zys    6910   10 月  25 03:39   dde-computer.desktop
-rw-r--r--   1   zys zys    5163   10 月  25 03:39   dde-trash.desktop
```

（3）参数

参数表示命令作用的对象或目标。有些命令不需要使用参数，但有些命令必须使用参数才能正确执行。例如，若想使用 touch 命令创建一个新文件，则必须为它提供一个文件名作为参数。如果只输入 touch 命令而没有文件名参数，则会收到一个错误提示，如例 2-2 所示。注意：本书示例中以“<==”开头的内容是对命令执行结果的说明，并非执行结果的一部分。

例 2-2：Linux 命令中参数的基本用法

```
[zys@uosv20 Desktop]$ touch                // 不提供参数
touch: 缺少了文件操作数            <== 错误提示
[zys@uosv20 Desktop]$ touch file1          // file1 是文件名
[zys@uosv20 Desktop]$ ls file1
file1
```

如果同时使用多个参数，那么各个参数之间必须用一个或多个空格分隔。命令名、选项和参数之间也必须用空格分隔。另外，选项和参数没有严格的先后顺序关系，甚至可以交替出现，但命令名必须始终写在最前面。

3. Linux 虚拟终端

Linux 默认提供了 6 个虚拟终端，每个虚拟终端都可以独立运行命令和程序，分别名为 tty1～tty6。其中，启动系统时自动进入第 1 个虚拟终端 tty1。按【Ctrl+Alt+F1】～【Ctrl+Alt+F6】组合键可以切换到对应的虚拟终端。例如，按【Ctrl+Alt+F2】或【Ctrl+Alt+F3】组合键可以切换到 tty2 或 tty3，按【Ctrl+Alt+F1】组合键可以切换到 tty1。如果在安装统信 UOS 时选择的基本环境是【带 DDE 的服务器】（见图 1-19），那么启动系统后默认在 tty1 中运行图形用户界面，而 tty2～tty6 可作为字符界面使用。如果在安装统信 UOS 时选择的基本环境是【最小安装】，那么在 tty1 中默认启动的就是字符界面。以 tty2 为例，按【Ctrl+Alt+F2】组合键切换到 tty2，如图 2-3 所示。输入用户名 zys 及其密码并按【Enter】键，就可以登录 tty2。执行 exit 命令退出 tty2，再按【Ctrl+Alt+F1】组合键返回 tty1。

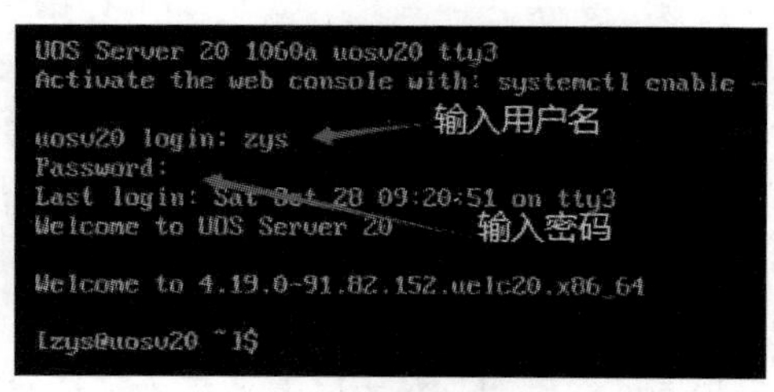

图 2-3　命令行界面

关于字符界面，有两点需要特别说明。首先，不管是以图形用户界面还是以命令行界面的方式登录系统，tty1都是系统默认启动的工作环境，始终存在。tty2～tty6则只有在按【Ctrl+Alt+F2】～【Ctrl+Alt+F6】组合键切换到对应的虚拟终端时才会创建。其次，除了tty1外，tty2～tty6也可以运行图形用户界面。

4. 在命令行中切换用户

本书的很多实验需要以root用户身份执行，因此这里先简单演示在命令行中使用su命令切换用户的方法，如例2-3所示。su命令后跟一个减号和用户名，注意减号左右两边都要有空格。项目3会详细介绍Linux用户及相关知识。

例2-3：使用su命令切换用户

```
[zys@uosv20 Desktop]$ su - root                // 切换为root用户
密码：                <== 这里输入root用户密码
[root@uosv20 ~]#                // 已经以root用户身份登录，注意此时的工作目录是"~"
[root@uosv20 ~]# exit                          // 使用 exit 命令退出root用户
注销
[zys@uosv20 Desktop]$                // 用户名变为zys
```

5. 在命令行中关机

在图形用户界面中关机和重启系统操作起来很方便，也可以在终端窗口中使用shutdown命令以一种安全的方式关机。"安全的方式"是指所有登录用户都会收到关机提示信息，以便这些用户有时间保存正在执行的操作。使用shutdown命令可以立即关机，也可以在特定的时间或者延迟特定的时间关机。shutdown命令的基本语法如下。

```
shutdown  [-arkhncfF]  time  [关机提示信息]
```

其中，time参数可以是"hh:mm"格式的绝对时间，表示在特定的时间关机；也可以采用"+m"的格式，表示m分钟之后关机。例2-4演示了shutdown命令的基本用法。shutdown命令除了可以实现关机，还可以通过"-r"选项重启系统，reboot命令则主要用于重启系统，具体的用法这里不详细介绍。

例2-4：shutdown命令的基本用法

```
[zys@uosv20 Desktop]$ shutdown -h now          // 现在关机
[zys@uosv20 Desktop]$ shutdown -h 21:30        // 21:30关机
[zys@uosv20 Desktop]$ shutdown -r +10          // 10分钟后重启系统
```

2.1.2 了解Bash Shell

1. 为什么要学习Shell

现在的Linux发行版已经做得非常友好，图形用户界面的功能和性能越来越强大。用户可以像在Windows操作系统中那样，通过滚动和单击完成绝大多数操作及配置。正是因为这一点，可能有人会有这样的疑问：既然能通过图形用户界面实现这么多功能，为什么还要花那么多时间去学习看似复杂、高深的Shell呢？确实，不能要求每个Linux用户都去学习Shell。但是如果有志成为Linux专家，或者想成为一名合格的Linux系统管理员，那么学习并掌握Shell就是无论如何也逃避不了的。

Shell位于操作系统内核外层。从功能上来说，Shell与图形用户界面是一样的，主要作用都是为用户提供一个与内核交互的操作环境。但是通过Shell完成工作往往效率更高，且能让用户对工作的原理和流程更加清晰。学习Shell不用考虑兼容性的问题，因为同一个Shell在不同Linux发行版中的使用方式是相同的。例如，对于接下来要学习的Bash，只要在统信UOS中学会了怎么使用，就可以在其他 Linux 发行版中以相同的方式使用。

自动化运维也是学习 Shell 的重要原因。Linux 系统管理员的很多日常工作都是使用 Shell 脚本完成的。Shell 脚本的运行环境就是 Shell，如果不了解 Shell 的使用方法和运行机制，则会影响 Shell 脚本的编写和维护。

2. Bash 与 Bourne Shell

Bash 的前身是 Bourne Shell。Bourne Shell 是 UNIX 操作系统最初使用的 Shell，在每种 UNIX 操作系统中都可以使用。Bourne Shell 在编程方面相当优秀，但在用户交互方面的表现不如其他几种 Shell。Bourne Shell 的发明人是史蒂夫·伯恩（Steven Bourne），所以这个 Shell 被命名为 Bourne Shell。

Bash 是 Bourne-Again-Shell 的缩写，是布莱恩·福克斯（Brian Fox）于 1987 年为 GNU 计划编写的 Shell。Bash 的第 1 个正式版本于 1989 年发布，原本只是为 GNU 计划开发的，但实际上它能运行于大多数类 UNIX 操作系统中，Linux 与 Mac OS 等都将它作为默认 Shell。Bash 是 Bourne Shell 的开源版本，对 Bourne Shell 进行了扩展，在 Bourne Shell 的基础上增加、增强了很多特性，同时与 Bourne Shell 保持兼容。Bash 有许多特色，可以提供如命令自动补全、命令别名和命令历史记录等功能，还具有许多 C Shell 和 Korn Shell 的优点，有灵活和强大的编程接口，同时提供友好的图形用户界面。有关其他 Shell 的内容详见本任务知识拓展部分。

2.1.3 常用的 Bash 操作

虽然 Bash 支持成千上万条功能各异的命令，这些命令的选项和参数又各不相同，但是 Bash 的基本使用方式并不复杂。熟练掌握 Bash 的基本操作会让我们后面的学习事半功倍。

1. 自动补全

在输入命令名时，可以利用 Bash 的自动补全功能提高输入速度并减少错误。自动补全是指在输入命令的开头几个字符后直接按【Tab】键，如果系统中只有一条命令以当前已输入的字符开头，那么 Shell 会自动补全该命令的完整命令名。如果连续按两次【Tab】键，则系统会把所有以当前已输入字符开头的命令名显示在窗口中，如例 2-5 所示。另外，如果一条命令的参数是文件名，那么也可以使用同样的方法补全或列出可能的文件。

微课

V2-3 常用的 Bash 操作技巧

例 2-5：自动补全

```
[zys@uosv20 Desktop]$ log                  // 输入“log”后按两次【Tab】键
logger        logname       logrotate      logViewerAuth
loginctl      logout        logsave        logViewerTruncate
[zys@uosv20 Desktop]$ logname              // 输入“logn”后按【Tab】键
zys      <== logname 命令的执行结果，即登录用户名
[zys@uosv20 Desktop]$ ls file1             // 输入“fi”后按【Tab】键
file1
```

2. 换行输入命令

如果一条命令太长，需要换行输入，则可以先在行末输入转义符“\”，按【Enter】键后换行继续输入。在例 2-6 中，使用 touch 命令创建两个文件。由于文件名太长，在第 1 个文件名后输入转义符“\”，并按【Enter】键换行继续输入。注意，转义符“\”后不能有多余的空格或其他字符。

例 2-6：换行输入命令

```
[zys@uosv20 Desktop]$ touch a_file_with_a_very_long_name  \ // “\”后按【Enter】键
```

```
> another_file_with_a_longer_name              // 换行继续输入
[zys@uosv20 Desktop]$ ls *name                 // 显示名称以"name"结尾的文件名
a_file_with_a_very_long_name   another_file_with_a_longer_name
```

3. 强制结束命令

如果命令执行等待时间太长、命令执行结果过多或者不小心执行了错误的操作，则可以按【Ctrl+C】组合键强制结束命令，如例 2-7 所示。

例 2-7：强制结束命令

```
[root@uosv20 ~]# ping 127.0.0.1            // 注意：该命令要以 root 用户身份执行
PING 127.0.0.1 (127.0.0.1) 56(84) bytes of data.
64 bytes from 127.0.0.1: icmp_seq=2 ttl=64 time=0.042 ms
64 bytes from 127.0.0.1: icmp_seq=3 ttl=64 time=0.042 ms
^C        <== 按【Ctrl+C】组合键强制结束 ping 命令
--- 127.0.0.1 ping statistics ---
```

4. 重定向

很多命令通过参数获得执行所需的输入，同时会把命令的执行结果显示在屏幕中。这其实隐含 Linux 的两个重要概念，即标准输入和标准输出。默认情况下，标准输入设备是键盘，标准输出设备是屏幕（即显示器）。也就是说，如果没有特别的设置，Linux 命令从键盘获得输入，并在屏幕上显示执行结果。在 Linux 命令行界面中，经常需要重新指定命令的输入源或输出地，即所谓的输出重定向和输入重定向。

（1）输出重定向

如果想对一条命令进行输出重定向，则可以在这条命令之后输入大于符号“>”并在其后跟一个文件名，表示将这条命令的执行结果写入该文件中，如例 2-8 所示。使用 cat 命令可以查看一个或多个文件的内容，具体用法详见项目 4。

例 2-8：输出重定向

```
[zys@uosv20 Desktop]$ logname
zys       <== logname 命令的执行结果默认在屏幕上显示
[zys@uosv20 Desktop]$ logname >/tmp/logname.result      // 将结果写入指定文件中
[zys@uosv20 Desktop]$ cat /tmp/logname.result           // 查看文件内容
zys
```

需要特别强调的是，如果输出重定向操作中“>”后指定的文件不存在，则系统会自动创建这个文件。如果这个文件已经存在，则会先清空该文件中的内容，再将结果写入其中。所以，使用“>”进行输出重定向时，实际上是对原文件的内容进行了“覆盖”。如果想保留原文件的内容，即在原文件的基础上“追加”新内容，则必须使用追加方式的输出重定向。追加方式的输出重定向非常简单，只要使用两个大于符号“>>”即可，如例 2-9 所示。在该例中，logname 命令的执行结果会被追加到文件/tmp/logname.result 中。可以看到，该文件中原有的内容仍然存在。

例 2-9：追加方式的输出重定向

```
[zys@uosv20 Desktop]$ logname >>/tmp/logname.result     // 追加方式的输出重定向
[zys@uosv20 Desktop]$ cat /tmp/logname.result
zys       <==文件原有的内容
zys       <==追加的内容
```

（2）输入重定向

输入重定向是指将原来从键盘获得的数据改为从文件中读取。下面以 bc 命令为例演示输入重定向的使用方法。bc 命令以一种交互的方式进行算术运算，也就是说，用户通过键盘（即标准输入设备）在终端窗口中输入数学表达式，使用 bc 命令后会显示计算结果，如例 2-10 所示。

例 2-10：从键盘获得输入内容

```
[zys@uosv20 Desktop]$ bc          // 进入 bc 交互模式
23 + 34                  <==通过键盘输入这一行，按【Enter】键
57                       <== 显示计算结果
12 * 3                   <== 通过键盘输入这一行，按【Enter】键
36                       <== 显示计算结果
quit                     <== 退出 bc 交互模式
```

将例 2-10 中的两个数学表达式保存在文件 file1 中，通过输入重定向使用 bc 命令从该文件中读取内容并计算结果，如例 2-11 所示。

例 2-11：从文件中获得输入内容

```
[zys@uosv20 Desktop]$ cat file1
23 + 34
12 * 3
[zys@uosv20 Desktop]$ bc <file1              // 输入重定向：从文件中获得输入内容
57
36
[zys@uosv20 Desktop]$ bc <file1 >file2       // 同时进行输入重定向和输出重定向
[zys@uosv20 Desktop]$ cat file2
57
36
```

在例 2-11 中，将两个数学表达式保存在文件 file1 中，并使用小于符号“<”对 bc 命令进行输入重定向。bc 命令从文件 file1 中每次读取一行内容进行计算，并把计算结果显示在屏幕上。例 2-11 还演示了在一条命令中同时进行输入重定向和输出重定向，也就是说，从文件 file1 中获得输入内容，并将结果输出到文件 file2 中。大家可以结合前面的示例分析这条命令的执行结果。

5. 管道操作

管道操作是 Linux 操作系统的常用操作。通过管道命令进行管道操作，可以让一条命令的输出成为另一条命令的输入。管道命令的基本用法如例 2-12 所示。使用管道操作符“|”连接两条命令时，前一条命令（左侧）的输出成为后一条命令（右侧）的输入。还可以在一条命令中多次使用管道操作符以实现更复杂的操作。例如，在例 2-12 的最后一条命令中，第 1 条 wc 命令的输出成为第 2 条 wc 命令的输入。注意，wc 命令可用于统计文件中的行数和字符数等，具体用法详见项目 4。

例 2-12：管道命令的基本用法

```
[zys@uosv20 Desktop]$ cat /etc/aliases | wc        // cat 命令的输出成为 wc 命令的输入
     97     239     1529
[zys@uosv20 Desktop]$ cat /etc/aliases | wc | wc   // 连续使用两次管道命令
      1       3       24
```

6. 查看帮助信息

Linux 操作系统自带了数量庞大的命令，许多命令的使用又涉及复杂的选项和参数，任何人都不可能把所有命令的所有用法都记住。用户真正需要的其实是能有一种简单、快捷的方法以获得某条命令的用法。man 命令为用户提供了关于 Linux 命令的准确、全面、详细的说明。man 命令的使用方法非常简单，只要在 man 命令后面加上所要查找的命令名即可。图 2-4 所示为执行 man ls 命令的结果。可以按【Enter】键或【Space】键浏览更多信息。

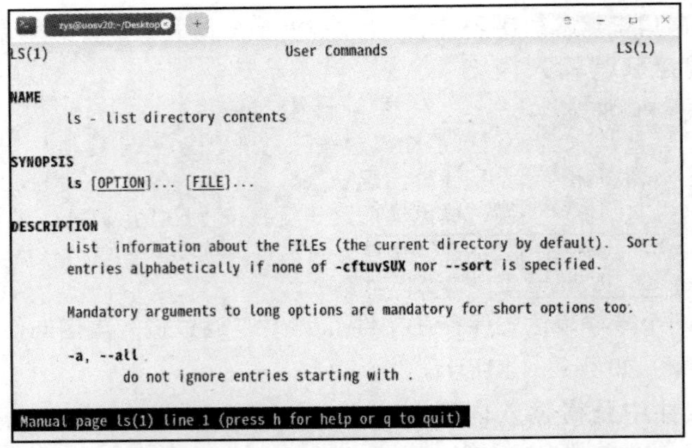

图 2-4 man 命令的使用方法

man 命令提供的帮助信息非常全面，包括命令的名称、概述、选项和描述等，这些信息对于深入学习某条命令很有帮助。

任务实施

考虑到 Linux 命令行的重要性，韩经理认为有必要让尤博多花些时间进行练习。韩经理打算通过一个例子向尤博演示如何在 Linux 终端窗口中执行命令，同时演示常用的 Bash 操作技巧。

实验：练习 Linux 命令行操作

第 1 步：韩经理首先打开一个终端窗口，然后让尤博观察命令提示符的组成，尤其是当前登录用户和工作目录。

第 2 步：韩经理使用 touch 命令新建了 5 个测试文件。在这一步，韩经理向尤博演示了换行输入命令的方法，如例 2-13.1 所示。韩经理特别跟尤博强调，“\” 后面不能有空格或其他字符，必须直接按【Enter】键。

例 2-13.1：练习 Linux 命令行操作——换行输入命令

```
[zys@uosv20 Desktop]$ touch file1 file2 file3 \        //输入“\”后直接按【Enter】键
> file4 file5
[zys@uosv20 Desktop]$ ls
dde-computer.desktop   dde-trash.desktop   file1   file2   file3   file4   file5
```

第 3 步：韩经理问尤博如何能快速知道当前目录中有多少文件。尤博挠了挠头，只能想到一个一个数的笨方法。韩经理笑着输入了一行命令，如例 2-13.2 所示。韩经理解释说，这条命令里的“ | ”是 Linux 命令中的管道操作符，能够把前一条命令的输出当作后一条命令的输入。具体来说，先使用 ls 命令得到当前目录中的所有文件名，这些文件名随后被当作 wc 命令的输入进行计数。

例 2-13.2：练习 Linux 命令行操作——管道操作

```
[zys@uosv20 Desktop]$ ls | wc -l
7
```

第 4 步：尤博问韩经理 wc 命令后面的“ - l”选项有什么作用。韩经理告诉他，在使用 Linux 的过程中，如果想学习某条命令的详细用法，除了通过互联网查阅资料外，还可以借助强大的 man 命令，如图 2-5 所示。通过查看 man 命令的执行结果，尤博知道了“-l”选项的作用是统计文本的行数。

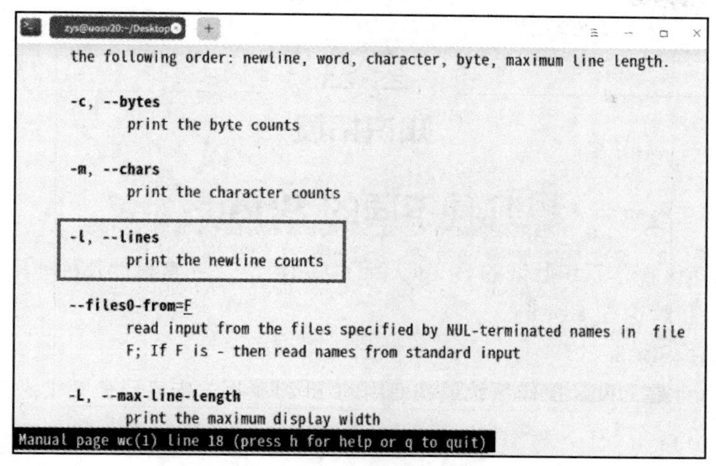

图 2-5 练习使用 man 命令

第 5 步：韩经理告诉尤博，如果想把命令的执行结果保存到文件中，可以进行输出重定向，如例 2-13.3 所示。

例 2-13.3：练习 Linux 命令行操作——输出重定向

```
[zys@uosv20 Desktop]$ ls | wc -l >file1
[zys@uosv20 Desktop]$ cat file1
7
```

第 6 步：尤博看到韩经理使用的命令越来越复杂，心里产生一个疑问：如果不小心把命令写错了怎么办。韩经理看出了尤博的疑问，告诉他使用【Ctrl+C】组合键强制结束命令的方法，如例 2-13.4 所示。

例 2-13.4：练习 Linux 命令行操作——强制结束命令

```
[zys@uosv20 Desktop]$ ping 127.0.0.1
bash: /usr/bin/ping: 权限不够
[zys@uosv20 Desktop]$
```

第 7 步：韩经理的本意是用 ping 命令演示强制结束命令的方法。遗憾的是，这条命令没有执行成功。尤博根据错误信息来分析，认为原因可能是用户 zys 没有权限执行 ping 命令。韩经理告诉他，想要验证这个猜测，可以切换为 root 用户再执行一次 ping 命令，如例 2-13.5 所示。

例 2-13.5：练习 Linux 命令行操作——切换用户后强制结束命令

```
[zys@uosv20 Desktop]$ su - root                    // 切换为 root 用户
密码：
[root@uosv20 ~]# ping 127.0.0.1
64 bytes from 127.0.0.1: icmp_seq=2 ttl=64 time=0.047 ms
^C          <== 使用【Ctrl+C】组合键强制结束命令
[root@uosv20 ~]# exit          // 退出 root 用户
[zys@uosv20 Desktop]$
```

果然，切换为 root 用户后再执行 ping 命令就成功了。看来在统信 UOS 中，普通用户在默认情况下是没有权限执行这条命令的。最后，韩经理叮嘱尤博，刚开始接触 Linux 命令行界面难免会遇到一些困难，甚至会产生抵触情绪，这些都是正常的现象。只要勤动手、多练习，很快就可以走出暂时的困境。届时，隐藏在 Linux 命令行界面背后的“精彩世界”将如约而至……

知识拓展

几种不同的Shell

Bash是Linux操作系统默认的Shell。除了Bash外，还有其他几种非常优秀的Shell。下面我们来简单了解这些Shell。

（1）Bourne Shell

Bourne Shell是UNIX操作系统最初使用的Shell，相关内容已在2.1.2节介绍，这里不赘述。

（2）Bash

Bash是Bourne Shell的扩展，相关内容已在2.1.2节介绍，这里不赘述。

（3）csh和tcsh

20世纪80年代早期，比尔·乔伊（Bill Joy）在美国加利福尼亚大学开发了C Shell（csh），它是BSD UNIX的默认Shell。比尔·乔伊开发csh的主要目的是让Shell具有更强大的交互功能。csh采用C语言风格的语法结构，有52个内部命令，新增了命令历史记录、命令别名、文件名替换、作业控制等功能。tcsh是csh的增强版，与csh完全兼容，现在csh已被tcsh取代。

（4）ksh

有很长一段时间，只有两类Shell供UNIX用户选择：Bourne Shell用于编程，csh用于交互。Bourne Shell的编程功能非常强大，而csh具有优秀的交互功能。美国贝尔实验室的戴维·科恩（David Korn）开发了Korn Shell（ksh）。ksh承袭csh的交互功能，并融入Bourne Shell的语法。因此，ksh出现之后受到广大用户的喜爱。ksh有42个内部命令，ksh是Bourne Shell的扩展，在大部分功能上与Bourne Shell兼容。同时，ksh具备csh的易用特点，许多系统安装脚本都使用ksh编写。

（5）Z Shell

Z Shell可以说是目前Linux操作系统里最庞大的一种Shell。它有84个内部命令，使用起来比较复杂。Z Shell集成了Bash、ksh的重要特性，同时增加了自己独有的功能。将其取名为Z Shell也是有原因的。Z是最后一个英文字母，Z Shell的含义是“终极Shell”。开发者是想告诉用户，有了Z Shell就可以把其他Shell全部丢掉。然而，由于Z Shell使用起来比较复杂，因此一般情况下不会使用。

任务实训

Linux系统管理员主要通过在终端窗口中执行各种命令完成日常工作。本实训的主要任务是在Linux终端窗口中练习Bash的基本操作和使用技巧，以加深理解Bash的作用和特点，以及Linux命令的结构和基本用法。请根据以下实训内容完成实训任务。

【实训内容】

（1）在统信UOS中打开一个终端窗口，分析命令提示符的组成和含义。

（2）执行不带任何参数的touch命令，分析命令的提示信息。

（3）为touch命令添加一个参数并执行，然后使用ls命令查看结果并将其重定向到文件中。思考为何touch命令需要参数，而ls命令不需要。

（4）在命令行中输入cl后连续按两次【Tab】键，查看系统中有多少以cl开头的命令。

（5）切换为root用户，执行ping 127.0.0.1命令，然后使用【Ctrl+C】组合键强制结束命令。

（6）执行cat /etc/redhat-release命令，查看系统版本信息。将该命令的执行结果通过管道操作交给wc命令，统计其中的字符数和单词数。

任务2.2 学习vim文本编辑器

任务概述

不管是专业的 Linux 系统管理员，还是普通的 Linux 用户，在使用 Linux 时都不可避免地要编辑各种文件。虽然 Linux 也提供了类似 Windows 操作系统中 Word 那样的图形化办公软件，但专业的 Linux 系统管理员使用得更多的还是字符型的文本编辑器 vi 或 vim。本任务将详细介绍 vim 文本编辑器的操作方法和使用技巧。

知识准备

2.2.1 vim 简介

vim 文本编辑器的前身是 vi 文本编辑器。基本上所有的 Linux 发行版都内置了 vi，而且有些系统工具还把 vi 作为默认的文本编辑器。vim 文本编辑器是增强型的 vi 文本编辑器，沿用 vi 的操作方式。vim 除了具备 vi 的功能外，还可以用不同颜色区分不同类型的文本内容，尤其是在编辑 Shell 脚本文件或进行 C 语言编程时，能够高亮显示关键字和语法错误。相比 vi 专注于文本编辑，vim 还可以进行程序编辑。所以，将 vim 称为程序编辑器可能更加准确。不管是专业的 Linux 系统管理员，还是普通的 Linux 用户，都应该熟练使用 vim。

2.2.2 vim 工作模式

微课

V2-4 vi与vim

初次接触 vim 的 Linux 用户可能会觉得很不方便，很难想象竟然还有人用这么原始的方法编辑文件。可是对那些熟悉 vim 的人来说，它是一个“魅力十足”的文本编辑工具，以至于每天的工作都离不开它。在学习 Linux 的过程中，vim 占据非常重要的地位。如果不会使用 vim，那么可以肯定地说，面对本书大部分示例和实验，我们都将无从下手。下面我们就从 vim 文本编辑器的启动开始，学习 vim 的 3 种工作模式及其相关操作。

1. 启动 vim 文本编辑器

在终端窗口中输入 vim 命令，后跟一个想要编辑文本的文件名，按【Enter】键即可进入 vim 工作环境，如图 2-6（a）所示。只输入 vim，或者输入 vim 后跟一个不存在的文件名，也可以启动 vim 文本编辑器，如图 2-6（b）所示。

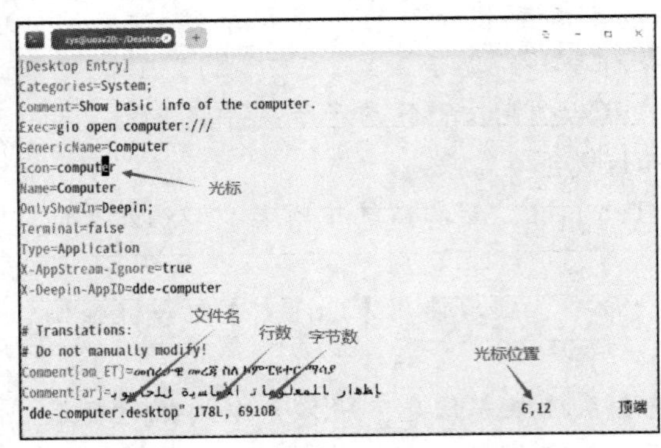

（a）打开已有文件

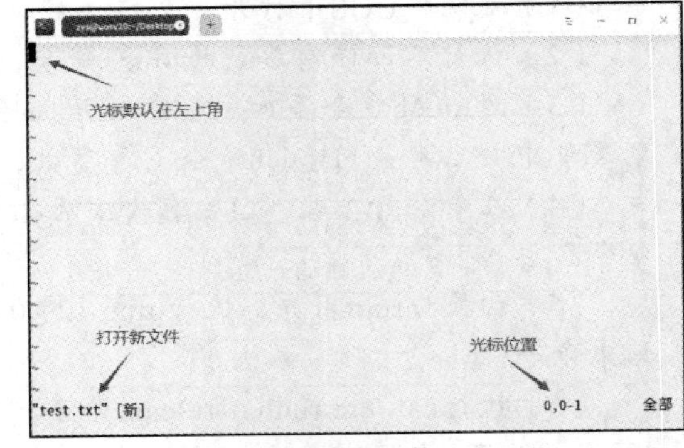

（b）打开空文件

图 2-6　启动 vim 文本编辑器

不管文件名是否存在，启动 vim 后首先进入命令模式（Command Mode）。在命令模式下，可以使用键盘的上、下、左、右方向键移动光标，或者通过一些特殊的命令快速移动光标，还可以复制、粘贴和删除文本。用户在命令模式下的输入被 vim 当作命令而不是普通文本。

在命令模式下按【I】、【O】、【A】或【R】中的任何一个键，vim 会进入插入模式（Insert Mode），也称为输入模式。进入插入模式后，用户的输入被当作普通文本而不是命令，就像是在一个 Word 文档中输入文本一样。如果要回到命令模式，则可以按【Esc】键。

如果在命令模式下输入“:”“/”或“?”中的任何一个字符，那么 vim 会把光标移动到窗口最后一行并进入末行模式（Last Line Mode），也称为命令行模式（Command-Line Mode）。用户在末行模式下可以通过一些命令对文件进行查找、替换、保存和退出等操作。如果要回到命令模式，同样可以按【Esc】键。

vim 的 3 种工作模式的切换方法如图 2-7 所示。注意，从命令模式可以切换到插入模式和末行模式，但插入模式和末行模式之间不能直接切换。

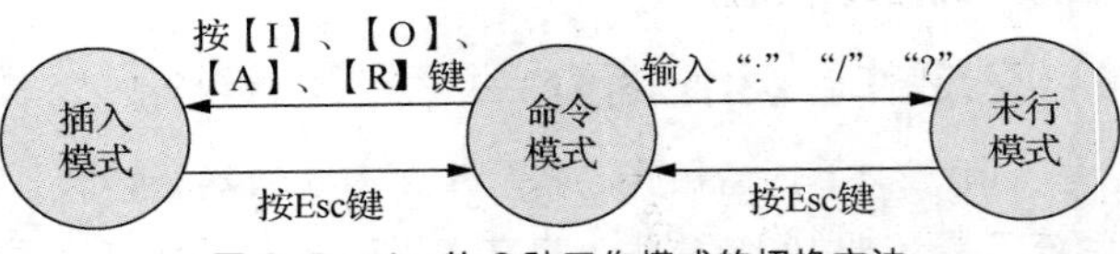

图 2-7　vim 的 3 种工作模式的切换方法

了解了 vim 的 3 种工作模式及其切换方法，下面学习在这 3 种工作模式下可以分别进行哪些操作。这是 vim 的学习重点，请大家务必多加练习。

微课

V2-5　vim 命令模式

2. 命令模式

在命令模式下可以完成的操作包括移动光标，以及复制、粘贴或删除文本等。光标表示文本中当前的输入位置，表 2-1 列出了在命令模式下移动光标的具体操作。

表 2-1　在命令模式下移动光标的具体操作

按键或输入	作用
【H】或左方向键	光标向左移动一个字符（见注[1]及注[2]）
【L】或右方向键	光标向右移动一个字符（见注[2]）
【K】或上方向键	光标向上移动一行，即移动到上一行的当前位置（见注[2]）
【J】或下方向键	光标向下移动一行，即移动到下一行的当前位置（见注[2]）
【W】	移动光标到其所在单词的后一个单词的词首（见注[3]）

续表

按键或输入	作用
【B】	移动光标到其所在单词的前一个单词的词首（如果光标当前已在本单词的词首），或移动到本单词的词首（如果光标当前不在本单词的词首）（见注[3]）
【E】	移动光标到其所在单词的后一个单词的词尾（如果光标当前已在本单词的词尾），或移动到本单词的词尾（如果光标当前不在本单词的词尾）（见注[3]）
【Ctrl+F】	向下翻动一页，相当于按【PageDown】键
【Ctrl+B】	向上翻动一页，相当于按【PageUp】键
【Ctrl+D】	向下翻动半页
【Ctrl+U】	向上翻动半页
n【Space】	*n* 表示数字，即输入数字后按【Space】键，表示光标向右移动 *n* 个字符，相当于先输入数字再按【L】键
n【Enter】	*n* 表示数字，即输入数字后按【Enter】键，表示光标向下移动 *n* 行并停在行首
0 或【Home】键	光标移动到当前行行首
$ 或【End】键	光标移动到当前行行尾
【Shift+H】	光标移动到当前屏幕第 1 行的行首
【Shift+M】	光标移动到当前屏幕中央 1 行的行首
【Shift+L】	光标移动到当前屏幕最后 1 行的行首
【Shift+G】	光标移动到文件最后 1 行的行首
n【Shift+G】	*n* 为数字，表示光标移动到文件的第 *n* 行的行首
GG	光标移动到文件第 1 行的行首，相当于 1G

注[1]：这里的【H】代表键盘上的【H】键，而不是大写字母“H”。当需要输入大写字母“H”时，本书统一使用按【Shift+H】组合键的形式，其他字母同样如此。

注[2]：如果在按【H】、【J】、【K】、【L】键前先输入数字，则表示一次性移动多个字符或多行。例如，15H 表示光标向左移动 15 个字符，20K 表示光标向上移动 20 行。

注[3]：同样，如果在按【W】、【B】、【E】键前先输入数字，则表示一次性移动到当前单词之前（或之后）的多个单词的词首（或词尾）。

可以看出，在命令模式下移动光标时，既可以使用键盘的上、下、左、右方向键，又可以使用一些具有特定意义的组合键。注意，在命令模式下无法使用鼠标移动光标。

表 2-2 列出了在命令模式下复制、粘贴和删除文本的具体操作。

表 2-2　在命令模式下复制、粘贴和删除文本的具体操作

按键或输入	作用
X	删除光标所在位置的字符，相当于按【Delete】键
【Shift+X】	删除光标所在位置的前一个字符，相当于在插入模式下按【Backspace】键
*n*X	*n* 为数字，删除从光标所在位置开始的 *n* 个字符（包括光标所在位置的字符）
n【Shift+X】	*n* 为数字，删除光标所在位置的前 *n* 个字符（不包括光标所在位置的字符）
S	删除光标所在位置的字符并随即进入插入模式，光标停留在被删字符处
DD	删除光标所在的一整行
*n*DD	*n* 为数字，向下删除 *n* 行（包括光标所在行）
D1【Shift+G】	删除从文件第 1 行到光标所在行的全部内容
D【Shift+G】	删除从光标所在行到文件最后 1 行的全部内容

续表

按键或输入	作用
D0	删除光标所在位置的前一个字符直到所在行行首（光标所在位置的字符不会被删除）
D$	删除光标所在位置的字符直到所在行行尾（光标所在位置的字符也会被删除）
YY	复制光标所在行
n YY	*n* 为数字，从光标所在行开始向下复制 *n* 行（包括光标所在行）
Y 1【Shift+G】	复制从光标所在行到文件第 1 行的全部内容（包括光标所在行）
Y【Shift+G】	复制从光标所在行到文件最后 1 行的全部内容（包括光标所在行）
Y0	复制从光标所在位置的前一个字符到所在行行首的所有字符（不包括光标所在位置的字符）
Y$	复制从光标所在位置的字符到所在行行尾的所有字符（包括光标所在位置字符）
【P】	将已复制数据粘贴到光标所在行的下一行
【Shift+P】	将已复制数据粘贴到光标所在行的上一行
【Shift+J】	将光标所在行的下一行移动到光标所在行行尾，用空格分开（将两行合并）
U	撤销前一个动作
【Ctrl+R】	重做一个动作（和 U 的作用相反）
.	小数点，表示重复前一个动作

3．插入模式

从命令模式进入插入模式才可以对文件进行输入。表 2-3 所示为从命令模式进入插入模式的操作。

表 2-3　从命令模式进入插入模式的操作

按键或输入	作用
【I】	进入插入模式，从光标所在位置开始插入
【Shift+I】	进入插入模式，从光标所在行的第 1 个非空白字符处开始插入（即跳过行首的空格、制表符等）
【A】	进入插入模式，从光标所在位置的下一个字符开始插入
【Shift+A】	进入插入模式，从光标所在行的行尾开始插入
【O】	进入插入模式，在光标所在行的下一行插入新行
【Shift+O】	进入插入模式，在光标所在行的上一行插入新行
【R】	进入插入模式，替换光标所在位置的字符一次
【Shift+R】	进入插入模式，一直替换光标所在位置的字符，直到按【Esc】键为止

4．末行模式

表 2-4 列出了在末行模式下查找与替换文本的具体操作。

微课

V2-6　vim 末行模式

表 2-4　在末行模式下查找与替换文本的具体操作

按键或输入	作用
/ keyword	从光标当前位置开始向下查找下一个字符串 keyword，按【N】键继续向下查找字符串，按【Shift+N】组合键向上查找字符串
? keyword	从光标当前位置开始向上查找上一个字符串 keyword，按【N】键继续向上查找字符串，按【Shift+N】组合键向下查找字符串
: n1 , n2　s / kw1 / kw2 / g	n1 和 n2 为数字，在第 n1～n2 行之间搜索字符串 kw1，并以字符串 kw2 将其替换（见注）
: n1 , n2　s / kw1 / kw2 / gc	和上一行功能相同，但替换前向用户确认是否继续替换操作
: 1 , $ s / kw1 / kw2 / g : % s / kw1 / kw2 / g	全文搜索 kw1，并以字符串 kw2 将其替换
: 1 , $ s / kw1 / kw2 / gc : % s / kw1 / kw2 / gc	和上一行功能相同，但替换前向用户确认是否继续替换操作。按【Y】键进行确认

注：在末行模式下，“:”后面的内容区分英文字母大小写。此处的“s”“g”表示需要输入小写英文字母 s 和 g，下同。

表 2-5 所示为在末行模式下保存、退出和读取文件等的具体操作。

表 2-5　在末行模式下保存、退出和读取文件等的具体操作

按键或输入	作用
: w	保存编辑后的文件
: w!	若文件属性为只读，则强制保存该文件。但最终能否保存成功，取决于文件的权限设置
: w filename	将编辑后的文件以文件名 filename 进行保存
: n1 , n2　w filename	将第 n1～n2 行的内容写入文件 filename
: q	退出 vim 文本编辑器
: q!	不保存文件内容的修改，强制退出 vim 文本编辑器
: wq	保存文件内容后退出 vim 文本编辑器
: wq!	强制保存文件内容后退出 vim 文本编辑器
【Shift+Z+Z】	若文件没有修改，则直接退出 vim 文本编辑器；若文件已修改，则保存后退出
: r filename	读取 filename 文件的内容并将其插入光标所在行的下面
: ! command	在末行模式下执行 command 并显示其结果。command 执行完成后，按【Enter】键重新进入末行模式
: set nu	显示文件行号
: set nonu	与:set nu 的作用相反，隐藏文件行号

任务实施

实验 1：练习 vim 基本操作

韩经理最近在 Windows 操作系统中使用 C 语言编写了一个计算时间差的程序。现在韩经理想把这个程序移植到 Linux 操作系统中，同时为尤博演示如何在 vim 文本编辑器中编写程序。下

面是韩经理的操作过程。

第 1 步：在统信 UOS 中打开终端窗口。在命令行界面中执行 vim 命令启动 vim，vim 命令后面不加文件名，启动 vim 后默认进入命令模式。

第 2 步：在命令模式下按【I】键进入插入模式，输入例 2-14 所示的程序。为了方便后文表述，这里把代码的行号也一并显示出来（韩经理故意在这段代码中引入了一些语法和逻辑错误）。

例 2-14：修改前的程序

```
 1    #include <stdio.h>
 2
 3    int main()
 4    {
 5            int hour1, minute1;
 6            int hour2, minute2
 7
 8            scanf("%d %d", &hour1, &minute1);
 9            scanf("%d %d", hour2, &minute2);
10
11            int t1 = hour1 * 6 + minute1;
12            int t = t1 - t2;
13
14            printf("time difference: %d hour, %d minutes \n", t/6, t%6);
15
16            return 0;
17    }
```

第 3 步：按【Esc】键返回命令模式。输入“:”进入末行模式。在末行模式下输入“w timediff.c”将程序保存为文件 timediff.c，在末行模式下输入“q”退出 vim。

第 4 步：重新启动 vim，打开文件 timediff.c，在末行模式下输入“set nu”显示文件的行号。按【Esc】键返回命令模式。

第 5 步：在命令模式下按【M】键将光标移动到当前屏幕中央 1 行的行首，按【1+Shift+G】组合键或按两次【G】键将光标移动到第 1 行的行首。

第 6 步：在命令模式下按【6+Shift+G】组合键将光标移动到第 6 行的行首，按【Shift+A】组合键进入插入模式，此时光标停留在第 6 行的行尾。在行尾输入“;”，按【Esc】键返回命令模式。

第 7 步：在命令模式下按【9+Shift+G】组合键将光标移动到第 9 行的行首。按【W】键将光标移动到下一个单词的词首，连续按【L】键向右移动光标，直到光标停留在“hour2”单词的词首。按【I】键进入插入模式，输入“&”，按【Esc】键返回命令模式。

第 8 步：在命令模式下按【11+Shift+G】组合键将光标移动到第 11 行的行首。按两次【Y】键复制第 11 行的内容，按【P】键将其粘贴到第 11 行的下面一行。此时，原文件的第 12～17 行依次变为第 13～18 行，且光标停留在新添加的第 12 行的行首。

第 9 步：在命令模式下连续按【E】键使光标移动到下一个单词的词尾，直至光标停留在“t1”的词尾字符“1”处。按【S】键删除字符“1”并随即进入插入模式。在插入模式下输入“2”，按【Esc】键返回命令模式。重复此操作并把“hour1”“minute1”中的字符“1”修改为“2”。

第 10 步：在命令模式下按【K】键将光标上移 1 行，即移动到第 11 行。在末行模式下输入“11,15s/6/60/gc”，将第 11～15 行中的“6”全部替换为“60”。注意，在每次替换时都要按

【Y】键确认。替换后，光标停留在第 15 行。

第 11 步：在命令模式下按【2+J】组合键将光标下移 2 行，即移动到第 17 行。按两次【D】键删除第 17 行，按【U】键撤销删除操作。

第 12 步：在末行模式下输入“wq”，即可保存文件并退出 vim。

修改后的程序如例 2-15 所示。

例 2-15：修改后的程序

```
 1  #include <stdio.h>
 2
 3  int main()
 4  {
 5          int hour1, minute1;
 6          int hour2, minute2;
 7
 8          scanf("%d %d", &hour1, &minute1);
 9          scanf("%d %d", &hour2, &minute2);
10
11          int t1 = hour1 * 60 + minute1;
12          int t2 = hour2 * 60 + minute2;
13          int t = t1 - t2;
14
15          printf("time difference: %d hour, %d minutes \n", t/60, t%60);
16
17          return 0;
18  }
```

实验 2：练习 vim 高级功能

看到尤博意犹未尽，韩经理打算再教他几个 vim 的高级功能，具体包括多文件编辑、多窗口编辑和区块编辑。下面是韩经理的操作步骤。

1. 多文件编辑

第 1 步：新建 3 个文件 file1、file2 和 file3，然后用 vim 分别打开这 3 个文件并写入适当的内容。

第 2 步：用 vim 同时打开这 3 个文件，方法是 vim 命令后跟 3 个文件名。在末行模式下输入“files”来显示所有打开的文件，如例 2-16.1 所示。注意，当前显示的是文件 file1 的内容。

微课

V2-7 vim 高级功能

例 2-16.1：vim 高级功能——打开 3 个文件

```
[zys@uosv20 Desktop]$ vim file1 file2 file3              // 打开 3 个文件
this is file1...          <== 这是文件 file1 的内容
~
:files                    <== 在末行模式下输入“files”，下面 3 行显示了当前打开的 3 个文件
  1 %a   "file1"                          第 1 行      <== 当前显示的文件
  2          "file2"                      第 0 行
  3          "file3"                      第 0 行
请按 ENTER 或其他命令继续
```

第 3 步：在末行模式下输入“n”，切换到下一个文件 file2，使用同样的方法切换到 file3，然后查看当前打开的所有文件，如例 2-16.2 所示。

例 2-16.2：vim 高级功能——切换文件

```
[zys@uosv20 Desktop]$ vim file1 file2 file3                    // 打开 3 个文件
this is file3...        <== 经过两次切换后打开文件 file3
~
:files
  1        "file1"                          第 1 行
  2 #      "file2"                          第 1 行        <== 上一个显示的文件
  3 %a     "file3"                          第 1 行        <== 当前显示的文件
```

第 4 步：在命令模式下将光标移动到文件 file3 的第 1 行行首，按两次【Y】键复制第 1 行的内容。

第 5 步：在末行模式下输入“N”，切换到文件 file2。在命令模式下按【1+Shift+G】组合键将光标移动到文件 file2 的第 1 行行首，按【P】键将第 4 步复制的内容粘贴到该行之下。

第 6 步：在末行模式下输入“wqa”，保存 3 个文件并退出 vim。

第 7 步：用 vim 打开文件 file2，确认其中的内容修改和保存成功，如例 2-16.3 所示。

例 2-16.3：vim 高级功能——确认文件内容

```
[zys@uosv20 Desktop]$ vim file2
this is file2...
this is file3...
```

第 8 步：在末行模式下输入“q”退出 vim。

2. 多窗口编辑

韩经理接着演示 vim 的多窗口编辑功能。

第 9 步：用 vim 打开文件 file1，然后在末行模式下输入“sp file2”，在垂直方向上打开一个 vim 子窗口显示文件 file2，如图 2-8（a）所示。此时，文件 file2 显示在上方，文件 file1 显示在下方。注意，此时光标停留在文件 file2 中。

第 10 步：在命令模式下将光标移动到文件 file2 的第 1 行，按【2+Y+Y】组合键复制文件 file2 前两行的内容，然后按【Ctrl+W+J】组合键切换到文件 file1。

第 11 步：在命令模式下按【P】键将第 10 步复制的内容粘贴到文件 file1 的第 1 行之下，如图 2-8（b）所示。

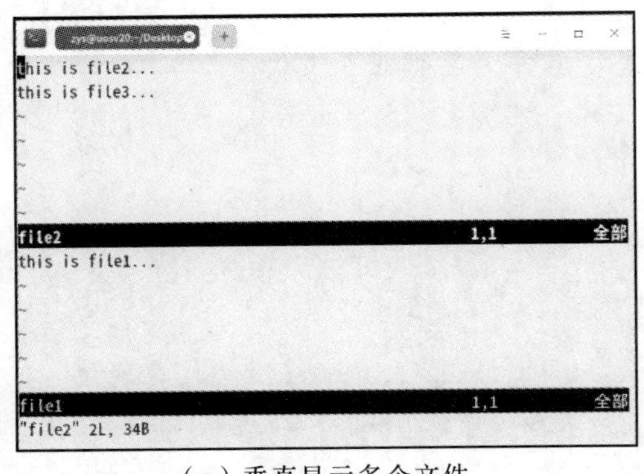

（a）垂直显示多个文件

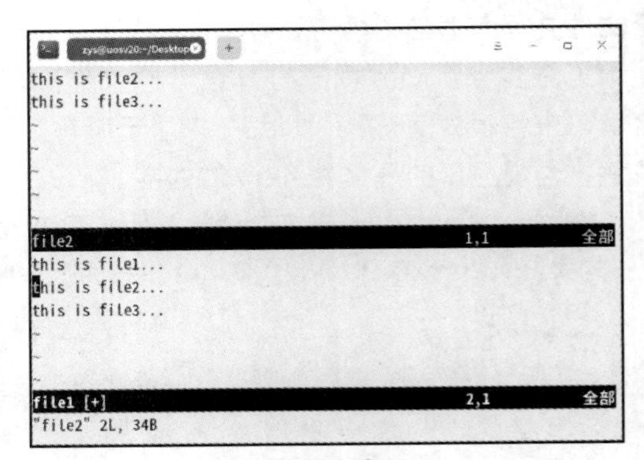

（b）复制内容至 file1

图 2-8　多窗口编辑

第 12 步：在末行模式下输入“wqa”，保存两个文件并退出 vim。

第 13 步：用 vim 打开文件 file1，确认其中的内容修改和保存成功，如例 2-17 所示。

例 2-17：vim 高级功能——确认文件内容

```
[zys@uosv20 Desktop]$ vim file1
this is file1...
this is file2...
this is file3...
```

第 14 步：在末行模式下输入“q”，退出 vim。

另外，使用多窗口编辑功能不仅可以同时显示两个文件，还可以同时显示更多的文件，甚至可以组合使用垂直显示和水平显示，从而更有效地利用屏幕空间。韩经理特别提醒尤博，使用这种功能时一定要谨慎，否则很可能因为窗口打开得太多而出错。

3. 区块编辑

最后，韩经理向尤博演示了 vim 的区块编辑功能。

第 15 步：在 vim 中编辑文件 file1，写入 6 行相同的内容“this is file1...”。

第 16 步：在命令模式下分别按【V】键、【Shift+V】组合键和【Ctrl+V】组合键，韩经理提示尤博注意 vim 窗口的左下角出现的“可视”“可视 行”“可视 块”的提示，这些提示表明用户当前已进入区块命令模式，如图 2-9 所示。

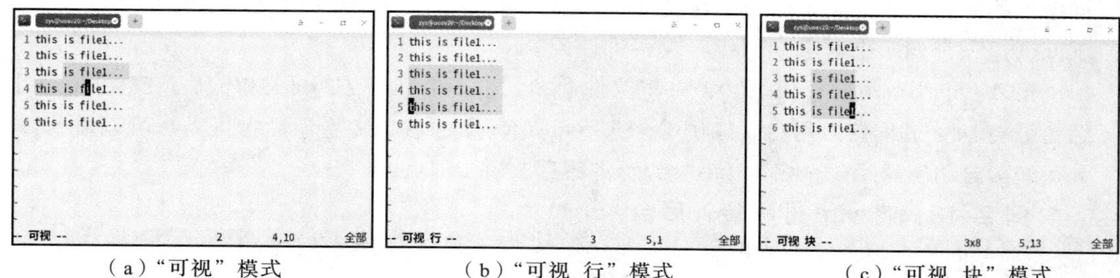

（a）“可视”模式　（b）“可视 行”模式　（c）“可视 块”模式

图 2-9　区块编辑提示

第 17 步：按【Esc】键退出区块命令模式。在命令模式下将光标移动到首行“file1”单词的首字符“f”处，然后按【Ctrl+V】组合键进入区块命令模式。

第 18 步：在命令模式下将光标移动到第 6 行“file1”单词的最后一个字符“1”处，如图 2-10（a）所示。按【Y】键复制光标经过的矩形区域。

第 19 步：在命令模式下将光标移动到首行行末，按【P】键粘贴第 18 步复制的内容，如图 2-10（b）所示。

第 20 步：在末行模式下输入“wq”，保存文件 file1 并退出。

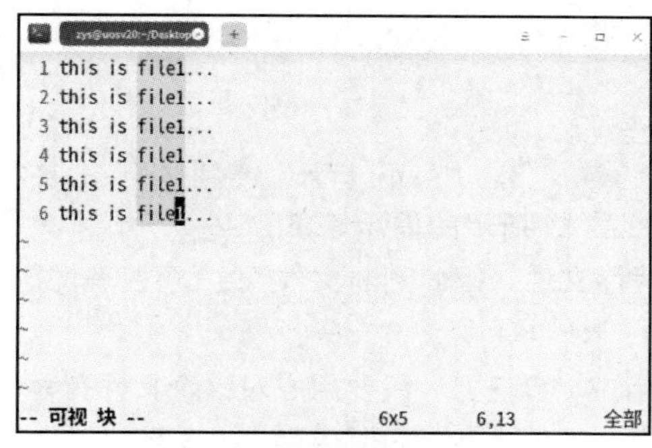

（a）复制矩形区块内容

```
1 this is file1...file1
2 this is file1...file1
3 this is file1...file1
4 this is file1...file1
5 this is file1...file1
6 this is file1...file1
6 行的块复制了                    1,17    全部
```

（b）粘贴矩形区块内容

图 2-10　区块编辑功能

经过这两个实验，尤博被 vim 的强大功能深深折服了。韩经理也叮嘱尤博要在反复练习中提高操作熟练度，千万不要死记硬背 vim 命令。如果能够熟练使用 vim，那么必将大大提高日常工作效率。

知识拓展

vim 缓存文件

使用 vim 编辑文件时，可能会因为一些异常情况而不得不中断操作，如系统断电或者多人同时编辑同一个文件等。如果出现异常前没有及时保存文件内容，那么所做的修改就会丢失，为用户带来不便。为此，vim 为用户提供了一种可以恢复未保存的数据的机制。

当用 vim 打开一个文件 filename 时，vim 会自动创建一个隐藏的缓存文件，名为.filename.swp，又称为交换文件。这个隐藏文件充当原文件的缓存，也就是说，对原文件所做的操作会被记录到这个缓存文件中，因此可以利用它来恢复原文件中未保存的内容。下面通过一个例子来演示 vim 缓存文件的使用。

第 1 步：用 vim 打开目录/tmp 中的文件 file1。对文件 file1 进行任意修改后，按【Ctrl+Z】组合键将 vim 进程转入后台，如例 2-18 所示。使用 jobs 命令查看后台任务。可以看到，vim 确实自动创建了一个名为.file1.swp 的缓存文件。

例 2-18：将 vim 进程转入后台

```
[zys@uosv20 tmp]$ vim file1                  // 修改后按【Ctrl+Z】组合键
[1]+  已停止                    vim file1
[zys@uosv20 tmp]$ jobs -l                    // 查看后台任务
[1]+  3604 停止                 vim file1
[zys@uosv20 tmp]$ ls -al file1 .file1.swp
-rw-r--r-- 1 zys svist     0    12月 17 15:09    file1
-rw-r--r-- 1 zys svist  4096    12月 17 15:09    .file1.swp      <== 缓存文件
```

第 2 步：使用 kill 命令强制结束后台的 vim 进程，如例 2-19 所示。注意，虽然 vim 进程被强制结束了，但是缓存文件仍然存在。

例 2-19：强制结束后台的 vim 进程

```
[zys@uosv20 tmp]$ kill -9 3604               // 强制结束后台的 vim 进程
[zys@uosv20 tmp]$ jobs -l
[1]+  3604 已杀死               vim file1        <== vim 进程已结束
[zys@uosv20 tmp]$ ls -al file1 .file1.swp
-rw-r--r-- 1 zys svist     0  12月 17 15:09  file1
-rw-r--r-- 1 zys svist  4096  12月 17 15:09  .file1.swp   <== 缓存文件仍存在
```

第 3 步：用 vim 重新打开文件 file1，显示图 2-11 所示的提示信息。

用 vim 打开文件 file1 时，发现了其对应的缓存文件，因此判断文件 file1 可能有问题，并给出两个可能的原因及解决方案。

（1）多人同时编辑这个文件。Linux 支持多用户、多任务，只要用户对这个文件有写权限就可以进行编辑，而不管有无其他人正在编辑。为了防止多人同时保存文件导致文件内容混乱，可以让其他人正常退出 vim，再继续处理这个文件。

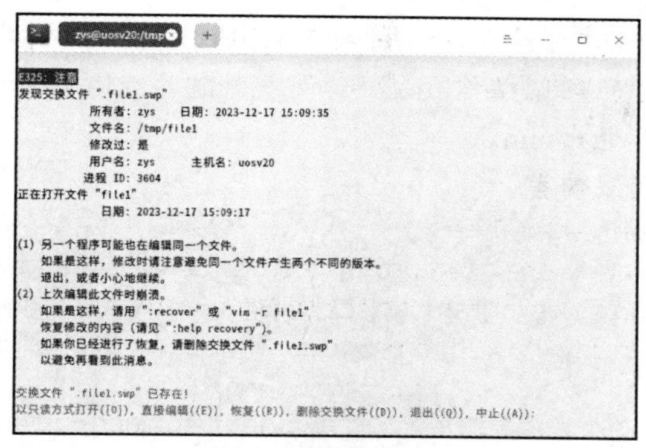

图 2-11　提示信息

（2）上一次编辑这个文件时遭遇了异常退出。在这种情况下，可以选择使用缓存文件恢复原文件，也可以选择删除缓存文件。可以通过以下按键选择相应的操作。

①【O】键（以只读方式打开）：即只能查看文件内容，而不能进行编辑操作。

②【E】键（直接编辑）：表示打开文件后可以正常编辑，但很可能和其他用户的操作产生冲突。

③【R】键（恢复）：表示加载缓存文件以恢复之前未保存的操作。注意：恢复成功后要手动删除缓存文件，否则它会一直存在，导致每次打开文件时都会有提示信息。

④【D】键（删除缓存文件）：即先删除原缓存文件，然后正常打开文件进行编辑，此时 vim 会自动创建一个新的缓存文件。

⑤【Q】键（退出）：表示不进行任何操作而直接退出 vim。

⑥【A】键（中止）：与【Q】键类似，直接退出 vim。

任务实训

vim文本编辑器是Linux系统中最常用的文本编辑器之一。vim有3种工作模式，每种模式的功能不同，所能执行的操作也不同。本实训的主要任务是在vim中练习移动光标、查找与替换文本，以及删除、复制和粘贴文本，提高vim的使用水平。请根据以下实训内容完成实训任务。

【实训内容】

（1）以用户zys的身份登录操作系统，打开终端窗口。

（2）启动vim，vim命令后面不加文件名。

（3）进入vim的插入模式，输入例2-20所示的实训测试内容。

（4）将内容保存到文件freedoms.txt中，并退出vim。

（5）重新启动vim，打开文件freedoms.txt。

（6）显示文件行号。

（7）将光标先移动到屏幕中央1行，再移动到行尾。

（8）在当前行下方插入新行，并输入内容“The four essential freedoms:”。

（9）将第4～6行的“freedom”以“FREEDOM”替换。

（10）将光标移动到第3行，并复制第3～5行的内容。

（11）将光标移动到文件最后1行，并将第（10）步复制的内容粘贴在最后1行上方。

（12）撤销上一步的粘贴操作。

（13）保存文件后退出vim。

例 2-20：实训测试内容

```
The four essential freedoms:
A program is free software if the program's users have the four essential freedoms:
The freedom to run the program as you wish, for any purpose (freedom 0).
The freedom to study how the program works, and change it so it does your computing as you
wish (freedom 1). Access to the source code is a precondition for this.
The freedom to redistribute copies so you can help others (freedom 2).
The freedom to distribute copies of your modified versions to others (freedom 3). By doing this
you can give the whole community a chance to benefit from your changes. Access to the source
code is a precondition for this.
```

项目小结

本项目包含两个任务。任务2.1重点介绍了Linux命令行界面和常用的Bash操作。Linux发行版的图形用户界面越来越人性化，使用起来也越来越方便。但对命令行界面的学习仍是本书的重点，因为在后续的学习过程中，绝大多数实验是在命令行界面中完成的。任务2.2重点介绍了Linux操作系统中常用的vim文本编辑器，它在后面的学习中会经常用到。熟练使用vim可以极大地提高工作效率，因此必须非常熟悉vim的3种工作模式及每种工作模式下所能进行的操作。

项目练习题

1. 选择题

（1）Linux 命令提示符“[zys@uosv20 Desktop]$”中的“zys”表示（　　）。

A. 系统主机名　B. 登录用户名　C. 当前工作目录　D. 用户身份标志

（2）Linux 命令提示符“[zys@uosv20 Desktop]$”中的“uosv20”表示（　　）。

A. 系统主机名　B. 登录用户名　C. 当前工作目录　D. 用户身份标志

（3）Linux 命令提示符“[zys@uosv20 Desktop]$”中的“Desktop”表示（　　）。

A. 系统主机名　B. 登录用户名　C. 当前工作目录　D. 用户身份标志

（4）Linux 命令提示符“[zys@uosv20 Desktop]$”中的“$”表示（　　）。

A. 系统主机名　B. 登录用户名　C. 当前工作目录　D. 用户身份标志

（5）Linux 的命令名、参数及选项之间，（　　）。

A. 只能出现一个空格　B. 可以出现一个或多个空格

C. 可以出现自定义的特殊符号　D. 出现的符号取决于 Linux 内核的版本

（6）切换用户身份使用的命令是（　　）。

A．cd　　B．ls　　C．su　　D．man

（7）在 Linux 命令提示符中，标识超级用户身份的符号是（　　）。

A．$　　B．#　　C．>　　D．<

（8）在 Linux 命令中，必需的是（　　）。

A．命令名　　B．选项　　C．参数　　D．转义符

（9）下列不是学习 Shell 的目的的是（　　）。

A．提高工作效率　　B．实现自动化运维

C．让自己成为专业人士　　D．减少不同操作系统间的兼容性问题

（10）要想使用 Shell 的自动补全功能，可以输入命令的前几个字符后按（　　）键。

A．【Enter】　　B．【Esc】　　C．【Tab】　　D．【Backspace】

（11）下列（　　）命令是 Linux 提供的帮助命令。

A．ls　　B．useradd　　C．cd　　D．man

（12）当命令执行结果内容过多，想要强行终止命令时，可以按（　　）组合键。

A．【Ctrl+C】　　B．【Ctrl+D】　　C．【Alt+A】　　D．【Ctrl+S】

（13）下列（　　）选项不是 Linux 命令选项的正确格式。

A．-l　　B．+x　　C．--all　　D．-al

（14）关于 Bash 重定向操作，下列说法错误的是（　　）。

A．默认情况下，标准输入设备是键盘，标准输出设备是屏幕

B．在一个命令后输入“>”，并且后跟文件名，表示将命令输出到该文件中

C．“>>”也能实现输出重定向，和“>”作用相同

D．输入重定向是指将原来从键盘输入的数据改为从文件读取，使用“<”实现

（15）在 vim 文本编辑器中编辑文件时，使用（　　）命令可以显示文件每一行的行号。

A．number　　B．display nu　　C．set nu　　D．show nu

（16）在 vim 文本编辑器中，要将某文本文件的第 1～5 行的内容复制到文件的指定位置，以下能实现该功能的操作是（　　）。

A．将光标移动到第 1 行，在末行模式下按【Y+Y+5】组合键，并将光标移动到指定位置，按【P】键

B．将光标移动到第 1 行，在末行模式下按【5+Y+Y】组合键，并将光标移动到指定位置，按【P】键

C．在末行模式下使用命令 1,5YY，并将光标移动到指定位置，按【P】键

D．在末行模式下使用命令 1,5Y，并将光标移动到指定位置，按【P】键

（17）在 vim 文本编辑器中编辑文件时，要将第 7～10 行的内容一次性删除，可以在命令模式下先将光标移动到第 7 行，然后按（　　）组合键。

A．【D+D】　　B．【4+D+D】　　C．【D+E】　　D．【4+D+E】

（18）在 vim 文本编辑器中，要自下而上查找字符串“uniontech”，应该在末行模式下使用（　　）。

A．/uniontech　　B．?uniontech　　C．#uniontech　　D．%uniontech

（19）使用 vim 文本编辑器编辑文件时，在末行模式下输入“q!”的作用是（　　）。

A．保存文件内容并退出文本编辑器

B．正常退出

C．不保存文件内容并强制退出文本编辑器

D．文本替换

（20）使用 vim 文本编辑器将文件的某行删除后，发现该行内容需要保留，恢复该行内容的最佳操作方法是（　　）。

A．在命令模式下重新输入该行

B．不保存文件内容并退出 vim 文本编辑器，重新编辑该文件

C．在命令模式下按【U】键

D．在命令模式下按【R】键

（21）在 Linux 终端窗口中输入命令时，以（　　）表示命令未结束，在下一行继续输入。

A．/　　B．\　　C．&　　D．;

（22）在使用 vim 文本编辑器编辑文件时，能直接在光标所在字符后插入文本的按键是（　　）。

A．【I】　　B．【Shift+I】　　C．【A】　　D．【Shift+O】

2．填空题

（1）Linux 操作系统中可以输入命令的操作环境称为__________，负责解释命令的程序是__________。

（2）一个 Linux 命令除了命令名之外，还包括______________和______________。

（3）Linux 操作系统中的命令__________大小写。在命令行中，可以使用__________键来自动补全命令。

（4）Linux 命令提示符“[zys@uosv20 Desktop]$”中的“zys”表示__________。

（5）Linux 命令提示符“[zys@uosv20 Desktop]$”中的“uosv20”表示__________。

（6）Linux 命令提示符“[zys@uosv20 Desktop]$”中的“Desktop”表示__________。

（7）Linux 命令提示符“[zys@uosv20 Desktop]$”中的“$”表示__________。

（8）断开一条长命令时，可以使用______________以将一条较长的命令分成多行输入。

（9）vim 文本编辑器有 3 种工作模式，即__________、__________和__________。

（10）打开 vim 文本编辑器后，首先进入的工作模式是______________。

（11）在命令模式下，按______________和______________键可以将光标移动到首行。

（12）在命令模式下，按______________键可以删除光标所在行。

（13）在命令模式下，按______________键可以撤销前一个动作。

（14）在末行模式下，按______________键可以保存文件并退出。

（15）在末行模式下，按______________键可以显示文件行号。

3．简答题

（1）Linux 命令分为哪几个部分？Linux 命令为什么要有参数和选项？

（2）简述 Linux 命令的自动补全功能。

（3）简述 Bash 的主要特点。

（4）vim 文本编辑器有几种工作模式？简述每种工作模式下能完成的主要操作。

基础篇

掌握Linux操作系统，用户与文件管理是两大基石。本篇围绕项目3用户管理与项目4文件管理两大核心主题展开，旨在深化学生对系统权限控制、用户与组配置的理解，确保系统安全。同时，通过翔实的文件与目录操作实践，让学生能够灵活驾驭Linux的文件系统，高效管理数据资源。此篇内容不仅为日常运维打下扎实的基础，也是迈向高级管理技能的必经之路。

项目3 用户管理

03

学习目标

知识目标

- 理解 Linux 用户与用户组的基本概念与关系。
- 了解 Linux 用户与用户组配置文件的结构与含义。
- 理解 Linux 用户与用户组管理命令的基本用法。

能力目标

- 熟练使用用户管理相关命令，了解常用的选项与参数。
- 熟练使用用户组管理相关命令，了解其与用户管理命令的相互影响。

素质目标

- 练习配置用户与用户组，感受企业真实工作场景中多用户协同工作的复杂性，增强团队合作的意识和能力。
- 练习用户切换命令，树立“权力越大，责任越大”的责任观念。同时，通过合理赋权，明确精细化管理的作用和重要性。

项目引例

经过这段时间的学习，尤博认识了令他耳目一新的Linux终端窗口和vim文本编辑器，他迫切地想要知道在终端窗口中究竟可以做哪些事情。韩经理告诉尤博，要想体验Linux操作系统的强大之处，必须按照不同的主题深入学习。韩经理计划从本项目开始指导尤博慢慢揭开统信UOS的“神秘面纱”，逐步走进终端窗口的精彩世界。韩经理决定先介绍Linux用户和用户组的基本概念及常用操作，然后演示在Linux系统中切换用户的方法。

任务 3.1 管理用户与用户组

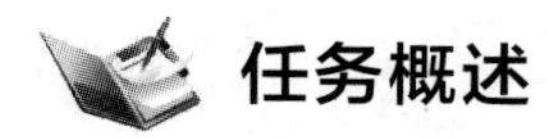

任务概述

为提高安全性，用户在登录 Linux 系统时需要输入密码。每个用户在系统中都有不同的权限。为简化用户管理，Linux 根据用户的关系在逻辑上将其划分为多个用户组。本任务主要介绍用户和用户组的基本概念、配置文件及相关管理命令。

知识准备

3.1.1 用户与用户组简介

1. 用户与用户组概述

Linux 是一个多用户操作系统，支持多个用户同时登录操作系统。不同的用户使用不同的用户名登录操作系统，并需要提供密码。每个用户的权限不同，所能完成的任务也不同。用户管理是 Linux 安全管理机制的重要一环。通过为不同的用户赋予不同的权限，Linux 能够有效管理系统资源，合理组织文件，实现对文件的安全访问。

为每一个用户设置权限是一项烦琐的工作，因为有些用户的权限是相同的。引入“用户组”的概念可以很好地解决这个问题。用户组是用户的逻辑组合，只要为用户组设置相应的权限，组内的用户就会自动继承这些权限。这种方式可以简化用户管理，提高系统管理员的工作效率。

用户和用户组都有一个字符串形式的名称，但其实操作系统使用数字形式的 ID 来识别用户和用户组，也就是用户 ID（User ID，UID）和用户组 ID（Group ID，GID）。UID 和 GID 为数字，每个用户和用户组都有唯一的 UID 和 GID。这很像人们的姓名与身份证号码的关系。但是在 Linux 操作系统中，用户名和用户组的名称都是不能重复的。

2. 用户与用户组的关系

一个用户可以只属于一个用户组，也可以属于多个用户组。一个用户组可以只包含一个用户，也可以包含多个用户。因此，用户和用户组存在一对一、一对多、多对一和多对多 4 种对应关系。当一个用户属于多个用户组时，就有了主组（又称初始组）和附加组的概念。

微课

V3-1 Linux 用户和用户组

用户的主组指的是只要用户登录系统，就自动拥有这个组的权限。一般来说，当添加新用户时，如果没有明确指定用户所属的用户组，那么系统会默认创建一个和该用户同名的用户组，这个用户组就是该用户的主组。用户的主组是可以修改的，但每个用户只能有一个主组。除了主组外，用户加入的其他用户组称为附加组。一个用户可以同时加入多个附加组，并拥有每个附加组的权限。

3.1.2 用户与用户组配置文件

既然登录时使用的是用户名，而系统内部使用 UID 来识别用户，那么 Linux 如何根据登录名确定其对应的 UID 和 GID 呢？答案隐藏在用户和用户组的配置文件中。

1. 用户配置文件

（1）/etc/passwd

在 Linux 操作系统中，与用户相关的配置文件有两个——/etc/passwd 和/etc/shadow。前者用于记录用户的基本信息，后者和用户的密码相关。下面先来查看文件/etc/passwd 的内容，如例 3-1 所示。

例 3-1：文件/etc/passwd 的内容

```
[zys@uosv20 Desktop]$ ls -l /etc/passwd
-rw-r--r-- 1 root root 2293 10 月  25 01:48 /etc/passwd
[zys@uosv20 Desktop]$ cat /etc/passwd
root:x:0:0:root:/root:/bin/bash             <==  每一行代表一个用户
……
zys:x:1000:1000:zhangyunsong:/home/zys:/bin/bash
```

文件/etc/passwd 中的每一行代表一个用户。可能大家会有这样的疑问：安装操作系统时，除了默认创建的 root 用户外，只手动添加了 zys 这一个用户，为什么/etc/passwd 中会出现这么多用户？其实，这里的大多数用户是系统用户（又称伪用户），不能使用这些用户直接登录系统，但它们是系统正常运行所必需的。不能随意修改系统用户，否则很可能导致依赖它们的系统服务无法正常运行。每一行的用户信息都包含 7 个字段，用“:”分隔，其格式如下。

```
用户名:密码:UID:GID:用户描述:主目录:默认 Shell
```

微课

V3-2　用户相关配置文件

（2）/etc/shadow

文件/etc/shadow 的内容如例 3-2 所示。

例 3-2：文件/etc/shadow 的内容

```
[zys@uosv20 Desktop]$ cat /etc/shadow
cat: /etc/shadow: 权限不够          <== 普通用户无法打开/etc/shadow
[zys@uosv20 Desktop]$ su   -   root        // 切换为 root 用户
密码：              <==在这里输入 root 用户的密码
[root@uosv20 ~]# cat /etc/shadow
root:$6$ieGPZ6qGG...zvSFhwlz.:19654:0:180:7:::
bin:*:19488:0:99999:7:::
```

注意：普通用户无法打开文件/etc/shadow，只有 root 用户才能打开，这主要是为了防止泄露用户的密码信息。/etc/shadow 中的每一行代表一个用户，包含用“:”分隔的 9 个字段。第 1 个字段表示用户名，第 2 个字段表示加密后的密码，密码之后的几个字段分别表示最近一次密码修改日期、最短修改时间间隔、密码有效期、密码到期前的警告天数、密码到期后的宽限天数、账号失效日期（不管密码是否到期）、保留使用。这里不详细介绍每个字段的含义，大家可使用 man 5 shadow 命令查看/etc/shadow 中各字段的具体含义。

2. 用户组配置文件

用户组的配置文件是/etc/group，其内容如例 3-3 所示。

例 3-3：文件/etc/group 的内容

```
[zys@uosv20 Desktop]$ cat /etc/group
root:x:0:
zys:x:1000:
```

与/etc/passwd 类似，文件/etc/group 中的每一行都代表一个用户组，包含用“:”分隔的 4 个字段，分别是用户组名、用户组密码、GID、用户组中的用户。

3.1.3　用户与用户组相关命令

下面介绍几个和用户及用户组管理相关的命令。注意，本小节的命令都要以 root 用户身份执行。

1. 管理用户

（1）新增用户

使用 useradd 命令可以非常方便地新增一个用户。useradd 命令的基本语法如下。

```
useradd  [-d|-u|-g|-G|-m|-M|-s|-c|-r  |-e|-f]  [参数] 用户名
```

虽然 useradd 命令提供了非常多的选项，但其实它不使用任何选项就可以创建一个用户，因为 useradd 命令定义了很多默认值。不使用任何选项时，useradd 命令默认执行以下操作。

① 在文件/etc/passwd 中新增一行与新用户相关的信息，包括 UID、GID、主目录等。

② 在文件/etc/shadow 中新增一行与新用户相关的密码信息，但此时密码为空。

③ 在文件/etc/group 中新增一行与新用户同名的用户组。

④ 在目录/home 中创建与新用户同名的目录，并将其作为新用户的主目录。

useradd 命令的基本用法如例 3-4 所示。

例 3-4：useradd 命令的基本用法——不加任何选项

```
[root@uosv20 ~]# useradd shaw                       // 创建新用户
[root@uosv20 ~]# grep shaw /etc/passwd              // 新增用户基本信息
shaw:x:1001:1001::/home/shaw:/bin/bash
[root@uosv20 ~]# grep shaw /etc/shadow              // 新增用户密码信息
shaw:!!:19661:0:90:7:::
[root@uosv20 ~]# grep shaw /etc/group               // 创建同名用户组
shaw:x:1001:
[root@uosv20 ~]# ls -ld /home/shaw                  // 创建同名主目录
drwx------  10  shaw   shaw   183                   10 月 31 20:57   /home/shaw
```

显然，useradd 命令按照默认的规则设置了新用户的 UID、GID 等属性。如果不想使用这些默认值，则要利用相应的选项加以明确指定。例如，创建一个名为 tong 的新用户，并手动指定其 UID 和主组，方法如例 3-5 所示。

微课

V3-3 useradd 常用选项

例 3-5：useradd 命令的基本用法——手动指定用户的 UID 和主组

```
[root@uosv20 ~]# useradd -u 1234 -g zys tong          // 手动指定
用户的 UID 和主组
[root@uosv20 ~]# grep tong /etc/passwd
tong:x:1234:1000::/home/tong:/bin/bash          <==  1000 是用户组
zys 的 GID
[root@uosv20 ~]# grep tong /etc/group           // 未创建同名用户组
[root@uosv20 ~]#
```

（2）设置用户密码

使用 useradd 命令创建用户时并没有为用户设置密码，因此用户无法登录系统。可以使用 passwd 命令为用户设置密码。passwd 命令的基本语法如下。

```
passwd  [-l|-u|-S|-n|-x|-w|-i]  [参数]  [用户名]
```

root 用户可以为所有普通用户修改密码，如例 3-6 所示。如果输入的密码太简单，不满足系统的密码复杂性要求，则系统会给出错误提示。在实际的生产环境中，强烈建议大家设置相对复杂的密码以提高系统的安全性。

例 3-6：以 root 用户身份为普通用户修改密码

```
[root@uosv20 ~]# passwd zys          // 以 root 用户身份修改 zys 用户的密码
更改用户 zys 的密码。
新的 密码:                    <== 输入一个简单的密码
重新输入新的 密码:            <== 再次输入
密码最少 8 位，至少同时包含小写字母、大写字母、数字、符号中的 3 种，且密码不能与用户名一致
passwd: 鉴定令牌操作错误
[root@uosv20 ~]# passwd zys
更改用户 zys 的密码。
```

```
新的 密码:                    <== 输入一个复杂的密码
重新输入新的 密码:            <== 再次输入
passwd：所有的身份验证令牌已经成功更新。
```

每个用户都可以修改自己的密码。此时，只要以用户自己的身份执行 passwd 命令即可，不需要把用户名作为参数，如例 3-7 所示。

例 3-7：普通用户修改自己的密码

```
[zys@uosv20 Desktop]$ passwd           // 修改用户自己的密码，无须输入用户名
更改用户 zys 的密码。
当前 密码:                    <== 在这里输入原密码
新的 密码:                    <== 在这里输入新密码
重新输入新的 密码:            <== 确认新密码
passwd：所有的身份验证令牌已经成功更新。
```

普通用户修改密码与 root 用户修改密码主要有两点不同。第一，普通用户只能修改自己的密码，因此在 passwd 命令后不用输入用户名；第二，普通用户修改密码前必须输入自己的原密码，这是为了验证用户的身份，防止密码被其他用户恶意修改。下面给出一个使用特定选项修改用户密码信息的例子，如例 3-8 所示。该例中，用户 zys 的密码 10 天内不允许修改，但 30 天内必须修改，且密码到期前 5 天会有提示。

例 3-8：passwd 命令的基本用法——使用特定选项修改用户密码信息

```
[root@uosv20 ~]# passwd -n 10 -x 30 -w 5 zys
调整用户密码老化数据 zys。
passwd：操作成功
```

（3）修改用户信息

如果使用 useradd 命令创建用户时指定了错误的参数，或者因为其他某些情况想修改一个用户的信息，则可以使用 usermod 命令。usermod 命令主要用于修改一个已经存在的用户的信息，它的参数和 useradd 命令的非常相似，大家可以借助 man 命令进行查看。下面给出一个修改用户信息的例子，如例 3-9 所示。请仔细观察使用 usermod 命令修改用户 shaw 的信息后文件 /etc/passwd 中相关数据的变化。

例 3-9：usermod 命令的基本用法——修改用户的 UID 和主组

```
[root@uosv20 ~]# grep shaw /etc/passwd
shaw:x:1001:1001::/home/shaw:/bin/bash       <== 修改前的用户信息
[root@uosv20 ~]# usermod -u 1111 -g 1000 shaw
[root@uosv20 ~]# grep shaw /etc/passwd
shaw:x:1111:1000::/home/shaw:/bin/bash       <== 注意 UID 和 GID 的变化
```

（4）删除用户

使用 userdel 命令可以删除一个用户。前面说过，使用 useradd 命令创建用户的主要操作是在几个文件中添加用户信息，并创建用户主目录。相应地，userdel 命令就是要删除这几个文件中对应的用户信息，但要使用“-r”选项才能同时删除用户主目录。例 3-10 演示了删除用户 shaw 前后相关文件的内容变化情况。注意，删除用户 shaw 时并没有同时删除同名的用户组 shaw，因为在例 3-9 中已经把用户 shaw 的主组修改为 zys。但用户组 zys 也没有被删除，这又是为什么呢？请大家思考这个问题。

例 3-10：userdel 命令的基本用法

```
[root@uosv20 ~]# grep shaw /etc/passwd       // userdel 执行之前的文件信息
shaw:x:1111:1000::/home/shaw:/bin/bash
```

```
[root@uosv20 ~]# grep shaw /etc/shadow
shaw:!!:19661:0:90:7:::
[root@uosv20 ~]# grep shaw /etc/group
shaw:x:1001:
[root@uosv20 ~]# userdel -r shaw              // 删除用户 shaw 信息及主目录
userdel：组“shaw”没有移除，因为它不是用户 shaw 的主组
[root@uosv20 ~]# grep shaw /etc/passwd        // userdel 执行之后的文件信息
[root@uosv20 ~]# grep shaw /etc/shadow
[root@uosv20 ~]# grep shaw /etc/group
shaw:x:1001:            <== 没有删除用户组 shaw
[root@uosv20 ~]# grep zys /etc/group
zys:x:1000:             <== 也没有删除用户组 zys
```

2．管理用户组

前面已经介绍了如何管理用户，下面介绍几个和用户组相关的命令。

（1）groupadd 命令

groupadd 命令用于新增用户组，其用法比较简单，在命令后加上用户组名即可。其常用的选项有两个：“-r”选项，用于创建系统群组；“-g”选项，用于手动指定 GID。groupadd 命令的基本用法如例 3-11 所示。

例 3-11：groupadd 命令的基本用法

```
[root@uosv20 ~]# groupadd sie                  // 新增用户组
[root@uosv20 ~]# grep sie /etc/group
sie:x:1002:             <== 在/etc/group 文件中添加用户组信息
[root@uosv20 ~]# groupadd -g 1008 ict          // 添加用户组时指定 GID
[root@uosv20 ~]# grep ict /etc/group
ict:x:1008:
```

（2）groupmod 命令

groupmod 命令用于修改用户组信息，可以使用“-g”选项修改 GID，或者使用“-n”选项修改用户组名。groupmod 命令的基本用法如例 3-12 所示。

例 3-12：groupmod 命令的基本用法

```
[root@uosv20 ~]# grep ict /etc/group
ict:x:1008:             <== 原 GID 为 1008
[root@uosv20 ~]# groupmod -g 1100 ict          // 修改 GID 为 1100
[root@uosv20 ~]# grep ict /etc/group
ict:x:1100:
[root@uosv20 ~]# groupmod -n newict ict        // 修改用户组名
[root@uosv20 ~]# grep newict /etc/group
newict:x:1100:
```

如果随意修改用户名、用户组名、UID 或 GID，则很容易使用户信息混乱。建议在做好规划的前提下修改这些信息，或者先删除旧的用户和用户组，再建立新的用户和用户组。

（3）groupdel 命令

groupdel 命令的作用与 groupadd 命令的正好相反，用于删除已有的用户组。groupdel 命令的基本用法如例 3-13 所示。

例 3-13：groupdel 命令的基本用法

```
[root@uosv20 ~]# grep zys /etc/passwd
zys:x:1000:1000:zhangyunsong:/home/zys:/bin/bash
```

```
[root@uosv20 ~]# grep 'zys|newict' /etc/group        // 查找 zys 和 newict 两个用户组
zys:x:1000:
newict:x:1100:
[root@uosv20 ~]# groupdel newict                     // 删除用户组 newict
[root@uosv20 ~]# grep newict /etc/group              // 删除用户组 newict 成功
[root@uosv20 ~]# groupdel zys                        // 删除用户组 zys
groupdel：不能移除用户“zys”的主组
```

可以看到，删除用户组 newict 是没有问题的，但删除用户组 zys 没有成功。其实提示信息解释得非常清楚，因为用户组 zys 是用户 zys 的主组，所以不能被删除。也就是说，待删除的用户组不能是任何用户的主组。如果想删除用户组 zys，则必须先将用户 zys 的主组修改为其他组，请大家自己动手练习，这里不演示。

任务实施

实验：管理用户与用户组

韩经理所在的信息安全部门最近进行了组织结构调整。调整后，整个部门分为软件开发和运行维护两大中心。作为公司各类服务器的总负责人，韩经理最近一直忙着重新规划、调整公司服务器的使用。以软件开发中心为例，开发人员分为开发一组和开发二组。韩经理要在开发服务器上为每个开发人员创建新用户、设置密码、分配权限等。开发服务器安装了统信 UOS，韩经理打算利用这次机会向尤博讲解在统信 UOS 中如何管理用户和用户组。

第 1 步：登录开发服务器，在一个终端窗口中，使用 su - root 命令切换为 root 用户。韩经理提醒尤博，用户和用户组管理属于特权操作，必须以 root 用户身份执行。

第 2 步：使用 cat /etc/passwd 命令查看系统当前有哪些用户。在这一步，韩经理让尤博判断哪些用户是系统用户，哪些用户是之前为开发人员创建的普通用户，并说明判断的依据。

第 3 步：使用 groupadd 命令为开发一组和开发二组分别创建一个用户组，用户组名分别是 devteam1 和 devteam2。同时，为整个软件开发中心创建一个用户组，用户组名为 devcenter。

第 4 步：韩经理为开发一组创建了新用户 xf，并设置初始密码为“xf@171123”，将其添加到用户组 devteam1 中。以上内容涉及的命令如例 3-14.1 所示。注意，韩经理使用了尤博没学过的 groupmems 命令管理用户组成员，他让尤博自己查找更详细的用法。

例 3-14.1：管理用户和用户组——创建用户和用户组

```
[root@uosv20 ~]# groupadd devteam1
[root@uosv20 ~]# groupadd devteam2
[root@uosv20 ~]# groupadd devcenter
[root@uosv20 ~]# useradd xf
[root@uosv20 ~]# passwd xf
[root@uosv20 ~]# groupmems -a xf -g devteam1
[root@uosv20 ~]# groupmems -a xf -g devcenter
```

反应敏捷的尤博对韩经理说，useradd 命令会使用默认的参数创建新用户，现在文件/etc/passwd 中肯定多了一条关于用户 xf 的信息，文件/etc/shadow 和/etc/group 也是如此，且用户 xf 的默认主目录/home/xf 也已被默认创建。其实，这也是韩经理想对尤博强调的内容。韩经理请尤博验证刚才的想法。例 3-14.2 所示是尤博使用的命令及其执行结果。

例 3-14.2：管理用户和用户组——验证用户相关文件

```
[root@uosv20 ~]# grep xf /etc/passwd
```

```
xf:x:1235:1235::/home/xf:/bin/bash
[root@uosv20 ~]# grep xf /etc/shadow
xf:$6$UL/27vUz...8mWe480:19662:0:90:7:::
[root@uosv20 ~]# grep xf /etc/group
devteam1:x:1003:xf
devcenter:x:1005:xf
xf:x:1235:
[root@uosv20 ~]# ls -ld /home/xf
drwx------  10  xf  xf   183       11月  1 21:41  /home/xf
```

第5步：韩经理采用同样的方法为开发二组创建新用户wbk，并设置初始密码为“wbk@171201”，将其添加到用户组devteam2中，如例3-14.3所示。

例3-14.3：管理用户和用户组——为开发二组创建用户

```
[root@uosv20 ~]# useradd wkb
[root@uosv20 ~]# passwd wkb
[root@uosv20 ~]# groupmems -a wkb -g devteam2
[root@uosv20 ~]# groupmems -a wkb -g devcenter
```

这一次韩经理不小心把用户名设为了wkb，眼尖的尤博发现了这个错误，提醒韩经理需要撤销刚才的操作再新建用户。

第6步：韩经理夸奖尤博工作很认真，并请尤博完成后面的操作，如例3-14.4所示。

例3-14.4：管理用户和用户组——重新创建开发二组用户

```
[root@uosv20 ~]# groupmems -d wkb -g devteam2
[root@uosv20 ~]# groupmems -d wkb -g devcenter
[root@uosv20 ~]# userdel -r wkb
[root@uosv20 ~]# useradd wbk
[root@uosv20 ~]# passwd wbk
[root@uosv20 ~]# groupmems -a wbk -g devteam2
[root@uosv20 ~]# groupmems -a wbk -g devcenter
[root@uosv20 ~]# id wbk
用户 id=1236(wbk) 组 id=1236(wbk) 组=1236(wbk),1004(devteam2),1005(devcenter)
```

第7步：韩经理还要创建一个软件开发中心负责人的用户ss，并将其加入用户组devteam1、devteam2及devcenter，如例3-14.5所示。

例3-14.5：管理用户和用户组——创建软件开发中心负责人用户

```
[root@uosv20 ~]# useradd ss
[root@uosv20 ~]# passwd ss
[root@uosv20 ~]# groupmems -a ss -g devteam1
[root@uosv20 ~]# groupmems -a ss -g devteam2
[root@uosv20 ~]# groupmems -a ss -g devcenter
[root@uosv20 ~]# id ss
用户 id=1237(ss) 组 id=1237(ss) 组=1237(ss),1003(devteam1),1004(devteam2),
1005(devcenter)
```

还有十几个用户需要执行类似的操作，韩经理没有一一演示。他让尤博在自己的虚拟机中先操作一遍，并记录整个实验过程。如果没有问题，剩下的工作就由尤博来完成。尤博很感激韩经理的信任，马上打开自己的计算机开始练习。最终，尤博圆满完成了韩经理交代的任务，得到了韩经理的肯定和赞许。

知识拓展

其他用户和用户组管理命令

除了前文介绍的管理命令外，还有一些命令也可用于管理用户和用户组。

（1）id 命令和 groups 命令

id 命令用来查看用户的 UID、GID 和附加组信息。id 命令的用法非常简单，只要在命令后面加上用户名即可。groups 命令主要用来显示用户组的信息，其效果与 id -Gn 命令的相同，如例 3-15 所示。

例 3-15：id 和 groups 命令的基本用法

```
[zys@uosv20 ~]$ id xf
用户 id=1235(xf) 组 id=1235(xf) 组=1235(xf),1006(devteam1),1008(devcenter)
[zys@uosv20 ~]$ groups xf
xf : xf devteam1 devcenter
[zys@uosv20 ~]$ id -Gn xf
xf devteam1 devcenter
```

（2）groupmems 命令

groupmems 命令可以把用户添加到附加组中，也可以从附加组中移除用户。groupmems 命令的常用选项及其功能说明如表 3-1 所示。groupmems 命令在之前的实验中已多次使用，具体用法这里不演示。

表 3-1　groupmems 命令的常用选项及其功能说明

选项	功能说明
-a　username	把用户添加到附加组中
-d　username	从附加组中移除用户
-g　grpname	目标用户组
-l	显示附加组成员
-p	删除附加组中所有用户

（3）chage 命令

带“-S”选项的 passwd 命令可以显示用户的密码信息，chage 命令也具有这个功能，而且显示的信息更加详细。chage 命令的基本用法如例 3-16 所示。chage 命令还可以修改用户的密码信息，大家可参考 man 命令提供的说明自己进行练习，这里不赘述。

例 3-16：chage 命令的基本用法

```
[root@uosv20 ~]# passwd -S zys
zys PS 2023-10-26 0 90 7 -1 (密码已设置，使用 SHA512 算法。)
[root@uosv20 ~]# chage -l zys
最近一次密码修改时间                    : 10月 26, 2023
密码过期时间                            : 1月 24, 2024
密码失效时间                            : 从不
帐户过期时间                            : 从不
```

```
两次改变密码之间相距的最小天数            : 0
两次改变密码之间相距的最大天数            : 90
在密码过期之前警告的天数                  : 7
```

任务实训

用户与用户组管理是Linux系统管理的基础。本实训的主要任务是使用常用的命令管理用户和用户组，在练习中加深对用户和用户组的理解。请根据以下实训内容完成实训任务。

【实训内容】

（1）在终端窗口中切换为root用户。

（2）采用默认设置添加用户user1，并为user1设置密码。

（3）添加用户user2，手动设置其主目录、UID，并为user2设置密码。

（4）添加用户组grp1和grp2。

（5）将用户user1的主组修改为grp1，并将用户user1和user2添加到用户组grp2中。

（6）在文件/etc/passwd中查看用户user1和user2的相关信息，在文件/etc/group中查看用户组grp1和grp2的相关信息，并将其与id和groups命令的执行结果进行比较。

（7）从用户组grp2中删除用户user1。

任务 3.2 切换用户

任务概述

在 Linux 系统中，root 用户和普通用户的权限差别很大。即使同为普通用户，权限也有所不同。有时候，普通用户需要临时切换为 root 用户来执行某些特权操作，或者赋予普通用户执行特定特权操作的权限。本任务将详细介绍在 Linux 系统中切换用户的方法，以及如何更安全地将 root 用户的部分特权赋予普通用户。

知识准备

3.2.1 su 命令

切换用户常用的命令是 su，我们在前文的实验中已多次使用该命令。可以从 root 用户切换为普通用户，也可以从普通用户切换为 root 用户。su 命令的基本用法如例 3-17 所示。exit 命令的作用是退出当前登录用户。

例 3-17：su 命令的基本用法

```
[zys@uosv20 Desktop]$ su - root     // 从用户 zys 切换为 root 用户
密码：                 <== 在这里输入 root 用户的密码
上一次登录：三 11月  1 22:12:34 CST 2023pts/0 上
[root@uosv20 ~]# su - zys              // 从 root 用户切换为普通用户时，不需要输入密码
[zys@uosv20 ~]$ exit                   // 退出用户 zys，返回 root 用户
```

```
[root@uosv20 ~]# exit                    // 退出 root 用户，返回用户 zys
[zys@uosv20 Desktop]$
```

如果只想使用 root 用户身份执行一条特权命令，且执行完该命令之后立刻恢复为普通用户，那么可以使用 su 命令的“-c”选项，如例 3-18 所示。此例中，文件/etc/shadow 只有 root 用户有权查看，“-c”选项后的命令表示使用 grep 命令查看这个文件，命令执行完毕之后终端窗口的当前用户仍然是 zys。

例 3-18：su 命令的基本用法——“-c”选项的用法

```
[zys@uosv20 Desktop]$ su  -  -c  "grep zys /etc/shadow"      // 两个“-”之间有空格
密码：         <== 在这里输入 root 用户的密码
zys:$6$yfo1ng...VSGc9/:19661:10:30:5:::       <== 这一行是 grep 命令的执行结果
[zys@uosv20 Desktop]$          // 当前用户仍然是 zys
```

从普通用户切换为 root 用户时，需要提供 root 用户的密码。但是从 root 用户切换为普通用户时，不需要输入普通用户的密码。试想，既然 root 用户有权限删除普通用户，自然没有必要要求它提供普通用户的密码。

3.2.2 sudo 命令

微课

V3-4 su 和 sudo 命令

普通用户切换为 root 用户的主要目的是执行一些特权操作，但这要求普通用户拥有 root 用户的密码。如果系统中的多个普通用户都有执行特权操作的需求，就必须告知这些普通用户 root 用户的密码。一旦某个普通用户不小心对外泄露了该密码，就相当于守护系统安全的大门被打开了，这会给系统带来极大的安全隐患。

普通用户使用 sudo 命令可以在不知道 root 用户密码的情况下执行某些特权操作，前提是 root 用户赋予普通用户使用 sudo 命令执行这些特权操作的权限。当普通用户执行 sudo 命令时，系统先在文件/etc/sudoers 中检查该普通用户是否有执行 sudo 命令的权限。如果有这个权限，那么系统会要求普通用户输入自己的密码加以确认，密码验证通过后系统就会执行 sudo 命令后续的命令。

默认情况下，只有 root 用户能够执行 sudo 命令。要想让普通用户也有执行 sudo 命令的权限，root 用户必须正确配置文件/etc/sudoers。该文件有特殊的格式要求，如果用 vim 直接打开修改的话，那么很可能违反它的语法规则。建议大家通过 visudo 命令进行修改。visudo 命令使用 vim 文本编辑器打开文件/etc/sudoers，但在退出时会检查语法是否正确，如果配置错误，则会有相应提示。下面针对不同的应用场景介绍文件/etc/sudoers 的配置方法。

（1）为单个用户配置执行 sudo 命令的权限

假设现在要赋予用户 zys 使用 sudo 命令的权限，并且可以切换为 root 用户执行任意的操作。我们需要以 root 用户身份执行 visudo 命令，然后在打开的文件中找到类似下面的一行（在本例中是第 100 行），如例 3-19 所示。

例 3-19：sudo 命令结构

```
[root@uosv20 ~]# visudo          // 以 root 用户身份执行 visudo 命令
 99   ## Allow root to run any commands anywhere
100   root      ALL=(ALL)          ALL
```

在本例中，第 100 行是需要关注的内容。这一行其实包含 4 个部分，各部分的含义如下。

第 1 部分是一个用户的账号，表示允许哪个用户使用 sudo 命令。本例中为 root 用户。

第 2 部分表示用户登录系统的主机，即用户通过哪台主机登录本 Linux 操作系统。ALL 表示所有的主机，即不限制登录主机。本例中为 ALL。

第 3 部分是可以切换的用户身份，即使用 sudo 命令可以切换为哪个用户执行命令。ALL 表示可以切换为任意用户。本例中为 ALL。

第 4 部分是可以执行的实际命令。命令必须使用绝对路径表示。ALL 表示可以执行任意命令。本例中为 ALL。

因此，上面这一行的意思就是 root 用户可以从任意主机登录本系统，切换为任意用户执行任意命令。复制这一行的内容，然后把第 1 部分改为 zys，就可以让用户 zys 切换为 root 用户执行任意命令。如果想切换为其他普通用户，只需在“-u”选项后指定用户名即可，如例 3-20 所示。

例 3-20：sudo 命令的基本用法——配置单一用户权限

```
[root@uosv20 ~]# visudo                          // 以 root 用户身份执行 visudo 命令
 99   ## Allow root to run any commands anywhere
100   root      ALL=(ALL)         ALL
101   zys      ALL=(ALL)          ALL          <== 添加这一行内容，然后结束 visudo 命令
// 下面的操作以用户 zys 的身份执行
[root@uosv20 ~]# exit
[zys@uosv20 Desktop]$ sudo grep zys /etc/shadow           // 切换为 root 用户执行
[sudo] zys 的密码:                    <== 注意，这里输入的是用户 zys 的密码
zys:$6$yfo1ng...VSGc9/:19661:10:30:5:::              <== 这一行是 grep 命令的执行结果
[zys@uosv20 Desktop]$ sudo -u xf touch /tmp/sudo_test    // 切换为用户 xf 执行
[zys@uosv20 Desktop]$ ls -l /tmp/sudo_test
-rw-r--r--   1    xf   xf    0   11 月  1 22:24   /tmp/sudo_test
```

（2）为用户组配置执行 sudo 命令的权限

引入用户组的概念是为了更方便地管理具有相同权限的用户，配置 sudo 命令时同样可以利用这一便利。如果想为某个用户组的所有用户赋予使用 sudo 命令的权限，可以采用例 3-21 所示的方法（第 108 行），只要把第 1 部分改为“%组名”即可。本例中，用户组 svist 中的所有用户都将拥有执行 sudo 命令的权限。使用这种方法配置 sudo 命令的好处是：如果日后新建了一个用户，并且把它加入了 svist 用户组，那么该用户将自动拥有执行 sudo 命令的权限，不需要额外配置。

例 3-21：sudo 命令的基本用法——配置用户组权限

```
[root@uosv20 ~]# visudo                         // 以 root 用户身份执行 visudo 命令
107 ## Allows people in group wheel to run all commands
108 %wheel   ALL=(ALL)        ALL    <== 这一行是原来的内容，wheel 表示某个用户组
109 %svist   ALL=(ALL)       ALL      <== 添加这一行，然后结束 visudo 命令
```

如果对某个用户或用户组比较信任，允许其在执行 sudo 命令时不需要输入自己的密码，那么可以在第 4 部分之前加上“NOPASSWD:”指示信息，如例 3-22 所示。

例 3-22：sudo 命令的基本用法——配置用户组权限，不输入密码

```
[root@uosv20 ~]# visudo          // 以 root 用户身份执行 visudo 命令
109 %svist   ALL=(ALL)      NOPASSWD:ALL <== 添加这一行，然后结束 visudo 命令
[root@uosv20 ~]# groupadd svist
[root@uosv20 ~]# groupmems -a zys -g svist
[root@uosv20 ~]# usermod -g svist zys          // 将用户 zys 加入 svist 用户组
[root@uosv20 ~]# exit
// 下面的操作以用户 zys 的身份执行
```

```
[zys@uosv20 Desktop]$ id zys
用户 id=1000(zys) 组 id=1238(svist) 组=1238(svist)       <== zys 用户当前属于 svist 用户组
[zys@uosv20 Desktop]$ sudo grep zys /etc/shadow      //不用输入密码即可执行
zys:$6$yfo1ng...VSGc9/:19661:10:30:5:::          <== 这一行是 grep 命令的执行结果
```

（3）使用 sudo 命令执行限定的操作

对于上面两种情况，不管是用户 zys 还是用户组 devteam 中的用户，都能够以 root 用户的身份执行任何命令。这样配置有一定的风险，因为这些用户很可能不小心做了影响 root 用户的操作，或者其他破坏操作系统正常运行的事。例如，按照第 1 种配置，用户 zys 可以随意修改其他普通用户的密码，甚至可以修改 root 用户的密码，如例 3-23 所示。

例 3-23：sudo 命令的基本用法——修改 root 用户的密码

```
[zys@uosv20 Desktop]$ sudo passwd xf          // 修改用户 xf 的密码
更改用户 xf 的密码。
新的 密码：          <== 仅测试，按【Ctrl+C】组合键结束操作
[zys@uosv20 Desktop]$ sudo passwd             // 修改 root 用户的密码
更改用户 root 的密码。
新的 密码：          <== 仅测试，按【Ctrl+C】组合键结束操作
```

为了防止这种意外情况的发生，可以对 sudo 后面的命令进行相应的限制，即明确指定用户可以使用哪些命令，或者进一步指明使用这些命令时必须附带哪些参数或选项。对于例 3-23 中的情况，可以要求普通用户执行 passwd 命令时必须后跟一个用户名，但用户名不能是 root。也就是说，普通用户不能执行 sudo passwd 或 sudo passwd root 命令，如例 3-24 所示。注意，感叹号"!"之后的命令表示该命令不可执行，各命令间以","分隔。

例 3-24：sudo 命令的基本用法——限定用户操作

```
[root@uosv20 ~]# visudo          // 以 root 用户身份执行 visudo 命令
101 zys      ALL=(root)       /usr/bin/passwd  [A-Za-z]*,!/usr/bin/passwd root
110 #%svist ALL=(ALL)         NOPASSWD: ALL          <== 注释或删除这一行
[root@uosv20 ~]# exit
[zys@uosv20 Desktop]$ sudo passwd              // 测试 passwd 命令后没有参数
[sudo] zys 的密码：                  <== 输入 zys 的密码
对不起，用户 zys 无权以 root 的身份在 uosv20 上执行 /usr/bin/passwd。
[zys@uosv20 Desktop]$ sudo passwd root         // 测试 passwd 命令后带 root 参数
[sudo] zys 的密码：
对不起，用户 zys 无权以 root 的身份在 uosv20 上执行 /usr/bin/passwd root。
[zys@uosv20 Desktop]$ sudo passwd xf           // 测试修改其他用户的密码
[sudo] zys 的密码：                  <== 输入 zys 的密码
更改用户 xf 的密码。
新的 密码：          <== 仅测试，按【Ctrl+C】组合键结束操作
```

（4）使用别名简化 sudo 的配置

设想这样一种情形：系统中多个用户有相同的 sudo 权限，但这些用户又不属于同一个用户组，那是不是要为这些用户逐个配置呢？这当然是一种办法，但如果新的用户也需要 sudo 权限，就要新增一行相同的内容，只是第一部分的用户名不同。如果要取消某用户的 sudo 权限，就要删除该用户对应的那一行。对于这个问题，sudo 提供了一种更简便的解决办法，就是为这些用户取一个相同的"别名"。在配置 sudo 权限时，使用这个别名进行配置。当需要为新用户配置 sudo 权限或取消某用户的 sudo 权限时，只要修改别名即可，过程非常简单，如例 3-25 所示。

例 3-25：sudo 命令的基本用法——设定别名

```
[root@uosv20 ~]# visudo          // 以 root 用户身份执行 visudo 命令
14 # Host_Alias      MAILSERVERS = smtp, smtp2
20 # User_Alias ADMINS = jsmith, mikem
30 # Cmnd_Alias SOFTWARE = /bin/rpm, /usr/bin/up2date, /usr/bin/yum
// 添加下面两行
   User_Alias          JIA = zys,tong       <== 创建别名 JIA，包含两个用户
   JIA     ALL=(ALL)      ALL               <== 使用别名配置 sudo 权限
```


以 User_Alias 关键字开头的行表示创建用户别名。本例中我们创建了一个名为 JIA 的别名，包含两个用户，分别是 zys 和 tong。用户的别名就像一个容器，可以向其中添加新的用户名，或从中删除用户名。除了创建用户别名，还可以创建主机别名和命令别名。主机别名和命令别名分别用 Host_Alias 和 Cmnd_Alias 关键字创建，就像本例中的第 14 行和第 30 行那样，删除这两行行首的注释符号“#”即可使用这两个别名。不管是用户别名，还是主机别名或命令别名，都必须使用大写字母命名，否则结束 visudo 命令时系统会提示语法错误。

（5）sudo 的时间间隔问题

关于 sudo 命令的使用，Linux 还有一个比较人性化的设计。当用户第一次使用 sudo 命令时，需要输入自己的密码以确认身份。在这之后的 5 分钟内，不需要重复输入密码就可以再次执行 sudo 命令。如果超过 5 分钟，就必须再次输入密码以确认身份。具体操作这里不演示。

任务实施

实验：切换 Linux 用户

韩经理已经带着尤博为软件开发中心的两个小组创建了相应的用户，并将其分配到对应的用户组。现在，韩经理要给尤博演示如何让这些用户能够执行一定的特权操作。

第 1 步：登录开发服务器，在一个终端窗口中使用 su - root 命令切换为 root 用户。

第 2 步：韩经理告诉尤博，目前 root 用户的密码只有韩经理自己知道，考虑到软件开发中心平时的工作实际情况，有必要赋予软件开发中心负责人 ss 通过 sudo 命令执行某些特权操作的权限。以软件管理为例，用户 ss 可以使用 yum 命令安装、升级或删除软件。韩经理通过 visudo 命令打开文件/etc/sudoers，并在其中添加一行内容，如例 3-26.1 所示。

例 3-26.1：切换 Linux 用户——允许用户 ss 执行 yum 命令

```
[root@uosv20 ~]# visudo          // 以 root 用户身份执行 visudo 命令
101 ss      ALL=(root)      /usr/bin/yum           <== 添加这一行内容
```

第 3 步：为防止误操作，韩经理决定收回软件开发中心所有用户关机或重启系统的权限，如例 3-26.2 所示。这一步，韩经理直接对用户组 devcenter 进行操作。这样，该用户组中的所有用户都相应地受到限制。

例 3-26.2：切换 Linux 用户——不允许软件开发中心用户关机或重启系统

```
[root@uosv20 ~]# visudo          // 以 root 用户身份执行 visudo 命令
109 %devcenter      ALL=(ALL)       !/usr/sbin/shutdown       <== 添加下面几行
110 %devcenter      ALL=(ALL)       !/usr/sbin/reboot
111 %devcenter      ALL=(ALL)       !/usr/bin/systemctl poweroff
112 %devcenter      ALL=(ALL)       !/usr/bin/systemctl reboot
```

第 4 步：韩经理为软件开发中心的几位骨干成员设置别名，方便日后为他们设置统一的权限，如例 3-26.3 所示。

例 3-26.3：切换 Linux 用户——为软件开发中心的骨干成员设置别名

```
[root@uosv20 ~]# visudo          // 以 root 用户身份执行 visudo 命令
   User_Alias          GREAT = ss,wbk          <== 添加这一行
```

最后，韩经理叮嘱尤博，作为系统运维人员，要尤其重视用户的权限管理，因为这会影响系统的整体安全。另外，前面做的这些设置只是权限管理的一部分，后面还会学习文件权限管理，那同样是系统运维人员应该重点关注的内容。

知识拓展

su 命令与环境变量

之前我们已多次使用 su 命令切换用户，方法是在 su 命令之后先输入一条短横线“-”，然后跟上要切换为的用户的名称。实际上，这个看似不起眼的“-”对 su 命令的执行结果是有影响的。例 3-27 通过输出环境变量的值演示了加或不加“-”对 su 命令执行结果的影响。

例 3-27：su 命令的两种用法

```
[zys@uosv20 ~]$ echo $USER
zys          <==环境变量原值
[zys@uosv20 ~]$ su root            // 切换为 root 用户，su 命令后没有“-”
[root@uosv20 zys]# echo $USER
zys          <==环境变量值未变化
[root@uosv20 zys]# exit            // 退出 root 用户
exit
[zys@uosv20 ~]$ su - root          // su 命令后有“-”，相当于 su -l root
[root@uosv20 ~]# echo $USER
root         <==环境变量值发生变化
```

可以看出，使用 su root 命令切换为 root 用户时，环境变量 USER 的值没有变化。其实除了 USER，还有其他一些环境变量的值也没有变化。原因在于，单独使用 su 命令虽然切换了用户身份，但仍然沿用原用户的 Shell 环境，得到的是 Nologin Shell。而使用 su - root 命令不仅切换了用户身份，还会得到新用户的 Shell 环境，即新用户的 Login Shell。关于 Nologin Shell 和 Login Shell 的内容这里不详细介绍，感兴趣的读者可以自行查阅相关资料深入学习。

任务实训

Linux用户在使用系统的时候经常需要以其他用户的身份执行某些操作，这时就涉及用户切换的问题。Linux系统管理员应该对用户切换进行合理控制，尤其是从普通用户切换为root用户时更应特别关注安全问题。本实训的主要任务是练习su命令和sudo命令的使用方法，重点是使用sudo命令赋予普通用户执行某些特权操作的权限。请根据以下实训内容完成实训任务。

【实训内容】

（1）以普通用户的身份登录操作系统，打开终端窗口。

（2）使用su命令切换为root用户。创建两个用户user1和user2，并分别设置密码。

（3）退出root用户。切换为用户user1，尝试在其主目录中创建两个测试文件。查看文件的所有者。

（4）退出用户user1，再次使用su命令切换为root用户。

（5）执行visudo命令，打开/etc/sudoers文件。

（6）添加一行内容，允许用户user1以root用户的身份执行某些特权操作，但不能修改root用户的密码。

（7）添加一行内容，不允许用户user1关机或重启系统。

（8）退出root用户。使用su命令切换为用户user1，使用sudo cat命令查看文件/etc/shadow内容。尝试修改root用户密码。

（9）退出用户user1。使用su命令切换为用户user2，使用sudo shutdown命令重启系统。

（10）退出用户user2。

项目小结

本项目包含两个任务。任务3.1介绍了用户和用户组的基本概念以及与配置文件相关的命令。Linux是一个多用户操作系统，不同的用户有不同的权限，引用用户组的概念可以简化用户权限管理，提高用户管理效率。熟练掌握用户和用户组管理的相关命令是Linux系统管理员必须具备的基本技能。任务3.2重点介绍了使用su命令切换用户的操作方法，以及通过修改文件/etc/sudoers赋予普通用户执行某些特权操作的权限的方法。切换用户是使用Linux系统时的常见需求，Linux系统管理员需要关注这一操作可能带来的安全问题。

项目练习题

1. 选择题

（1）下列关于文件/etc/passwd的描述中，正确的是（　　）。

A. 记录了系统中每个用户的基本信息

B. 只有 root 用户有权查看该文件

C. 存储了用户的密码信息

D. 详细说明了用户的文件访问权限

（2）关于用户和用户组的关系，下列说法正确的是（　　）。

A. 一个用户只能属于一个用户组

B. 一个用户只能属于一个附加组

C．一个用户可能属于多个用户组，但只能有一个主组

D．用户的主组确定后无法修改

（3）关于用户ID（UID）和用户组ID（GID）的说法中，不正确的一项是（　　）。

A．两者都是字符串形式的标识符

B．两者都是数字形式的标识符

C．操作系统内部使用UID和GID

D．UID和GID在系统内部是唯一的

（4）关于用户的主组和附加组，下列说法正确的是（　　）。

A．每个用户都有一个主组和附加组

B．用户的主组在创建用户时自动创建，默认与用户同名

C．主组可以修改，附加组不能修改

D．一个用户可以加入多个附加组，但只拥有主组的权限

（5）关于Linux系统中用户的分类，下列说法正确的是（　　）。

A．系统中只有一个超级用户，其他全是普通用户

B．root用户是超级用户，在系统中权限最大

C．系统用户（伪用户）不是必需的，可以删除

D．不同用户的信息被保存在不同的文件中，分类管理

（6）在Linux操作系统中，新建立的普通用户的主目录默认位于（　　）目录下。

A．/bin　　B．/etc　　C．/boot　　D．/home

（7）下列用户信息不在文件/etc/passwd中的是（　　）。

A．用户加密后的密码　　B．用户名

C．用户主目录　　D．UID

（8）使用useradd命令新增用户时，默认行为不包括（　　）。

A．在文件/etc/passwd中新增与新用户相关的信息

B．在文件/etc/shadow中新增与新用户相关的密码信息

C．在文件/etc/group中新增与新用户同名的用户组

D．如果用户主目录不存在，那么不会自动创建

（9）使用userdel命令删除用户时，（　　）。

A．默认删除用户主目录

B．如果用户主目录非空，那么不会删除主目录

C．如果主组中还有其他用户，那么不会删除主组

D．不会删除用户密码相关信息

（10）关于su命令的说法，正确的一项是（　　）。

A．可以从root用户切换为普通用户，反之则不行

B．可以从普通用户切换为root用户，反之则不行

C．可以在root用户和普通用户间切换

D．普通用户间不能用su命令切换

（11）关于su命令的说法，不正确的一项是（　　）。

A．从root用户切换为普通用户时，不需要后者的密码

B．从普通用户切换为root用户时，需要输入普通用户的密码

C. 从一个普通用户切换为另一个普通用户时，需要输入后者的密码

D. 切换为新用户后，系统环境变量的值不一定随之改变

（12）sudo 命令支持的功能不包括（　　）。

A. 为单个用户配置执行 sudo 命令的权限

B. 为用户组配置执行 sudo 命令的权限

C. 允许使用 sudo 命令执行限定的操作

D. 每次使用 sudo 命令都要输入密码

2. 填空题

（1）为了保证系统的安全，Linux 将用户密码信息保存在文件__________中。

（2）Linux 默认的系统管理员账号是__________。

（3）创建新用户时会默认创建一个和用户同名的组，称为__________。

（4）Linux 操作系统将用户的身份分为 3 类：__________、__________和__________。

（5）为保证系统服务正常运行，系统自动创建的用户称为__________或__________。

（6）使用 userdel 命令的__________选项可以在删除用户时删除用户的主目录。

（7）使用__________命令可以实现不同用户间的身份切换。

（8）配置 sudo 权限的推荐方式是使用__________命令打开文件/etc/sudoers。

3. 简答题

（1）简述用户和用户组的关系。

（2）常用的用户和用户组配置文件有哪些？分别记录了哪些内容？

（3）常用的用户和用户组管理命令有哪些？主要功能分别是什么？

（4）sudo 命令支持哪些功能？

（5）为单个用户配置执行 sudo 命令的权限时，配置信息包含哪几部分？

项目4 文件管理

04

学习目标

知识目标

- 了解文件的基本概念。
- 了解文件与用户和用户组的关系。
- 熟悉文件权限的类型与含义。

能力目标

- 掌握使用相关命令修改文件的所有者和属组的方法。
- 掌握使用符号法修改文件及目录权限的方法。
- 掌握使用数字法修改文件及目录权限的方法。

素质目标

- 练习文件基本操作，养成良好的操作习惯，培养日常行为规范意识。
- 分析文件与用户和用户组的关系，确定文件权限分类管理原则，提高全面、客观分析问题的能力。
- 练习文件权限管理，强化系统安全意识，增强保护用户隐私信息的意识和能力。

项目引例

在一次项目例会上，尤博听到有位同事反映说自己的一个重要文件被另一位同事误删了。由于没有及时备份，这位同事只能重新开发，耽误了不少时间。这件事引起了尤博的注意。尤博联想到自己其实已经在Linux中使用了文件，但还没有深入研究过这个主题。韩经理告诉尤博，文件管理是Linux系统管理的重点内容，也是每一个优秀的系统管理员必须掌握的基本技能。韩经理让尤博先从Linux文件的基本概念学起，多练习文件操作相关命令，重点掌握文件的权限管理方法。

任务 4.1 熟悉常见文件操作

任务概述

Linux 是一种支持多用户的操作系统，当多个用户使用同一个系统时，文件权限管理就显得非常重要，这也是关系到整个 Linux 操作系统安全性的大问题。在 Linux 操作系统中，每个文件都有很多和安全相关的属性，这些属性决定了哪些用户可以对这个文件执行哪些操作。

知识准备

4.1.1 文件基本概念

不管是普通的 Linux 用户还是专业的 Linux 系统管理员，基本上都要和文件打交道。在 Linux 操作系统中，文件的概念被大大延伸了。除了常规意义上的文件外，目录也是一种特殊类型的文件，甚至鼠标、磁盘、打印机等硬件设备也是以文件的形式管理的。本书提到的“文件”，有时专指常规意义上的普通文件，有时是普通文件和目录的统称，有时可能泛指 Linux 操作系统中的所有内容。

1. 文件类型与文件名

（1）文件类型

Linux 文件系统扩展了文件的概念，被操作系统管理的所有软件资源和硬件资源都被视为文件。这些文件具有不同的类型。在前面多次使用 ls -l 命令的执行结果中，第 1 列的第 1 个字符表示文件类型，包括普通文件（-）、目录文件（d）、链接文件（l）、设备文件（b 或 c）、管道文件（p）和套接字文件（s）等。

微课

V4-1 Linux 中的文件

（2）文件名

Linux 中的文件名与 Windows 中的文件名有几个显著的不同。第一，Linux 文件名没有“扩展名”的概念，扩展名即通常所说的文件名后缀。对于 Linux 操作系统而言，文件类型和文件扩展名没有任何关系。所以，Linux 操作系统允许用户把一个文本文件命名为“filename.exe”，或者把一个可执行程序命名为“filename.txt”。尽管如此，最好使用一些约定俗成的扩展名来表示特定类型的文件。第二，Linux 文件名区分英文字母大小写。在 Linux 操作系统中，“AB.txt”“ab.txt”“Ab.txt”是不同的文件，但在 Windows 操作系统中，它们是同一个文件。另外，在 Linux 中，文件名以“.”开头的文件是隐藏文件，在 Windows 中则需要明确设置文件的隐藏属性。

Linux 文件名的长度最好不要超过 255 字节，且最好不要使用某些特殊的字符，具体字符如下。

* ? > < ; & ! [ ] | \ ‘ “ ` ( ) { } 空格

2. 目录树与文件路径

大家可以回想在 Windows 操作系统中管理文件的方式。通常，人们会把文件按照不同的用途存放在 C 盘、D 盘等以不同盘符表示的分区中。而在 Linux 文件系统中，所有的文件和目录都被组织在一个被称为“根目录”的节点下，根目录用“/”表示。在根目录下可以创建子目录和文件，在子目录下还可以继续创建子目录和文件。所有的目录和文件形成一棵以根目录为根节点的倒置的目录树，目录树的每个节点都代表一个目录或文件，这就是 Linux 文件系统的层次结构，如图 4-1 所示。

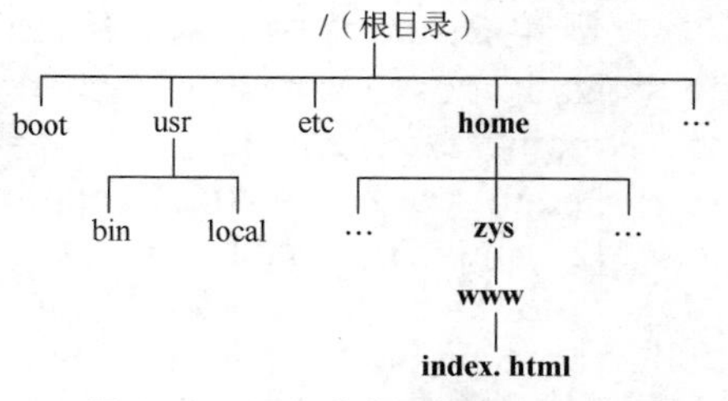

图 4-1 Linux 文件系统的层次结构

对于任何一个节点，不管是文件还是目录，只要从根目录开始依次向下展开搜索，就能得到一条到达这个节点的路径。表示路径的方式有两种：绝对路径和相对路径。绝对路径指从根目录“/”写起，将路径上的所有中间节点用斜线“/”拼接，后跟文件名或目录名。例如，对于文件 index.html，它的绝对路径是/home/zys/www/index.html。因此，访问这个文件时，可以先从根目录进入一级子目录 home，然后进入二级子目录 zys，接着进入三级子目录 www，最后在目录 www 下即可找到文件 index.html。每个文件都只有一条绝对路径，且通过绝对路径总能找到这个文件。

绝对路径的搜索起点是根目录，因此它总是以斜线“/”开头。和绝对路径不同，相对路径的搜索起点是当前工作目录，因此不必以斜线“/”开头。相对路径表示文件相对于当前工作目录的“相对位置”。使用相对路径查找文件时，直接从当前工作目录开始向下搜索。这里仍以文件 index.html 为例，如果当前工作目录是/home/zys，那么 www/index.html 就足以表示文件 index.html 的具体位置。因为在目录/home/zys 下，进入子目录 www 就可以找到文件 index.html。这里，www/index.html 就是相对路径。同理，如果当前工作目录是/home，那么使用相对路径 zys/www/index.html 也能表示文件 index.html 的准确位置。

微课

V4-2 绝对路径和相对路径

4.1.2 常用文件目录命令

本书后续的内容会频繁用到与文件和目录相关的命令。如果不了解这些命令的使用方法，则会严重影响后续内容的学习。下面详细介绍与文件和目录相关的常用命令。

1. 查看类命令

（1）pwd 命令

Linux 操作系统中的许多命令需要一个具体的目录或路径作为参数，如果没有为这类命令明确指定目录参数，那么 Linux 操作系统默认把当前的工作目录设为参数，或者以当前工作目录为起点搜索命令所需的其他参数。如果要查看当前的工作目录，则可以使用 pwd 命令。pwd 命令用于显示用户当前的工作目录，使用该命令时并不需要指定任何选项或参数，如例 4-1 所示。

微课

V4-3 文件查看类命令

例 4-1：pwd 命令的基本用法

```
[zys@uosv20 Desktop]$ pwd
/home/zys/Desktop
```

（2）cd 命令

cd 命令可以从一个目录切换为另一个目录。cd 命令的基本语法如下。

```
cd  [目标路径]
```

cd 命令后面的参数表示将要切换到的目标路径，目标路径可以采用绝对路径或相对路径的形式表示。如果 cd 命令后面没有任何参数，则表示切换为当前登录用户的主目录。例 4-2 演示了 cd 命令的基本用法。

例 4-2：cd 命令的基本用法

```
[zys@uosv20 Desktop]$ pwd
/home/zys/Desktop            <== 当前工作目录
[zys@uosv20 Desktop]$ cd /tmp
[zys@uosv20 tmp]$ pwd
/tmp                    <== 将当前工作目录切换为/tmp
[zys@uosv20 tmp]$ cd        // 不加参数，返回用户 zys 的主目录
[zys@uosv20 ~]$ pwd
/home/zys               <== 将当前工作目录切换为用户 zys 的主目录
```

除了绝对路径或相对路径外，还可以使用一些特殊符号表示目标路径，如表 4-1 所示。

表 4-1　表示目标路径的特殊符号

特殊符号	说明	在 cd 命令中的含义
.	句点	切换为当前目录
..	两个句点	切换为当前目录的上一级目录
-	减号	切换为上次所在的目录，即最近一次 cd 命令执行前的工作目录
~	浪纹号	切换为当前登录用户的主目录
~用户名	浪纹号后跟用户名	切换为指定用户的主目录

cd 命令中特殊符号的用法如例 4-3 所示。

例 4-3：cd 命令中特殊符号的用法

```
[zys@uosv20 tmp]$ pwd
/tmp              <== 当前工作目录
[zys@uosv20 tmp]$ cd ..          // 进入上一级目录
[zys@uosv20 /]$ pwd
/                 <== 将当前工作目录变为根目录
[zys@uosv20 /]$ cd -             // 进入上次所在的目录，即 /tmp
/tmp
[zys@uosv20 tmp]$ pwd
/tmp
[zys@uosv20 tmp]$ cd ~           // 进入当前登录用户的主目录
[zys@uosv20 ~]$ pwd
/home/zys
[zys@uosv20 ~]$ cd ~root         // 进入 root 用户的主目录
bash: cd: /root: 权限不够         <== 想要切换为/root，但是没有权限
[zys@uosv20 ~]$
```

（3）ls 命令

ls 命令的主要作用是显示某个目录中的内容，经常和 cd 命令配合使用。一般是先使用 cd 命令切换为新的目录，再使用 ls 命令查看这个目录中的内容。ls 命令的基本语法如下。

```
ls    [-CFRacdilqrtu]    [dir]
```

其中，参数 dir 表示要查看具体内容的目标目录，如果省略该参数，则表示查看当前工作目录中的内容。ls 命令有许多选项，这使得 ls 命令的执行结果形式多样。

默认情况下，ls 命令按文件名的顺序显示所有的非隐藏文件。ls 命令用颜色区分不同类型的文件，其中，蓝色表示目录，黑色表示普通文件。可以使用一些选项改变 ls 命令的默认显示方式。

使用“-a”选项可以显示隐藏文件。前文说过，Linux 中，文件名以“.”开头的文件是隐藏文件，使用“-a”选项可以方便地显示这些文件。ls 命令中使用最多的选项应该是“-l”，通过它可以在每一行中显示每个文件的详细信息。文件的详细信息包含 7 列，对于每一列的含义，以后用到时会详细介绍。

ls 命令的基本用法如例 4-4 所示。注意，当使用“-l”选项时，第 1 列的第 1 个字符表示文件类型。

例 4-4：ls 命令的基本用法

```
[zys@uosv20 ~]$ pwd
/home/zys
```

```
[zys@uosv20 ~]$ ls                // 默认按文件名排序，只显示非隐藏文件
Desktop  Documents  Downloads  Music  Pictures  Videos
[zys@uosv20 ~]$ ls -a             // 显示隐藏文件，省略部分执行结果
.    .bashrc   Documents    .imwheelrc    .themes
..   .cache    Downloads    .local        Videos
[zys@uosv20 ~]$ ls -l             // 使用长格式显示文件信息，省略部分执行结果
drwxr-xr-x   2   zys zys       83   11月  5 10:13     Desktop
drwxr-xr-x   2   zys zys       6    4月  14  2023     Documents
```

（4）cat 命令

cat 命令的作用是把文件内容显示在标准输出设备（通常是显示器）上。cat 命令的基本语法如下。

```
cat    [-AbeEnstTuv]    [file_list]
```

其中，参数 file_list 表示一个或多个文件名，文件名以空格分隔。例 4-5 演示了 cat 命令的基本用法。

例 4-5：cat 命令的基本用法

```
[zys@uosv20 ~]$ cat /etc/redhat-release              // 显示文件内容
UOS Server release 20 (kongzi)
[zys@uosv20 ~]$ cat -n /etc/redhat-release           // 显示行号
     1  UOS Server release 20 (kongzi)
```

（5）head 命令

cat 命令会一次性地把文件的所有内容全部显示出来，但有时候只想查看文件的开头部分而不是文件的全部内容。此时，使用 head 命令可以方便地实现这个功能。head 命令的基本语法如下。

```
head    [-cnqv]    file_list
```

默认情况下，head 命令只显示文件的前 10 行。head 命令的基本用法如例 4-6 所示。

例 4-6：head 命令的基本用法

```
[zys@uosv20 ~]$ head /etc/aliases
#
#   Aliases in this file will NOT be expanded in the header from
#   Mail, but WILL be visible over networks or from /bin/mail.
……              <== 默认显示文件的前 10 行，此处省略
[zys@uosv20 ~]$ head -c 8 /etc/aliases               // 显示文件的前 8 字节
#           <== 注意，下一行命令提示符前的字符“#   Ali”也是本条命令的执行结果
#   Ali[zys@uosv20 ~]$ head -n 2 /etc/aliases        // 显示文件的前两行
#
#   Aliases in this file will NOT be expanded in the header from
```

这个例子中，在显示文件的前 8 字节时，第 1 行连同第 2 行的“#   Ali”看起来只有 7 个字符（包括两个空格）。这是因为在 Linux 中，每行行末的换行符占用 1 字节。这一点和 Windows 操作系统有所不同。在 Windows 操作系统中，行末的回车符和换行符各占 1 字节。

（6）tail 命令

和 head 命令相反，tail 命令只显示文件的末尾部分。“-c”和“-n”选项对 tail 命令也同样适用。tail 命令的基本用法如例 4-7 所示。

例 4-7：tail 命令的基本用法

```
[zys@uosv20 ~]$ tail -c 9 /etc/aliases            // 显示文件的后 9 字节
```

```
t:                    marc
[zys@uosv20 ~]$ tail -n 3 /etc/aliases          // 显示文件的后 3 行

# Person who should get root's mail
#root:                marc
```

tail 命令的强大之处在于当它使用“-f”选项时，可以动态更新文件内容。这个功能在调试程序或跟踪日志文件时尤其有用，具体用法这里不演示。

（7）more 命令

使用 cat 命令显示文件内容时，如果文件内容太多，则终端窗口中只能显示文件的最后一页，即最后一屏。若想查看前面的内容，就必须使用垂直滚动条。more 命令可以分页显示文件，即一次显示一页内容。more 命令的基本语法如下。

```
more    [选项]    文件名
```

使用 more 命令时一般不加任何选项。当使用 more 命令打开文件后，可以按【F】键或【Space】键向下翻一页，按【D】键或【Ctrl+D】组合键向下翻半页，按【B】键或【Ctrl+B】组合键向上翻一页，按【Enter】键向下移动一行，按【Q】键退出。其基本用法如例 4-8 所示。

例 4-8：more 命令的基本用法

```
[zys@uosv20 ~]$ more /etc/aliases
......       <== 省略部分执行结果
daemon:              root
adm:                 root
lp:                  root
--更多--(30%)             <== 第 1 页只能显示文件前 30%的内容
```

（8）less 命令

less 命令是 more 命令的增强版，它除了具有 more 命令的功能外，还可以按【U】键或【Ctrl+U】组合键向上翻半页，或按上、下、左、右方向键改变显示窗口，具体操作这里不演示。

（9）wc 命令

wc 命令用于统计并显示一个文件的行数、单词数和字节数。wc 命令的基本语法如下。

```
wc    [-clLw]    [file_list]
```

wc 命令的基本用法如例 4-9 所示。

例 4-9：wc 命令的基本用法

```
[zys@uosv20 ~]$ wc /etc/aliases           // 显示文件的行数、单词数和字节数
  97   239 1529 /etc/aliases
[zys@uosv20 ~]$ wc -c /etc/aliases        // 显示文件的字节数
1529 /etc/aliases
[zys@uosv20 ~]$ wc -l /etc/aliases        // 显示文件的行数
97 /etc/aliases
[zys@uosv20 ~]$ wc -L /etc/aliases        // 显示文件最长的行的长度
66 /etc/aliases
[zys@uosv20 ~]$ wc -w /etc/aliases        // 显示文件的单词数
239 /etc/aliases
```

微课

V4-4　文件操作类命令

2．操作类命令

（1）touch 命令

touch 命令的基本语法如下。

```
touch    [-acmt]    文件名
```

touch 命令的主要作用是创建一个新文件。当指定文件名的文件不存在时，touch 命令会在当前目录下使用指定的文件名创建一个新文件。touch 命令的基本用法如例 4-10 所示。touch 命令还可以修改已有文件的时间戳，具体用法这里不演示。

例 4-10：touch 命令的基本用法

```
[zys@uosv20 ~]$ touch /tmp/file1
[zys@uosv20 ~]$ ls -l /tmp/file1
-rw-rw-r--   1    zys   zys     0     11 月   6 20:20     /tmp/file1
```

（2）dd 命令

dd 命令用于从标准输入设备（键盘）或源文件中复制指定大小的数据，并将其显示在标准输出设备（显示器）或目标文件中，复制时可以同时对数据进行格式转换。dd 命令的基本语法如下。

```
dd  [if=file]  [of=file]  [ ibs | obs | bs | cbs] =bytes  [skip | seek | count] =blocks
[ conv=method ]
```

例 4-11 演示了从源文件/dev/zero 中读取 5MB 的数据，并将其输出到目标文件/tmp/file1 中。/dev/zero 是一个特殊的文件，可以认为这个文件中包含无穷多个空字符。因此，这个例子的作用其实是创建指定大小的文件并以空字符进行初始化。

例 4-11：dd 命令的基本用法——创建指定大小的文件

```
[zys@uosv20 ~]$ dd if=/dev/zero of=/tmp/file1 bs=1M count=5
记录了 5+0 的读入
记录了 5+0 的写出
5242880 字节（5.2 MB，5.0 MiB）已复制，0.00874613 s，599 MB/s
[zys@uosv20 ~]$ ls -lh /tmp/file1          // 注意 ls 命令的“-h”选项的用法
-rw-rw-r--   1    zys zys       5.0M     11 月   6 20:24     /tmp/file1
```

（3）mkdir 命令

mkdir 命令用于创建一个新目录。mkdir 命令的基本语法如下。

```
mkdir  [-pm]  目录名
```

默认情况下，mkdir 命令只能直接创建下一级目录。如果在目录名参数中指定了多级目录，则必须使用“-p”选项。例如，想要在当前目录下创建目录 dir2 并为其创建子目录 subdir，那么正常情况下可以使用两次 mkdir 命令完成。如果将目录名指定为 dir2/subdir 并使用“-p”选项，那么 mkdir 命令会先创建目录 dir2，再在目录 dir2 下创建子目录 subdir。mkdir 命令的基本用法如例 4-12 所示。

例 4-12：mkdir 命令的基本用法

```
[zys@uosv20 ~]$ mkdir dir1                        // 创建一个新目录
[zys@uosv20 ~]$ ls -ld dir1
drwxrwxr-x   2    zys  zys       6 11 月   6 20:27   dir1
[zys@uosv20 ~]$ mkdir dir2/subdir                 // 不使用“-p”选项连续创建两级目录
mkdir: 无法创建目录 “dir2/subdir”: 没有那个文件或目录
[zys@uosv20 ~]$ mkdir -p dir2/subdir              // 使用“-p”选项连续创建两级目录
[zys@uosv20 ~]$ ls -ld dir2 dir2/subdir
drwxrwxr-x   3    zys  zys    20    11 月   6 20:27  dir2
drwxrwxr-x   2    zys  zys     6    11 月   6 20:27  dir2/subdir     <== 自动创建子目录
```

（4）rmdir 命令

rmdir 命令可用于删除一个空目录。如果是非空目录，那么使用 rmdir 命令会报错。如果使用“-p”选项，则 rmdir 命令会递归地删除多级目录，但它要求各级目录都是空目录。rmdir 命令的基本用法如例 4-13 所示。

例 4-13：rmdir 命令的基本用法

```
[zys@uosv20 ~]$ rmdir dir1                    // 目录 dir1 是空目录
[zys@uosv20 ~]$ rmdir dir2                    // 目录 dir2 中有子目录 subdir
rmdir: 删除 'dir2' 失败: 目录非空
[zys@uosv20 ~]$ rmdir -p dir2/subdir/         // 递归删除各级目录
[zys@uosv20 ~]$
```

（5）cp 命令

cp 命令的主要作用是复制文件或目录。cp 命令的基本语法如下。

```
cp  [-abdfilprsuvxPR]  源文件或源目录  目标文件或目标目录
```

cp 命令的功能非常强大，使用不同的选项可以实现不同的复制功能。

使用 cp 命令可以把一个或多个源文件或目录复制到指定的目标文件或目录中。如果第 1 个参数是一个普通文件，第 2 个参数是一个已经存在的目录，则 cp 命令会将源文件复制到已存在的目标目录下，且保持文件名不变。如果两个参数都是普通文件，则第 1 个参数代表源文件，第 2 个参数代表目标文件，cp 命令会把源文件复制为目标文件。如果第 2 个参数中没有路径信息，则默认把目标文件保存在当前目录下，否则按照目标文件指明的路径存放。cp 命令的基本用法如例 4-14 所示。

例 4-14：cp 命令的基本用法——复制文件

```
[zys@uosv20 ~]$ touch file1 file2
[zys@uosv20 ~]$ mkdir dir1
[zys@uosv20 ~]$ cp file1 file2 dir1     // 复制两个文件到目录 dir1 下
[zys@uosv20 ~]$ ls dir1
file1   file2
[zys@uosv20 ~]$ cp file1 file3          // 复制文件 file1 为 file3，并保存在当前目录下
[zys@uosv20 ~]$ cp file2 /tmp/file4     // 复制文件 file2 为 file4，并保存在/tmp 目录下
[zys@uosv20 ~]$ ls /tmp/file4
/tmp/file4
```

使用“-r”选项时，cp 命令还可以用于复制目录。如果第 2 个参数是一个不存在的目录，则 cp 命令会把源目录复制为目标目录，并将源目录内的所有内容复制到目标目录中，如例 4-15 所示。

例 4-15：cp 命令的基本用法——复制目录（目标目录不存在）

```
[zys@uosv20 ~]$ ls dir1 dir2
ls: 无法访问 'dir2': 没有那个文件或目录       <== 目录 dir2 当前不存在
dir1:
file1   file2
[zys@uosv20 ~]$ cp -r dir1 dir2         // 自动创建目录 dir2 并复制目录 dir1 的内容到其中
[zys@uosv20 ~]$ ls dir2
file1   file2
```

如果第 2 个参数是一个已经存在的目录，则 cp 命令会把源目录及其所有内容作为一个整体复制到目标目录中，如例 4-16 所示。

例 4-16：cp 命令的基本用法——复制目录（目标目录已存在）

```
[zys@uosv20 ~]$ mkdir dir3                    // 创建目录 dir3
[zys@uosv20 ~]$ ls dir1
```

```
file1    file2
[zys@uosv20 ~]$ cp -r dir1 dir3          // 注意：此时目录 dir3 已存在
[zys@uosv20 ~]$ ls dir3                  // 也可以使用 ls -R dir3 命令进行查看
dir1
[zys@uosv20 ~]$ ls dir3/dir1
file1    file2
```

（6）mv 命令

mv 命令用于移动或重命名文件或目录。mv 命令的基本语法如下。

```
mv   [-fiuv]   源文件或源目录   目标文件或目标目录
```

在移动文件时，如果第 2 个参数是一个和源文件同名的文件，则源文件会覆盖目标文件。如果使用“-i”选项，则覆盖前会有提示。如果源文件和目标文件在相同的目录中，则 mv 命令的作用相当于对源文件进行重命名。mv 命令的基本用法如例 4-17 所示，此时，要保证当前目录中已经存在 file1、file2 和目录 dir1。

例 4-17：mv 命令的基本用法——移动文件

```
[zys@uosv20 ~]$ mv file1 dir1            // 将文件 file1 移动到目录 dir1 下
[zys@uosv20 ~]$ touch file1              // 在当前目录下重新创建文件 file1
[zys@uosv20 ~]$ mv -i file1 dir1         // 此时目录 dir1 下已经有文件 file1
mv：是否覆盖"dir1/file1"?  y             <== 使用“-i”选项会有提示
[zys@uosv20 ~]$ mv file2 file3           // 将文件 file2 重命名为 file3
```

如果 mv 命令的两个参数都是已经存在的目录，则 mv 命令会把第 1 个目录（源目录）及其所有内容作为一个整体移动到第 2 个目录（目标目录）中，如例 4-18 所示。

例 4-18：mv 命令的基本用法——移动目录

```
[zys@uosv20 ~]$ ls dir1         // 目录 dir1 中有两个文件
file1    file2
[zys@uosv20 ~]$ ls dir2         // 目录 dir2 中也有两个文件
file1    file2
[zys@uosv20 ~]$ mv dir1 dir2
[zys@uosv20 ~]$ ls dir2
dir1    file1    file2       <== 目录 dir1 及其所有内容被整体移动到目录 dir2 中
[zys@uosv20 ~]$ ls dir2/dir1
file1    file2
```

（7）rm 命令

rm 命令用于永久删除文件或目录。rm 命令的基本语法如下。

```
rm   [-dfirvR]   文件或目录
```

使用 rm 命令删除文件或目录时，如果使用“-i”选项，则删除前会给出提示；如果使用“-f”选项，则删除前不会给出任何提示，因此使用“-f”选项时一定要谨慎。rm 命令的基本用法如例 4-19 所示。

例 4-19：rm 命令的基本用法——删除文件

```
[zys@uosv20 ~]$ touch file1 file2
[zys@uosv20 ~]$ rm -i file1
rm：是否删除普通空文件 "file1"? y          <== 使用“-i”选项时有提示
[zys@uosv20 ~]$ rm -f file2                <== 使用“-f”选项时没有提示
```

另外，不能使用 rm 命令直接删除目录，而必须加上“-r”选项。如果“-r”和“-i”选项组合使用，则在删除目录的每一个子目录和文件前都会有提示。使用 rm 命令删除目录的基本用法如例 4-20 所示。

例 4-20：rm 命令的基本用法——删除目录

```
[zys@uosv20 ~]$ touch file1 file2
[zys@uosv20 ~]$ mkdir dir1
[zys@uosv20 ~]$ mv file1 file2 dir1
[zys@uosv20 ~]$ ls dir1
file1   file2           <== 目录 dir1 中包含文件 file1 和 file2
[zys@uosv20 ~]$ rm dir1
rm: 无法删除 'dir1': 是一个目录                <== rm 命令不能直接删除目录
[zys@uosv20 ~]$ rm   -ir dir1
rm：是否进入目录'dir1'? y
rm：是否删除普通空文件 'dir1/file1'? y        <== 每删除一个文件前都会有提示
rm：是否删除普通空文件 'dir1/file2'? y
rm：是否删除目录 'dir1'? y                    <== 删除目录自身也会有提示
```

（8）grep 命令

grep 命令是一个功能十分强大的行匹配命令，可以从文本文件中提取符合指定匹配表达式的行。grep 命令的基本语法如下。

```
grep  [选项]  [匹配表达式]  文件
```

grep 命令的基本用法如例 4-21 所示。要想发挥 grep 命令的强大功能，必须将它和正则表达式配合使用。关于正则表达式的详细用法，这里不具体展开，感兴趣的读者可以查阅相关资料深入学习。

例 4-21：grep 命令的基本用法

```
zys@uosv20 ~]$ grep -n web /etc/aliases                  // 提取包含 web 的行
40:webalizer:     root
82:www:           webmaster
83:webmaster:     root
[zys@uosv20 ~]$ grep -n -v root /etc/aliases             // 查找不包含 root 的行
1:#
2:#   Aliases in this file will NOT be expanded in the header from
3:#   Mail, but WILL be visible over networks or from /bin/mail.
```

3. 文件打包和压缩

当系统使用时间长了，文件会越来越多，占用的空间也会越来越大。如果没有有效管理，就会给系统的正常运行带来一定的隐患。文件打包和压缩是 Linux 系统管理员管理文件时经常使用的两种方法，下面介绍与文件打包和压缩相关的概念及命令。

（1）文件打包和压缩的基本概念

文件打包就是人们常说的“归档”。顾名思义，打包就是把一组目录和文件合并成一个文件，这个文件的大小是原来目录和文件大小的总和，可以将打包操作形象地比喻为把几块海绵放到一个篮子中形成一块大海绵。压缩虽然也是把一组目录和文件合并成一个文件，但是它会使用某种算法对这个新文件进行处理，以减少其占用的存储空间。可以把压缩想象成对这块大海绵进行“脱水”处理，使它的“体积”变小，以达到节省空间的目的。

微课

V4-5　文件打包和压缩

（2）打包和压缩命令

tar 是 Linux 操作系统中常用的打包命令。tar 命令除了支持传统的打包功能外，还可以由打包文件恢复原文件，这是和打包相反的操作。打包文件通常以“.tar”作为文件扩展名，又被称为 tar 包。tar 命令的选项和参数非常多，但常用的只有几个。

例 4-22 演示了如何对一个目录和一个文件进行打包。

例 4-22：tar 命令的基本用法——打包

```
[zys@uosv20 ~]$ touch file1 file2 file3
[zys@uosv20 ~]$ tar -cf test.tar file1 file2        // 使用“-c”选项创建打包文件
[zys@uosv20 ~]$ ls test.tar
test.tar
[zys@uosv20 ~]$ tar -tf test.tar                    // 使用“-t”选项查看打包文件的内容
file1
file2
```

由打包文件恢复原文件时以“-x”选项代替“-c”选项即可，如例 4-23 所示。

例 4-23：tar 命令的基本用法——恢复原文件

```
[zys@uosv20 ~]$ tar -xf test.tar -C /tmp         // 将文件内容展开到/tmp 目录中
[zys@uosv20 ~]$ ls /tmp/file*
/tmp/file1    /tmp/file2
```

如果想将一个文件追加到 tar 包的末尾，则需要使用“-r”选项，如例 4-24 所示。

例 4-24：tar 命令的基本用法——将一个文件追加到 tar 包的末尾

```
[zys@uosv20 ~]$ tar -rf test.tar file3
[zys@uosv20 ~]$ tar -tf test.tar
file1
file2
file3           <== 文件 file3 被追加到 test.tar 的末尾
```

可以对打包文件进行压缩操作。gzip 是 Linux 操作系统中常用的压缩工具，gunzip 是和 gzip 对应的解压缩工具。使用 gzip 工具压缩后的文件的扩展名为“.gz”。限于篇幅，这里不详细讲解 gzip 和 gunzip 的具体选项及参数，只演示它们的基本用法，如例 4-25 和例 4-26 所示。

例 4-25：gzip 命令的基本用法

```
[zys@uosv20 ~]$ ls test.tar
test.tar
[zys@uosv20 ~]$ gzip test.tar            // 压缩 test.tar 文件
[zys@uosv20 ~]$ ls test*
test.tar.gz             <== 原文件 test.tar 被删除
```

使用 gzip 对文件 test.tar 进行压缩时，压缩文件自动被命名为 test.tar.gz，且原文件 test.tar 会被删除。如果想对 test.tar.gz 进行解压缩，则有两种方法：一种方法是使用 gunzip 命令，后跟压缩文件名，如例 4-26 所示；另一种方法是使用 gzip 命令，但是要使用“-d”选项。

例 4-26：gunzip 命令的基本用法

```
[zys@uosv20 ~]$ gunzip test.tar.gz  // 也可以使用 gzip -d test.tar.gz 命令
[zys@uosv20 ~]$ ls test*
test.tar
```

bzip2 也是 Linux 操作系统中常用的压缩工具，使用 bzip2 工具压缩后的文件的扩展名为“.bz2”，它对应的解压缩工具是 bunzip。bzip2 和 bunzip 的关系与 gzip 和 gunzip 的关系相同，这里不赘述，大家可以使用 man 命令自行学习。

（3）使用 tar 命令同时打包和压缩文件

前面介绍了如何先打包文件，再对打包文件进行压缩。其实 tar 命令可以同时进行打包和压缩操作，也可以同时解压缩并展开打包文件，只要使用额外的选项指明压缩文件的格式即可。其常用的选项有两个："-z"选项表示压缩和解压缩".tar.gz"格式的文件，而"-j"选项表示压缩和解压缩".tar.bz2"格式的文件。例 4-27 和例 4-28 分别演示了 tar 命令的这两种高级用法。

例 4-27：tar 命令的高级用法——压缩和解压缩".tar.gz"格式的文件

```
[zys@uosv20 ~]$ touch file4 file5
[zys@uosv20 ~]$ tar -zcf gzout.tar.gz file4 file5          // "-z"和"-c"选项结合使用
[zys@uosv20 ~]$ ls gzout.tar.gz
gzout.tar.gz
[zys@uosv20 ~]$ tar -zxf gzout.tar.gz -C /tmp              // "-z"和"-x"选项结合使用
[zys@uosv20 ~]$ ls /tmp/file4 /tmp/file5
/tmp/file4   /tmp/file5
```

例 4-28：tar 命令的高级用法——压缩和解压缩".tar.bz2"格式的文件

```
[zys@uosv20 ~]$ touch file6 file7
[zys@uosv20 ~]$ tar -jcf bz2out.tar.bz2 file6 file7  // "-j"和"-c"选项结合使用
[zys@uosv20 ~]$ ls bz2out.tar.bz2
bz2out.tar.bz2
[zys@uosv20 ~]$ tar -jxf bz2out.tar.bz2 -C /tmp    // "-j"和"-x"选项结合使用
[zys@uosv20 ~]$ ls /tmp/file6 /tmp/file7
/tmp/file6   /tmp/file7
```

任务实施

实验：文件操作基础实验

韩经理发现尤博最近很用功，似乎对 Linux 文件操作很感兴趣，便想考察考察他的学习效果。下面是韩经理让尤博做的一些操作。

第 1 步：打开一个 Linux 终端窗口，查看当前的工作目录。切换为主目录并查看主目录中有哪些文件。这个要求对尤博来说太简单了，他知道使用不带参数的 cd 命令就可以切换为用户的主目录，如例 4-29.1 所示。韩经理看到尤博轻松的样子，就给尤博抛出了一个问题：从命令的执行结果可以看出，用户 zys 的主目录是/home/zys，为什么打开终端窗口后默认的工作目录是/home/zys/Desktop？韩经理让尤博把这个问题先记下来，等实验结束了自己去寻找答案。

例 4-29.1：文件操作基础实验——查看主目录

```
[zys@uosv20 Desktop]$ pwd
/home/zys/Desktop
[zys@uosv20 Desktop]$ cd
[zys@uosv20 ~]$ pwd
/home/zys
[zys@uosv20 ~]$ ls
Desktop   Documents   Downloads   Music   Pictures   Videos
```

第 2 步：韩经理让尤博查看用户 zys 的主目录中有哪些隐藏文件，如例 4-29.2 所示。韩经理提醒尤博，Linux 中的隐藏文件有一个共同的特点，就是文件名以"."开头。这时，韩经理又给尤博抛出了两个问题，就是执行结果中的"."和".."分别有什么含义，以及为什么要设计这两个特殊的文件。

例 4-29.2：文件操作基础实验——查看隐藏文件

```
[zys@uosv20 ~]$ ls -a
.                 .cache       .esd_auth     Pictures    .xsession-errors
..                .config      .gtkrc-2.0    .pki        .xsession-errors.old
```

第 3 步：切换为目录/tmp，创建一个测试目录和一个大小为 10MB 的测试文件，如例 4-29.3 所示。

例 4-29.3：文件操作基础实验——创建测试目录和文件

```
[zys@uosv20 ~]$ cd /tmp
[zys@uosv20 tmp]$ mkdir dir1
[zys@uosv20 tmp]$ dd if=/dev/zero of=file1 bs=1M count=10
[zys@uosv20 tmp]$ ls -ld dir1 file1
drwxrwxr-x   2    zys    zys     40          11 月   7 20:12    dir1
-rw-rw-r--   1    zys    zys     10485760 11 月   7 20:12    file1
```

第 4 步：将文件 file1 移动到目录 dir1 下，然后将 dir1 中的 file1 复制到用户 zys 的主目录下，如例 4-29.4 所示。韩经理提醒尤博，对文件进行移动、复制等操作后，要记得用 ls 命令验证操作是否成功。

例 4-29.4：文件操作基础实验——移动和复制文件

```
[zys@uosv20 tmp]$ mv file1 dir1
[zys@uosv20 tmp]$ cp dir1/file1 ~zys/
[zys@uosv20 tmp]$ ls file1
ls: 无法访问 'file1': 没有那个文件或目录
[zys@uosv20 tmp]$ ls ~zys/file1
/home/zys/file1
```

第 5 步：将文件/var/log/README 复制到当前目录下，并重命名为 file2。查看该文件的前两行与后两行，并统计该文件的行数，如例 4-29.5 所示。

例 4-29.5：文件操作基础实验——查看文件部分内容

```
[zys@uosv20 tmp]$ cp /var/log/README file2
[zys@uosv20 tmp]$ head -n2 file2
You are looking for the traditional text log files in /var/log, and they are
gone?
[zys@uosv20 tmp]$ tail -n2 file2
          man:journald.conf(5)
[zys@uosv20 tmp]$ wc -l file2
25 file2
```

第 6 步：查找文件 file2 中所有包括字符串“log”的行，如例 4-29.6 所示。

例 4-29.6：文件操作基础实验——查找指定行

```
[zys@uosv20 tmp]$ grep log file2
You are looking for the traditional text log files in /var/log, and they are
You are running a systemd-based OS where traditional syslog has been replaced2
```

第 7 步：将文件 file1 和 file2 打包为 test.tar，查看 test.tar 中包含的文件，然后对其进行压缩操作，如例 4-29.7 所示。

例 4-29.7：文件操作基础实验——打包和压缩文件

```
[zys@uosv20 tmp]$ tar -cf test.tar dir1/file1 file2
[zys@uosv20 tmp]$ tar -tf test.tar
dir1/file1
file2
[zys@uosv20 tmp]$ gzip test.tar
[zys@uosv20 tmp]$ ls -l test.tar.gz
-rw-rw-r--   1    zys    zys     10986     11 月  7 21:19      test.tar.gz
```

第 8 步：删除 test.tar.gz，同时删除目录及其包含的所有内容，如例 4-29.8 所示。

例 4-29.8：文件操作基础实验——删除文件和目录

```
[zys@uosv20 tmp]$ rm test.tar.gz
[zys@uosv20 tmp]$ rm -rf dir1
[zys@uosv20 tmp]$ ls test.tar.gz dir1
ls: 无法访问 'test.tar.gz': 没有那个文件或目录
ls: 无法访问 'dir1': 没有那个文件或目录
```


整体来说，韩经理很满意尤博的学习效果。但是他提醒尤博不要骄傲自满，毕竟现在只学习了 Linux 文件操作中极少的一部分。韩经理勉励尤博继续保持谦虚的心态，同时还要多思考，这样才能学得深入，学得扎实。

知识拓展

find 命令

在使用 Linux 系统时，如果需要查找特定的文件，则可以使用功能强大的 find 命令。find 命令支持根据指定的条件查找文件，比如根据文件名、所有者、大小、类型等。find 命令的基本语法如下。

```
find [目录] [匹配表达式]
```

其中，“目录”参数表示查找文件的起点，find 会在这个目录及其所有子目录中查找满足匹配表达式的文件。find 命令的常用选项及其功能说明如表 4-2 所示。

表 4-2 find 命令的常用选项及其功能说明

选项	功能说明
-name pattern -iname pattern	查找文件名符合指定模式 pattern 的文件，pattern 一般用正则表达式指定。-iname 不区分英文字母大小写
-user uname -uid uid	查找文件所有者是 uname 或文件所有者标识是 uid 的文件
-group gname -gid gid	查找文件属组是 gname 或文件属组标识是 gid 的文件
-atime [+-]n	查找文件访问时间为 *n* 天前的文件
-ctime [+-]n	查找文件状态修改时间为 *n* 天前的文件
-mtime [+-]n	查找文件内容修改时间为 *n* 天前的文件
-amin [+-]n	查找文件访问时间为 *n* 分钟前的文件
-cmin [+-]n	查找文件状态修改时间为 *n* 分钟前的文件
-mmin [+-]n	查找文件内容修改时间为 *n* 分钟前的文件
-newer file	查找比指定文件 file 还要新（即修改时间更晚）的文件
-empty	查找空文件或空目录
-perm mode	查找文件权限为 mode 的文件
-size [+-]n[bckw]	查找文件大小为 *n* 个存储单元的文件
-type type	查找文件类型为 type 的文件，文件类型包括设备文件（b、c）、目录文件（d）、管道文件（p）、普通文件（f）、链接文件（l）、套接字文件（s）等

匹配表达式中有些选项的参数是数值，可以在数值前指定加号或减号。“+*n*”表示比 *n* 大，“-*n*”表示比 *n* 小。例 4-30 演示了如何根据文件访问时间查找文件。

例 4-30：find 命令的基本用法——根据文件访问时间查找文件

```
[zys@uosv20 tmp]$ date
2023 年 12 月 17 日 星期日 16:59:44 CST          <== 当前系统时间
[zys@uosv20 tmp]$ ls -lu file1
-rw-r--r--    1    zys    svist    15    12 月 16 16:50    file1
[zys@uosv20 tmp]$ find . -atime -1          // 1 天内访问过的文件
.
[zys@uosv20 tmp]$ find . -atime 1           // 1 天前的 24h 之内访问过的文件
./file1
[zys@uosv20 tmp]$ find . -atime +1          // 1 天前的 24h 之外访问过的文件
[zys@uosv20 tmp]$
```

常见的 find 命令的用法是根据文件名查找文件。除了用完整的文件名作为查找条件外，find 命令还可以使用正则表达式。例 4-31 演示了如何根据文件名查找文件。

例 4-31：find 命令的基本用法——根据文件名查找文件

```
[zys@uosv20 tmp]$ ls
file1   file2   file3            <== 当前目录下有 3 个文件
[zys@uosv20 tmp]$ find . -name file1         // 查找文件名为 file1 的文件
./file1
[zys@uosv20 tmp]$ find . -name "fi*"         // 查找文件名以 fi 开头的文件
./file1
./file2
./file3
```

find 命令在根据文件大小查找文件时，可以指定文件的容量单位。默认的容量单位是大小为 512 字节的文件块，用“b”表示，也可以用“c”“k”“M”分别表示 1 字节、1024 字节（1KB）和兆字节（1024KB），如例 4-32 所示。

例 4-32：find 命令的基本用法——根据文件大小查找文件

```
[zys@uosv20 tmp]$ ls -lh
-rw-r--r--    1    zys    svist    1.0M    12 月 17 17:03    file1
-rw-r--r--    1    zys    svist    4.3M    12 月 17 17:07    file2
-rw-r--r--    1    zys    svist    6.1M    12 月 17 17:04    file3
[zys@uosv20 tmp]$ find . -size -1500k        // 查找小于 1500KB 的文件
./file1
[zys@uosv20 tmp]$ find . -size +4M           // 查找大于 4MB 的文件
./file3
./file2
```

任务实训

文件操作是Linux用户最常使用的操作之一。本实训的主要任务是练习常用的Linux文件相关命令，包括文件查看类命令和文件管理类命令，通过练习进一步了解这些命令的常用参数和选项，以便为后续的深入学习打下基础。请根据以下实训内容完成实训任务。

【实训内容】

（1）以用户zys身份登录操作系统，打开终端窗口，查看当前工作目录。

（2）在当前工作目录中创建目录tmp，并切换为该目录。

（3）在tmp中创建两个目录testdir1和testdir2。

（4）在tmp中创建第1个测试文件file1，并将其复制到testdir1中。

（5）将testdir1及其所有内容整体复制到testdir2中。

（6）在tmp中创建第2个测试文件file2，对testdir1中的file1与testdir2/testdir1中的file1进行打包，然后将file2追加到其中。

（7）对第（6）步产生的tar包文件进行压缩。

（8）删除第（7）步生成的压缩文件。

（9）删除file2与testdir2。

任务4.2 管理文件权限

任务概述

文件权限管理是难倒一大批 Linux 初学者的“猛兽”，但它又是大家必须掌握的一个重要知识点。能否合理、有效地管理文件权限，是评价一个 Linux 系统管理员是否合格的重要标准。本任务首先介绍文件所有者和属组的概念，然后重点介绍文件权限的含义和修改文件权限的两种方法，最后介绍文件默认权限。

知识准备

4.2.1 文件所有者和属组

Linux 是一种支持多用户的操作系统。为了方便对用户的管理，Linux 将多个用户组织在一起形成一个用户组。同一个用户组中的用户具有相同或类似的权限。本节主要介绍文件与用户和用户组的关系。

微课

V4-6 文件和用户的关系

1. 文件所有者和属组概述

文件与用户和用户组有千丝万缕的联系。文件是由用户创建的，用户必须以某种身份或角色访问文件。对于某个文件而言，用户的身份可分为 3 类：所有者（user，又称属主）、属组（group）和其他人（others）。每种用户都可以对文件进行读、写和执行操作，分别对应文件的 3 种权限，即读权限、写权限和执行权限。

文件的所有者就是创建文件的用户。如果有些文件比较敏感（如工资单），不想被所有者以外的任何人访问，那么可以把文件的权限设置为“所有者可以读取或修改，其他所有人无权这么做”。

属组和其他人这两种身份在涉及团队项目的工作环境中特别有用。假设 A 是一个软件开发项目组的项目经理，A 的团队有 5 名成员，成员都是合法的 Linux 用户并在同一个用户组中。A 创建了项目需求分析、概要设计等文件。显然，A 是这些项目文件的所有者，这些文件应该能被团队成员访问。当 A 的团队成员访问这些文件时，他们的身份就是“属组”，也就是说，他们是以某个用户组的成员的身份访问这些文件的。如果另外一个团队的成员也要访问这些文件，由于他们和 A 不属于同一个用户组，那么对于这些文件来说，后一个团队的成员的身份就是“其他人”。

需要特别说明的是，只有用户才能拥有文件权限，用户组本身是无法拥有文件权限的。当提到某个用户组拥有文件权限时，其实指的是属于这个用户组的用户拥有文件权限。这一点请大家务必牢记。

了解了文件与用户和用户组的关系后，下面来学习如何修改文件的所有者和属组。

2. 修改文件所有者和属组

（1）chgrp 命令

chgrp 命令可以修改文件属组，其常用的选项是“-R”，表示同时修改所有子目录及其中所有文件的属组，即所谓的“递归修改”。修改后的属组必须是已经存在于文件/etc/group 中的用户组。chgrp 命令的基本用法如例 4-33 所示。

微课

V4-7 chgrp 与 chown 命令

例 4-33：chgrp 命令的基本用法

```
[zys@uosv20 ~]$ touch /tmp/own.file
[zys@uosv20 ~]$ ls -l /tmp/own.file
-rw-rw-r--  1  zys zys  0     11 月  6 21:34  /tmp/own.file     <== 原属组为 zys
[zys@uosv20 ~]$ su - root              // chgrp 命令要以 root 用户身份执行
[root@uosv20 ~]# chgrp sie /tmp/own.file             // 将文件属组改为 sie
[root@uosv20 ~]# ls -l /tmp/own.file
-rw-rw-r-- 1  zys  sie  0     11 月  6 21:34 /tmp/own.file      <== 属组变为 sie
```

（2）chown 命令

修改文件所有者的命令是 chown。chown 命令的基本语法如下。

```
chown  [-R]  用户名  文件或目录
```

同样，这里的“-R”选项也表示递归修改。chown 可以同时修改文件的所有者和属组，只要把用户名和属组用“:”分隔即可，其基本语法如下。

```
chown  [-R]  用户名 : 属组  文件或目录
```

chown 甚至可以取代 chgrp，即只修改文件的属组，此时要在属组的前面加一个“.”。chown 命令的基本用法如例 4-34 所示。

例 4-34：chown 命令的基本用法

```
[root@uosv20 ~]# ls -l /tmp/own.file
-rw-rw-r-- 1 zys sie 0 11 月  6 21:34 /tmp/own.file          <== 注意原所有者和属组
[root@uosv20 ~]# chown root /tmp/own.file            // 只修改文件所有者
[root@uosv20 ~]# ls -l /tmp/own.file
-rw-rw-r-- 1 root sie 0 11 月  6 21:34 /tmp/own.file
[root@uosv20 ~]# chown zys:zys /tmp/own.file         // 同时修改文件所有者和属组
[root@uosv20 ~]# ls -l /tmp/own.file
-rw-rw-r-- 1 zys zys 0 11 月  6 21:34 /tmp/own.file
[root@uosv20 ~]# chown .sie /tmp/own.file            // 只修改文件属组，注意属组前有“.”
[root@uosv20 ~]# ls -l /tmp/own.file
-rw-rw-r-- 1 zys sie 0 11 月  6 21:34 /tmp/own.file
[root@uosv20 ~]# exit
```

4.2.2 文件权限

一般来说，Linux 操作系统中除了 root 用户外，还有其他角色不同的普通用户。每个用户都可以在规定的权限内创建、修改或删除文件。合理设置文件权限对提高系统安全性的意义重大。

1. 文件权限的基本概念

前面已多次使用 ls 命令的“-l”选项显示文件的详细信息，现在从文件权限的角度重点分析执行结果中第 1 列的含义，如例 4-35 所示。

例 4-35：ls –l 命令的执行结果

```
[zys@uosv20 ~]$ mkdir dir1
[zys@uosv20 ~]$ touch file1 file2
[zys@uosv20 ~]$ ls -ld dir1 file1 file2
drwxrwxr-x   2    zys   zys     6    11 月    6 21:47     dir1
-rw-rw-r--   1    zys   zys     0    11 月    6 21:47     file1
-rw-rw-r--   1    zys   zys     0    11 月    6 21:47     file2
```

执行结果的第 1 列中一共有 10 个字符。第 1 个字符表示文件的类型，这一点之前已经有所提及。接下来的 9 个字符表示文件的权限，从左至右每 3 个字符为一组，分别表示文件所有者的权限、属组的权限及其他人的权限。每一组都是“r”“w”“x”3 个字母的组合，分别表示读（read，r）权限、写（write，w）权限和执行（execute，x）权限。注意，“r”“w”“x”的顺序不能改变，如图 4-2 所示。如果没有相应的权限，则用减号“-”代替。示例如下。

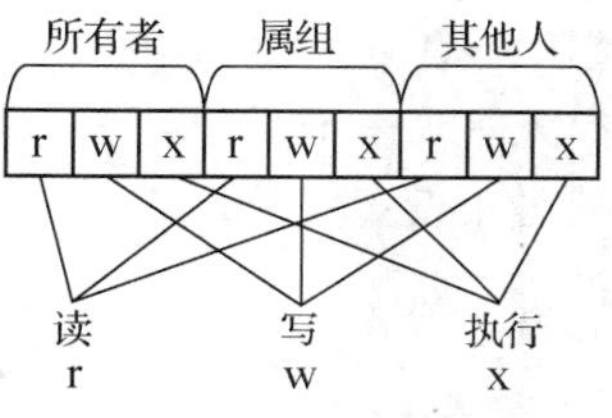

图 4-2　文件权限的组成

- 第 1 组权限为“rwx”时，表示文件所有者对该文件可读、可写、可执行。
- 第 2 组权限为“rw-”时，表示文件属组用户对该文件可读、可写，但不可执行。
- 第 3 组权限为“r--”时，表示其他人对该文件可读，但不可写，也不可执行。

2. 文件权限和目录权限的区别

现在已经知道了文件有 3 种权限（读、写、执行）。虽然目录在本质上也是一种文件，但是这 3 种权限对于普通文件和目录有不同的含义。普通文件用于存储文件的实际内容，对于普通文件来说，这 3 种权限的含义如下。

（1）读权限：可以读取文件的实际内容，如使用 vim、cat、head、tail 等命令查看文件内容。

（2）写权限：可以新增、修改或删除文件内容。注意，这里是指删除文件内容，而非删除文件本身。

（3）执行权限：文件可以作为一个可执行程序被执行。

需要特别说明的是文件的写权限。拥有一个文件的写权限意味着可以编辑文件内容，但是不能删除文件本身。

微课

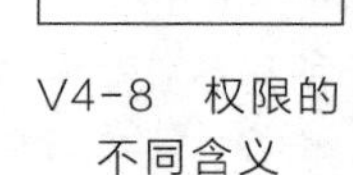

V4-8　权限的不同含义

目录作为一种特殊的文件，存储的是其子目录和文件的名称列表。对于目录而言，这 3 种权限的含义如下。

（1）读权限：可以读取目录的内容列表。也就是说，拥有一个目录的读权限就可以使用 ls 命令查看其中有哪些子目录和文件。

（2）写权限：可以修改目录的内容列表，这对目录来说是非常重要的。拥有一个目录的写权限，表示可以执行以下操作。

① 在此目录下新建文件和子目录。

② 删除该目录下已有的文件和子目录。

③ 重命名该目录下已有的文件和子目录。

④ 移动该目录下已有的文件和子目录。

（3）执行权限：目录本身并不能被系统执行。拥有一个目录的执行权限，表示可以使用 cd

命令进入这个目录，即将其作为当前工作目录。

结合文件权限和目录权限的含义，请大家思考这样一个问题：删除一个文件时，需要具有什么权限？（其实，此时需要的是对这个文件所在目录的写权限。）

4.2.3 修改文件权限

修改文件权限所用的命令是 chmod。下面介绍两种修改文件权限的方法：一种是使用符号法修改文件权限，另一种是使用数字法修改文件权限。

微课

V4-9 修改文件权限

1. 符号法

符号法指分别用 r（read，读）、w（write，写）、x（execute，执行）这 3 个字母表示 3 种文件权限，分别用 u（user，所有者）、g（group，属组）、o（others，其他人）这 3 个字母表示 3 种用户身份，并用 a（all，所有人）来表示所有用户。修改权限操作的类型分为 3 类，即添加权限、移除权限和设置权限，并分别用"+""-""="表示。使用符号法修改文件权限的格式如下。

```
                  u
                       +
chmod   [-R]      g
                       -    [rwx]    文件或目录
                  o
                       =
                  a
```

"[rwx]"表示 3 种权限的组合，如果没有相应的权限，则省略对应字母。可以同时为用户设置多种权限，每种用户权限之间用逗号分隔。注意，逗号左右不能有空格。

现在来看一个实际的例子。对例 4-35 中的目录 dir1、文件 file1 和 file2 执行下列操作。

dir1：移除属组用户的执行权限，移除其他人的读和执行权限。

file1：移除所有者的执行权限，将属组和其他人的权限设置为可读。

file2：为属组添加写权限，为所有用户添加执行权限。

符号法的具体用法如例 4-36 所示。

例 4-36：chmod 命令的基本用法——使用符号法修改文件权限

```
[zys@uosv20 ~]$ chmod g-x,o-rx dir1         // 注意，逗号左右不能有空格
[zys@uosv20 ~]$ chmod u-x,go=r file1
[zys@uosv20 ~]$ chmod g+w,a+x file2
[zys@uosv20 ~]$ ls -ld dir1 file1 file2
drwxrw----  2   zys   zys   6   11月  6 21:47   dir1
-rw-r--r--  1   zys   zys   0   11月  6 21:47   file1
-rwxrwxr-x  1   zys   zys   0   11月  6 21:47   file2
```

其中，"+""-"只影响指定位置的权限，其他位置的权限保持不变；而"="相当于先移除文件的所有权限，再为其设置指定的权限。

2. 数字法

数字法指用数字表示文件的 3 种权限，权限与数字的对应关系如下。

```
r     4（读）
w     2（写）
x     1（执行）
-     0（表示没有这种权限）
```

设置权限时，把每种用户的 3 种权限对应的数字相加。例如，现在要把文件 file1 的权限设置为“rwxr-xr--”，其计算过程如图 4-3 所示。3 种用户的权限分别相加后的数字组合在一起是 754，具体操作方法如例 4-37 所示。

4	2	1	4	2	1	4	2	1
r	w	x	r	w	x	r	w	x
r	w	x	r	-	x	r	-	-
4	2	1	4	0	1	4	0	0
7			5			4		

图 4-3 使用数字法修改文件权限的计算过程

例 4-37：chmod 命令的基本用法——使用数字法修改文件权限

```
[zys@uosv20 ~]$ ls -l file1
-rw-r--r--  1  zys  zys   0   11 月  6 21:47   file1
[zys@uosv20 ~]$ chmod 754 file1          // 相当于 chmod u=rwx,g=rx,o=r file1
[zys@uosv20 ~]$ ls -l file1
-rwxr-xr--  1  zys  zys   0   11 月  6 21:47   file1
```

4.2.4 文件默认权限

知道了如何修改文件权限，现在来思考这样一个问题：当创建普通文件和目录时，其默认的权限是什么？默认的权限又是在哪里设置的？

之前已经提到，执行权限对于普通文件和目录的含义是不同的。普通文件一般用于保存特定的数据，不需要具有执行权限，所以普通文件的执行权限默认是关闭的。因此，普通文件的默认权限是 rw-rw-rw-，用数字表示即 666。而对于目录来说，具有执行权限才能进入这个目录，这个权限在大多数情况下是需要的，所以目录的执行权限默认是开启的。因此，目录的默认权限是 rwxrwxrwx，用数字表示即 777。但是新建的普通文件或目录的实际权限并不是 666 或 777，如例 4-38 所示。

例 4-38：新建普通文件和目录的实际权限

```
[zys@uosv20 ~]$ mkdir dir1.default
[zys@uosv20 ~]$ touch file1.default
[zys@uosv20 ~]$ ls -ld *default
drwxrwxr-x  2  zys  zys  6  11 月  6 21:52   dir1.default   <== 默认权限是 775
-rw-rw-r--  1  zys  zys  0  11 月  6 21:52   file1.default  <== 默认权限是 664
```

看来，新建的普通文件和目录的实际权限与预期的默认权限并不一致。其实，这是因为 umask 命令在其中“动了手脚”。在 Linux 操作系统中，umask 命令的执行结果会影响新建普通文件或目录的实际权限。例 4-39 显示了 umask 命令的执行结果。

例 4-39：umask 命令的执行结果

```
[zys@uosv20 ~]$ umask
0002      <== 注意右侧的 3 位数字
```

在终端窗口中直接执行 umask 命令就会显示以数字方式表示的权限值，暂时忽略第 1 位数字，只看后面 3 位数字。umask 命令的执行结果表示要从默认权限中移除的权限。“002”表示要从文件所有者、文件属组和其他人的权限中分别移除“0”“0”“2”对应的部分。可以这样理解 umask 命令的执行结果：r、w、x 对应的数字分别是 4、2、1，如果要移除读权限，则写上 4；如果要移除写或执行权限，则分别写上 2 或 1；如果要同时移除写和执行权限，则写上 3；0 表示不移除任何权限。最终，普通文件和目录的实际权限就是默认权限移除 umask 的结果，如下所示。

微课

V4-10 了解 umask

普通文件	默认权限（666） rw-rw-rw-	移除 -	umask（002） -------w-	=	664 rw-rw-r--
目录	默认权限（777） rwxrwxrwx	移除 -	umask（002） -------w-	=	775 rwxrwxr-x

这正是例 4-38 中显示的结果。如果把 umask 命令的执行结果设置为 245(即-w-r--r-x)，那么新建普通文件和目录的权限应该如下。

普通文件	默认权限（666） rw-rw-rw-	移除 -	umask（245） -w-r--r-x	=	422 r---w--w-
目录	默认权限（777） rwxrwxrwx	移除 -	umask（245） -w-r--r-x	=	532 r-x-wx-w-

修改 umask 命令的执行结果的方法很简单，只需在 umask 命令后跟上新值即可，如例 4-40 所示。修改完之后再次创建目录和普通文件进行验证，可以看到实际的结果和上面的是一致的。

例 4-40：设置 umask 命令的执行结果

```
[zys@uosv20 ~]$ umask 245            // 设置 umask 命令的执行结果为 245
[zys@uosv20 ~]$ umask
0245
[zys@uosv20 ~]$ mkdir dir2.default
[zys@uosv20 ~]$ touch file2.default
[zys@uosv20 ~]$ ls -ld dir2.default file2.default
dr-x-wx-w-  2  zys  zys  6  11 月  6 21:54        dir2.default   // 用数字表示即 532
-r---w--w-  1  zys  zys  0  11 月  6 21:54        file2.default  // 用数字表示即 422
```

这里请大家思考一个问题：在计算普通文件和目录的实际权限时，能不能把默认权限和 umask 对应位置的数字直接相减呢？例如，777-002=775，或者 666-002=664。（其实，这种方法对目录适用，但对普通文件不适用，请大家分析其中的原因。）

任务实施

实验：配置 Linux 文件权限

上一次，韩经理带着尤博在开发服务器上为软件开发中心的所有同事创建了用户和用户组，现在韩经理要继续为这些同事配置文件和目录的访问权限，在这个过程中，韩经理要向尤博演示文件和目录相关命令的基本用法。注意，本实验要以 root 用户身份进行操作。

第 1 步：查看 3 个用户组当前有哪些用户，如例 4-41.1 所示。

例 4-41.1：文件和目录管理综合实验——查看用户组

```
[root@uosv20 ~]# groupmems -l -g devcenter
xf   wbk   ss
[root@uosv20 ~]# groupmems -l -g devteam1
xf   ss
[root@uosv20 ~]# groupmems -l -g devteam2
wbk   ss
```

第 2 步：创建目录/home/dev_pub，用于存放软件开发中心的共享资源。该目录对软件开发中心的所有同事开放读权限，但只有软件开发中心的负责人（即用户 ss）有写权限，如例 4-41.2 所示。

例 4-41.2：文件和目录管理综合实验——设置目录权限

```
[root@uosv20 ~]# cd /home
[root@uosv20 home]# mkdir dev_pub
[root@uosv20 home]# ls -ld dev_pub
drwxr-xr-x   2    root   root          6    11月   6 22:01     dev_pub
[root@uosv20 home]# chown ss:devcenter dev_pub
[root@uosv20 home]# chmod 750 dev_pub
[root@uosv20 home]# ls -ld dev_pub
drwxr-x---   2    ss    devcenter     6    11月   6 22:01     dev_pub
```

第 3 步：在目录/home/dev_pub 中新建文件 readme.devpub，用于记录有关软件开发中心共享资源的使用说明，如例 4-41.3 所示。

例 4-41.3：文件和目录管理综合实验——设置文件权限

```
[root@uosv20 home]# cd dev_pub
[root@uosv20 dev_pub]# touch readme.devpub
[root@uosv20 dev_pub]# ls -l readme.devpub
-rw-r--r--   1    root   root          0    11月   6 22:02     readme.devpub
[root@uosv20 dev_pub]# chown ss:devcenter readme.devpub
[root@uosv20 dev_pub]# chmod 640 readme.devpub
[root@uosv20 dev_pub]# ls -l readme.devpub
-rw-r-----   1    ss    devcenter     0    11月   6 22:02     readme.devpub
```

做完这一步，韩经理让尤博观察目录 dev_pub 和文件 readme.devpub 的权限有何不同，并思考读、写和执行权限对文件及目录的不同含义。

第 4 步：创建目录/home/devteam1 和/home/devteam2，分别作为开发一组和开发二组的工作目录，对组内人员开放读、写权限，如例 4-41.4 所示。

例 4-41.4：文件和目录管理综合实验——为两个开发小组创建工作目录并设置权限

```
[root@uosv20 dev_pub]# cd ..
[root@uosv20 home]# pwd
/home
[root@uosv20 home]# mkdir devteam1
[root@uosv20 home]# mkdir devteam2
[root@uosv20 home]# ls -ld devteam*
drwxr-xr-x   2   root   root      6    11月   6 22:03    devteam1
drwxr-xr-x   2   root   root      6    11月   6 22:03    devteam2
[root@uosv20 home]# chown -R ss:devteam1 devteam1
[root@uosv20 home]# chown -R ss:devteam2 devteam2
[root@uosv20 home]# chmod g+w,o-rx devteam1
[root@uosv20 home]# chmod g+w,o-rx devteam2
root@uosv20 home]# ls -ld devteam*
drwxrwx---   2   ss   devteam1     6    11月   6 22:03    devteam1
drwxrwx---   2   ss   devteam2     6    11月   6 22:03    devteam2
```

第 5 步：分别切换为用户 ss、xf 和 wbk，并进行下面两项测试，检查设置是否成功。具体操作这里不演示。

① 使用 cd 命令分别进入目录 dev_pub、devteam1 和 devteam2，检查用户能否进入这 3 个目录。如果不能进入，则尝试分析失败的原因。

② 如果能进入 dev_pub、devteam1 和 devteam2 这 3 个目录，则使用 touch 命令新建测试文件，并使用 mkdir 命令创建测试目录，检查操作能否成功。如果成功，则使用 rm 命令删除测试文件和测试目录。如果不成功，则尝试分析失败的原因。

知识拓展

进程与文件权限

通过前面的学习，我们对文件的权限有以下几点认识。

（1）Linux 操作系统把用户的身份分为 3 类：所有者、属组和其他人。

（2）用户对文件的操作也分为 3 类，分别是读、写和执行操作。

（3）用户可拥有 3 种文件权限，即读权限、写权限和执行权限。

现在思考这样一个问题：当一个进程访问某个文件时，究竟是以哪个用户的身份访问文件的？问题的答案取决于进程的所有者和属组与文件的所有者和属组的关系。

和普通文件类似，进程也有所有者和属组两个属性。进程是通过执行程序文件创建的，进程的所有者就是执行这个文件的用户，所以进程的所有者也称为执行者，而进程的属组就是执行者所属的用户组。当进程对文件进行操作时，Linux 操作系统按下面的顺序为进程赋予相应的权限。

（1）如果进程的所有者与文件的所有者相同，就为进程赋予文件所有者的权限。

（2）如果进程的所有者属于文件的属组，就为进程赋予文件属组的权限。

（3）为进程赋予其他人的权限。

进程与文件权限的关系涉及文件的 3 种特殊权限，即 SUID、SGID 和 SBIT。当文件所有者的执行权限位置上出现了“s”时，表示文件具有特殊权限 SUID（Set UID）。当“s”出现在文件属组的执行权限位置上时，此时的特殊权限被称为 SGID（Set GID）。如果某个目录的其他人的执行权限位置上出现“t”，就称这种特殊权限为 SBIT（Sticky Bit，粘滞位），如例 4-42 所示。

例 4-42：文件特殊权限

```
[zys@uosv20 ~]$ ls -l /usr/bin/passwd
-rwsr-xr-x 1 root root 33432   3月  14   2023 /usr/bin/passwd        <== SUID
[zys@uosv20 ~]$ ls -l /usr/bin/locate
-rwx--s--x 1 root slocate 42096   3月  14   2023 /usr/bin/locate    <== SGID
[zys@uosv20 ~]$ ls -ld /tmp
drwxrwxrwt 16 root root 880 12月  17 18:01 /tmp       <== SBIT
```

有关 SUID、SGID 及 SBIT 的具体含义与详细用法这里不展开介绍，感兴趣的读者可以自行查阅相关资料深入学习。

任务实训

文件和目录的访问权限直接关系到整个Linux操作系统的安全性。作为一名合格的Linux系统管理员，必须深刻理解Linux文件权限的基本概念并能够熟练地进行权限设置。本实训的主要任务是练习修改文件权限的两种方法，结合文件权限与用户和用户组的设置，理解文件的3种用户身份及权限对于文件和目录的不同含义。请根据以下实训内容完成实训任务。

【实训内容】

（1）以用户zys身份登录操作系统，在终端窗口中切换为root用户。

（2）创建用户组it，将用户zys添加到该用户组中。

（3）添加两个新用户jyf和zcc，并分别为其设置密码，将用户jyf添加到用户组it中。

（4）在/tmp目录中创建文件file1和目录dir1，并将其所有者和属组分别设置为zys和it。

（5）将文件file1的权限依次修改为以下3种。对于每种权限，分别切换为zys、jyf和zcc这3个用户，验证这3个用户能否对文件file1进行读、写、重命名和删除操作。

① rw-rw-rw-。

② rw-r--r--。

③ r---w-rw-。

（6）将目录dir1的权限依次修改为以下4种。对于每种权限，分别切换为zys、jyf和zcc这3个用户，验证这3个用户能否进入dir1、在dir1中新建文件、在dir1中删除和重命名文件、修改dir1中文件的内容，并分析原因。

① rwxrwxrwx。

② rwxr-xr-x。

③ rwxr-xrw-。

④ r-x-wx--x。

项目小结

本项目的两个任务是全书的核心内容之一，不管是难度还是重要性，都需要大家格外重视。Linux扩展了文件的概念，目录也是一种特殊的文件，甚至硬件设备也被抽象为文件进行管理。不管是Linux系统管理员还是普通用户，日常工作中都离不开文件和目录。任务4.1重点介绍了Linux中文件的基本概念和常用命令，包括文件查看类命令和文件操作类命令。这些命令在Linux中的使用频率非常高，必须多加练习，熟练掌握。任务4.2介绍了文件所有者和属组的基本概念以及修改文件权限的两种常用方法。另外，任务4.2还介绍了修改文件默认权限的方法。文件权限是Linux安全机制的重要组成部分，与Linux用户的信息安全息息相关。大家要能深刻认识Linux文件权限的重要性，明确文件权限和目录权限的区别和联系，通过实际操作提高文件权限的管理能力。

项目练习题

1．选择题

（1）要将当前目录下的文件 file1.c 重命名为 file2.c，正确的命令是（　　）。

A．cp file1.c file2.c　　B．mv file1.c file2.c

C．touch file1.c file2.c　　D．mv file2.c file1.c

（2）下列（　　）命令能将文件 a.dat 的权限从“rwx------”改为“rwxr-x---”。

A．chown rwxr-x--- a.dat　　B．chmod rwxr-x--- a.dat

C．chmod g+rx a.dat　　D．chmod 760 a.dat

（3）创建新文件时，（　　）命令用于定义文件的默认权限。

A．chmod　　B．chown　　C．chattr　　D．umask

（4）关于 Linux 文件名，下列说法正确的是（　　）。

A．Linux 文件名不区分英文字母大小写

B．Linux 文件名可以没有扩展名

C．Linux 文件名最多可以包含 64 个字符

D．Linux 文件名和文件的隐藏属性无关

（5）对于拥有一个目录的写权限，下列说法错误的是（　　）。

A．可以在该目录下新建文件和子目录

B．可以删除该目录下已有的文件和子目录

C．可以移动或重命名该目录下已有的文件和子目录

D．可以修改该目录下文件的内容

（6）若一个文件的权限是“rw-r--r--”，则说明该文件的所有者的权限是（　　）。

A．读、写、执行 B．读、写　　C．读、执行　　D．执行

（7）和权限 rw-rw-r--对应的数字是（　　）。

A．551　　B．771　　C．664　　D．660

（8）使用 ls -l 命令列出下列文件列表，（　　）表示目录。

A．drwxrwxr-x. 2　zys　zys　6　6 月　17 03:10　dir1

B．-rw-rw-r--. 1　zys　zys　32　6 月　17 04:29　file1

C．-rw-rw-r--. 1　zys　zys　0　6 月　19 03:43　file2

D．lrw-rw-r--. 1　zys　zys　0　6 月　19 03:43　file3

（9）下列说法错误的是（　　）。

A．文件一旦创建，所有者是不可改变的

B．chown 和 chgrp 都可以修改文件属组

C．默认情况下，文件的所有者就是创建文件的用户

D．文件属组的用户对文件拥有相同的权限

（10）对于目录而言，执行权限意味着（　　）。

A．可以对目录执行删除操作　　B．可以在目录下创建或删除文件

C．可以进入目录　　D．可以查看目录的内容

（11）如果目录/home/tmp 下有 3 个文件，那么要删除这个目录，应该使用命令（　　）。

A．cd /home/tmp　　B．rm /home/tmp

C．rmdir /home/tmp　　D．rm -r /home/tmp

（12）关于使用符号法修改文件权限，下列说法错误的是（　　）。

A．分别使用 r、w、x 这 3 个字母表示 3 种文件权限

B．权限操作分为 3 类，即添加权限、移除权限和设置权限

C．分别使用 u、g、o 这 3 个字母表示 3 种用户身份

D．不能同时修改多个用户的权限

2．填空题

（1）Linux 操作系统中的文件路径有两种形式，即________和________。

（2）为了能够使用 cd 命令进入某个目录，并使用 ls 命令列出目录的内容，用户需要拥有对该目录的________和________权限。

（3）使用数字法修改文件权限时，读、写和执行权限对应的数字分别是________、________和________。

（4）在 Linux 的文件系统层次结构中，顶层的节点是________，用________表示。

（5）影响文件默认权限的命令是________。

（6）ls -l 命令的执行结果中，第 1 列的第 1 个字符为“-”，表示________，为“d”表示________。

（7）绝对路径以________作为搜索起点，相对路径以________作为搜索起点。

（8）如果 cd 命令后面没有任何参数，则表示切换为当前登录用户的________。

（9）可以使用 ls 命令的________选项显示隐藏文件。

（10）touch 命令除了可以创建新文件，还可以修改文件的________。

（11）如果在 mkdir 命令的参数中指定了多级目录，则必须使用________选项。

3．简答题

（1）简述 Linux 文件名和 Windows 文件名的不同。

（2）简述 Linux 文件系统的目录树结构以及绝对路径和相对路径的区别。

（3）简述文件和用户与用户组的关系，以及修改文件所有者与属组的相关命令。

（4）简述文件和目录的 3 种权限的含义。

进阶篇

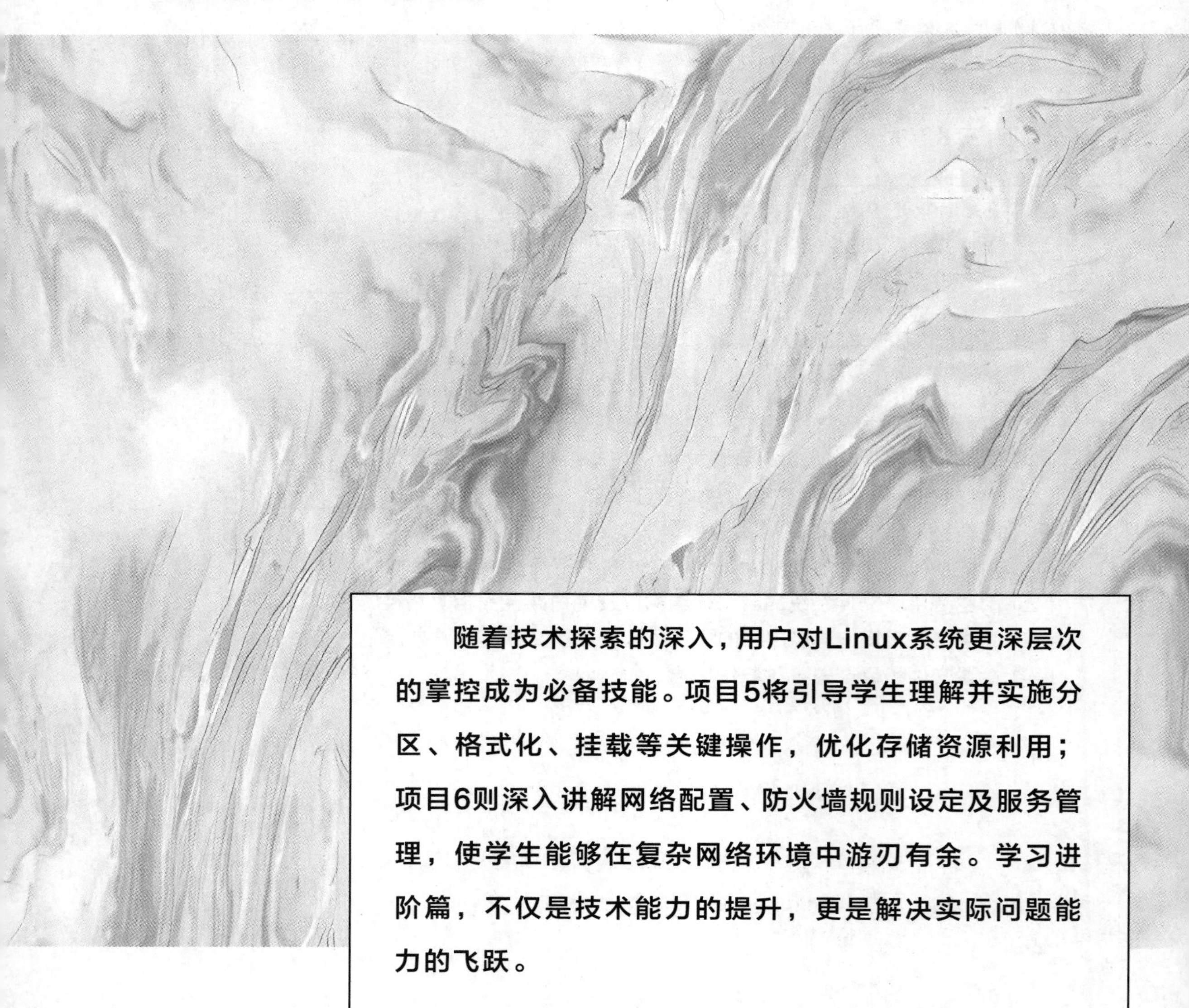

随着技术探索的深入，用户对Linux系统更深层次的掌控成为必备技能。项目5将引导学生理解并实施分区、格式化、挂载等关键操作，优化存储资源利用；项目6则深入讲解网络配置、防火墙规则设定及服务管理，使学生能够在复杂网络环境中游刃有余。学习进阶篇，不仅是技术能力的提升，更是解决实际问题能力的飞跃。

项目5 磁盘管理

05

学习目标

知识目标

- 了解磁盘的组成与分区的基本概念。
- 了解文件系统的基本概念。
- 了解磁盘配额的用途和逻辑卷管理器（LVM）的工作原理。

能力目标

- 能够添加磁盘分区并创建文件系统和挂载点。
- 了解磁盘配额管理的相关命令和步骤。
- 了解配置 LVM 的相关命令和步骤。

素质目标

- 练习磁盘分区，提高数据分类管理能力，增强数据安全意识。
- 练习磁盘配额管理，培养统筹规划意识和目标分解能力，理解将目标分解后可以更好地实施过程管理，有助于实现最终目标。
- 练习配置 LVM 和 RAID，加深对磁盘管理技术的理解。同时，面对不断变化的用户需求和技术进步，应提高设计规划的灵活性和可扩展性。

项目引例

随着软件开发中心承接的软件项目逐渐增多，最近不断有软件开发人员抱怨开发服务器磁盘空间不够用，他们都不约而同地向韩经理申请更多磁盘空间。作为经验丰富的Linux系统管理员，韩经理非常清楚这个问题的严重性，也知道如何从根本上解决这个问题。他决定带着尤博重新规划、设计开发服务器的磁盘方案，为软件开发人员免除后顾之忧。尤博目前对Linux磁盘管理的了解很少，韩经理让他先从基本的磁盘分区开始，慢慢接触其他高级磁盘管理操作。

任务 5.1 磁盘分区管理

任务概述

计算机的主要功能是存储数据和处理数据。本任务的关注点是计算机如何存储数据。现在能够买到的存储设备很多，常见的有磁盘、U 盘等，不同存储设备的容量、外观、存取速度、价格和用途各不相同。磁盘是计算机系统的主要外部存储设备，本任务将以磁盘为例，从磁盘的物理组成开始讲起，重点介绍磁盘分区和文件系统的相关概念，通过具体实例演示如何进行磁盘配额管理和逻辑卷管理。

知识准备

5.1.1 磁盘基本概念

磁盘是计算机系统的外部存储设备。相比内存，磁盘的存取速度较慢，但存储空间要大很多。磁盘分为两种，即硬盘和软盘，软盘现已基本上被淘汰，常用的是硬盘。现在主流硬盘的容量基本在 100 GB 以上，TB 级别容量的硬盘也很常见。如何有效地管理拥有如此大存储空间的硬盘，使数据存储更安全、数据存取更快速，是系统管理员必须面对和解决的问题。

1. 磁盘的物理组成

磁盘主要由主轴马达、磁头、磁头臂和盘片等组成。主轴马达驱动盘片转动，可伸展的磁头臂牵引磁头在盘片上读取数据。为了更有效地组织和管理数据，盘片又被分割为许多小的组成部分。和磁盘存储相关的两个主要概念是磁道和扇区。

（1）磁道：如果固定磁头的位置，当盘片绕着主轴转动时，磁头在盘片上划过的区域是一个圆，这个圆就是磁盘的一个磁道。磁头与盘片中心主轴的不同距离对应磁盘的不同磁道，磁道以主轴为中心由内向外扩散，构成了整张盘片。一块磁盘由多张盘片构成。

（2）扇区：对于每一个磁道，都要把它进一步划分为若干个大小相同的区域，这就是扇区。扇区是磁盘的最小物理存储单元。过去每个扇区的大小一般为 512 字节，目前大多数大容量磁盘将扇区的大小设计为 4KB。

磁盘是不能直接使用的，必须先对其进行分区。在 Windows 操作系统中，常见的 C 盘、D 盘等不同的盘符其实就是对磁盘进行分区的结果。磁盘分区是指把磁盘分为若干个逻辑独立的部分。磁盘分区能够优化磁盘管理，并提高系统运行效率和安全性。

磁盘的分区信息保存在被称为磁盘分区表的特殊磁盘空间中。现在有两种典型的磁盘分区格式，分别对应两种不同格式的磁盘分区表：一种是传统的主引导记录（Master Boot Record，MBR）格式，另一种是 GUID（全局唯一标识符）分区表（GUID Partition Table，GPT）格式。

2. 磁盘和分区的名称

在 Linux 操作系统中，所有的硬件设备都被抽象为文件进行命名和管理，且有特定的命名规则。硬件设备对应的文件都存放在目录/dev 下，/dev 后面的内容代表硬件设备的种类。就磁盘而言，旧式的 IDE 接口的磁盘用/dev/hd[a～d]标识；SATA、USB、SAS 等接口的磁盘都是使用 SCSI 模块驱动的，这种磁盘统一用/dev/sd[a～p]标识。其中，方括号内的字母表示系统中这种类型的硬件的编号，如/dev/sda 表示第 1 块 SCSI 磁盘，/dev/sdb

微课

V5-1 MBR 与 GPT 分区表

表示第 2 块 SCSI 磁盘。

分区名则是在磁盘名之后附加表示分区顺序的数字，例如，/dev/sda1 和/dev/sda2 分别表示第 1 块 SCSI 磁盘中的第 1 个分区和第 2 个分区。

5.1.2 磁盘管理相关命令

5.1.1 小节提到了为什么要对磁盘进行分区，也说明了 MBR 和 GPT 这两种常用的磁盘分区格式。MBR 出现得较早，且目前仍有很多磁盘采用 MBR 分区。但 MBR 的某些限制使得它不能适应现今大容量磁盘的发展。GPT 相比 MBR 有诸多优势，采用 GPT 分区是大势所趋。进行磁盘分区后要在分区上创建文件系统，也就是通常所说的格式化。最后要把分区和一个目录关联起来，即挂载分区，这样就可以通过这个目录访问和管理分区。

1. 磁盘分区相关命令

（1）lsblk 命令

在进行磁盘分区前，要先了解系统当前的磁盘与分区状态，如系统有几块磁盘、每块磁盘有几个分区、每个分区的大小和文件系统、采用哪种分区方案等。

lsblk 命令用于以树状结构显示系统中的所有磁盘及磁盘的分区，如例 5-1 所示。

例 5-1：使用 lsblk 命令查看磁盘及分区信息

```
[zys@uosv20 Desktop]$ su - root
[root@uosv20 ~]# lsblk -p
NAME            MAJ:MIN RM   SIZE   RO  TYPE   MOUNTPOINT
/dev/sda        8:0     0    60G    0   disk
├─/dev/sda1     8:1     0    1G     0   part   /boot
├─/dev/sda2     8:2     0    2G     0   part   [SWAP]
└─/dev/sda3     8:3     0    20G    0   part   /
/dev/sr0        11:0    1    7.7G   0   rom    /media/zys/UOS
```

（2）blkid 命令

使用 blkid 命令可以快速查询每个分区的通用唯一识别码（Universally Unique Identifier，UUID）和文件系统，如例 5-2 所示。UUID 是操作系统为每个磁盘或分区分配的唯一标识符。

例 5-2：使用 blkid 命令查看分区的 UUID

```
[root@uosv20 ~]# blkid
/dev/sda3: UUID="ca5e27d5-8f2e-44ba-b9fc-14553dcc8d39" BLOCK_SIZE="512" TYPE="xfs" PARTUUID="c2b27a4b-03"
/dev/sr0: BLOCK_SIZE="2048" UUID="2023-06-06-21-12-42-00" LABEL="UOS" TYPE="iso9660"
/dev/sda2: UUID="2643f21e-688a-4396-b725-65b6a73b547f" TYPE="swap" PARTUUID="c2b27a4b-02"
/dev/sda1: UUID="bfe345ec-39e8-4ec2-9de2-206bf6a8f9c5" BLOCK_SIZE="512" TYPE="xfs" PARTUUID="c2b27a4b-01"
```

（3）parted 命令

知道了系统有几块磁盘和几个分区后，还可以使用 parted 命令查看磁盘的大小、磁盘分区表的类型及分区详细信息，如例 5-3 所示。

例 5-3：使用 parted 命令查看磁盘分区信息

```
[root@uosv20 ~]# parted /dev/sda print
型号：VMware, VMware Virtual S (scsi)
磁盘 /dev/sda：64.4GB
```

```
扇区大小（逻辑/物理）：512B/512B
分区表：msdos
磁盘标志：

编号    起始点      结束点      大小       类型       文件系统          标志
 1      1049kB     1075MB     1074MB     primary    xfs              启动
 2      1075MB     3262MB     2187MB     primary    linux-swap(v1)
 3      3262MB     24.7GB     21.5GB     primary    xfs
```

（4）fdisk 和 gdisk 命令

MBR 分区表和 GPT 分区表需要使用不同的分区命令。MBR 分区表使用 fdisk 命令，而 GPT 分区表使用 gdisk 命令。如果在 MBR 分区表中使用 gdisk 命令或者在 GPT 分区表中使用 fdisk 命令，则会对分区表造成破坏，所以在分区前一定要先确定磁盘的分区格式。

fdisk 命令的使用方法非常简单，只要把磁盘名称作为参数即可。fdisk 命令提供了一个交互式的操作环境，可以在其中通过不同的子命令提示执行相关操作。gdisk 命令的相关操作和 fdisk 命令的相关操作非常类似，这里不赘述。

2. 磁盘格式化

进行磁盘分区后必须对其进行格式化才能使用，即在分区中创建文件系统。格式化除了清除磁盘或分区中的所有数据外，还对磁盘做什么操作呢？其实，文件系统需要特定的信息才能有效管理磁盘或分区中的文件，而格式化更重要的意义就是在磁盘或磁盘分区的特定区域中写入这些信息，以达到初始化磁盘或磁盘分区的目的，使其成为操作系统可以识别的文件系统。在传统的文件管理方式中，一个分区只能被格式化为一个文件系统，因此通常认为一个文件系统就是一个分区。但新技术的出现打破了文件系统和磁盘分区之间的这种限制，现在可以将一个分区格式化为多个文件系统，也可以将多个分区合并为一个文件系统。本书的所有实验都采用传统的方法，因此对分区和文件系统的概念并不严格加以区分。

使用 mkfs 命令可以为磁盘分区创建文件系统。mkfs 命令的基本语法如下。其中，“-t”选项可以指定要在分区中创建的文件系统类型。mkfs 命令看似非常简单，但实际上创建一个文件系统涉及的操作非常多。如果没有特殊需要，则使用 mkfs 命令的默认值即可。

```
mkfs  -t  文件系统类型   分区名
```

3. 挂载与卸载

挂载分区又称为挂载文件系统，这是实现分区可以正常使用的最后一步。简单地说，挂载分区就是把一个分区与一个目录绑定，使目录作为进入分区的入口。将分区与目录绑定的操作称为“挂载”，这个目录就是挂载点。分区必须被挂载到某个目录后才可以使用。挂载分区的命令是 mount，它的选项和参数非常复杂，但目前只需要了解其基本的语法。mount 命令的基本语法如下。

```
mount  [-t  文件系统类型 ]  分区名  目录名
```

其中，“-t”选项指明了目标分区的文件系统类型。mount 命令能自动检测出分区格式化时使用的文件系统，因此不使用“-t”选项也可以成功执行挂载操作。关于挂载文件系统，需要特别注意以下 3 点。

（1）不要把一个分区挂载到不同的目录。

（2）不要把多个分区挂载到同一个目录。

（3）作为挂载点的目录最好是空目录。

对于第（3）点，如果作为挂载点的目录不是空目录，那么挂载后该目录中原来的内容会被暂时隐藏，只有把分区卸载才能看到原来的内容。卸载就是解除分区与挂载点的绑定关系，所用的命令是 umount。umount 命令的基本语法如下。可以把分区名或挂载点作为参数进行卸载。

```
umount  分区名 | 挂载点
```

4. 启动挂载分区

使用 mount 命令挂载分区的方法有一个很麻烦的问题，即当系统重启后分区的挂载点没有保留下来，需要再次手动挂载才能使用。如果系统的多个分区都需要这样处理，则意味着每次系统重启后都要执行一些重复工作。能不能在系统启动时自动挂载这些分区呢？方法当然是有的，这涉及启动挂载的配置文件/etc/fstab。先来查看该文件的内容，如例 5-4 所示。

例 5-4：启动挂载的配置文件/etc/fstab 的内容

```
[root@uosv20 ~]# cat /etc/fstab
UUID=ca5e27d5-8f2e-44ba-b9fc-14553dcc8d39 /          xfs    defaults   0 0
UUID=bfe345ec-39e8-4ec2-9de2-206bf6a8f9c5 /boot      xfs    defaults   0 0
UUID=2643f21e-688a-4396-b725-65b6a73b547f none       swap   defaults   0 0
```

/etc/fstab 的每一行代表一个分区，包括用空格或制表符分隔的 6 个字段，即设备名、挂载点、文件系统类型、挂载参数、dump 备份标志和 fsck 检查标志。每个字段的具体含义参见本书配套的电子资源。

在启动 Linux 的过程中，会从/etc/fstab 中读取文件系统信息并进行自动挂载。因此只需把想要自动挂载的文件系统加入这个文件，就可以实现自动挂载的目的。

前面分别介绍了磁盘分区、文件系统和挂载点的基本概念，现在用图 5-1 来说明三者的关系。

可以看到，当使用 cd 命令在不同的目录之间切换时，逻辑上只是把工作目录从一处切换为另一处，但物理上很可能从一个分区转移到另一个分区。Linux 文件系统的这种设计实现了文件系统在逻辑层面和物理层面上的分离，使用户能够以统一的方式管理文件，而不用考虑文件所在的分区或物理位置。

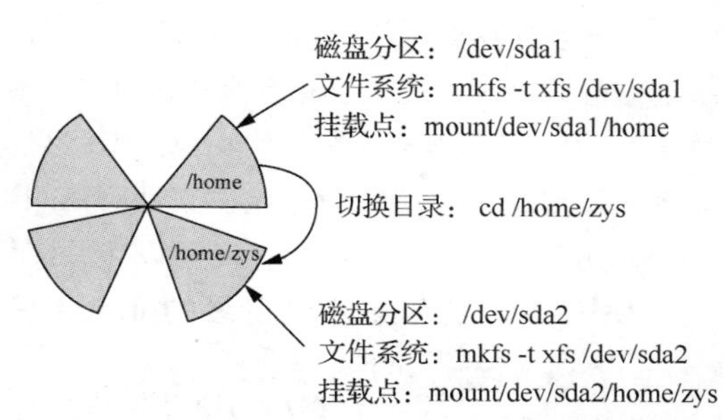

图 5-1 磁盘分区、文件系统和挂载点的关系

5.1.3 认识 Linux 文件系统

文件系统这个概念相信大家或多或少听说过。了解文件系统的基本概念和内部数据结构，对于学习 Linux 操作系统有很大的帮助。文件管理是操作系统的核心功能之一，而文件系统的主要作用正是组织和分配存储空间，提供创建、读取、修改和删除文件的接口，并对这些操作进行权限控制。文件系统是操作系统的重要组成部分。不同的文件系统采用不同的方式管理文件，这主要取决于文件系统的内部数据结构。下面介绍 Linux 文件系统的内部数据结构等。

1. Linux 文件系统的内部数据结构

对一个文件而言，除了文件本身的内容（即数据）之外，还有很多附加信息（即元数据），如文件的所有者和属组、文件权限、文件大小、最近访问时间、最近修改时间等。一般来说，文件系统会将文件的内容和元数据分开存放。

微课

V5-2 文件系统内部结构

Linux 文件系统的内部数据结构如图 5-2 所示。下面重点介绍其中几个关键要素。

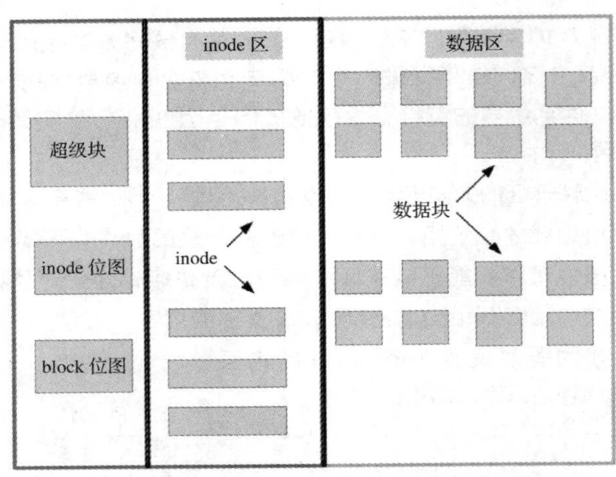

图 5-2　Linux 文件系统的内部数据结构

（1）数据块

文件系统管理磁盘空间的基本单位是区块（Block，简称块），每个区块都有唯一的编号。区块的大小有 1KB、2KB 和 4KB。在磁盘格式化的时候要确定区块的大小和数量。除非重新格式化，否则区块的大小和数量不允许改变。用于存储文件实际内容的区块是数据块（Data Block）。

（2）inode

inode 又称为索引节点（Index Node）。inode 用于记录文件的元数据，如文件占用的数据块的编号。inode 的大小和数量也是在磁盘格式化时确定的。一个文件对应一个唯一的 inode，每个 inode 都有唯一的编号，inode 编号是文件的唯一标志。inode 对于文件非常重要，因为操作系统正是利用 inode 编号定位文件所在的数据块的。

使用带"-i"选项的 ls 命令可以显示文件或目录的 inode 编号，如例 5-5 所示。

例 5-5：显示文件或目录的 inode 编号

```
[zys@uosv20 ~]$ mkdir /tmp/dir1
[zys@uosv20 ~]$ touch /tmp/file1
[zys@uosv20 ~]$ ls -ldi /tmp/dir1 /tmp/file1     // 相当于 ls -l  -d -i
49259    drwxr-xr-x    2    zys    svist    40    11月    8 13:59    /tmp/dir1
49355    -rw-r--r--    1    zys    svist     0    11月    8 13:59    /tmp/file1
```

（3）超级块

超级块（Super Block）是文件系统的控制块，用于记录和文件系统有关的信息，如数据块及 inode 的数量和使用信息。超级块是处于文件系统顶层的数据结构。文件系统中所有的数据块和 inode 都要连接到超级块并接受超级块的管理。因此可以说超级块就代表一个文件系统，没有超级块就没有文件系统。

（4）block 位图

block 位图又称区块对照表，用于记录文件系统中所有区块的使用状态。新建文件时，利用 block 位图可以快速找到未使用的数据块以存储文件数据。删除文件时，其实只是将 block 位图中相应数据块的状态置为可用，数据块中的文件数据并未被删除。

（5）inode 位图

和 block 位图类似，inode 位图用于记录每个 inode 的状态。利用 inode 位图可以查看哪些 inode 已被使用，哪些 inode 未被使用。

2. 创建链接文件：ln 命令

ln 命令可以在两个文件之间建立链接关系，效果很像 Windows 操作系统中的快捷方式，但又不完全一样。Linux 文件系统中的链接分为硬链接（Hard Link）和符号链接（Symbolic Link）。下面简单说明这两种链接的不同。

微课

V5-3 硬链接和符号链接

首先来看看硬链接文件是如何工作的。前文说过，每个文件都对应一个 inode，指向保存文件实际内容的数据块，因此通过 inode 可以快速找到文件的数据块。简单地说，硬链接文件就是一个指向原文件的 inode 的链接文件。也就是说，硬链接文件和原文件共享同一个 inode，因此这两个文件的属性是完全相同的，硬链接文件只是原文件的一个“别名”。删除硬链接文件或原文件时，只是删除了这个文件和 inode 的对应关系，inode 本身及数据块都不受影响，仍然可以通过另一个文件名打开。硬链接的原理如图 5-3（a）所示。例 5-6 演示了如何创建硬链接文件。

例 5-6：创建硬链接文件

```
[zys@uosv20 ~]$ touch file1.ori
[zys@uosv20 ~]$ echo "UOS is great" >file1.ori
[zys@uosv20 ~]$ ls -li file1.ori          // 使用“-i”选项显示文件的 inode 编号
34698770 -rw-r--r-- 1 zys svist 13 11 月  8 14:03 file1.ori
[zys@uosv20 ~]$ cat file1.ori
UOS is great
[zys@uosv20 ~]$ ln file1.ori file1.hardlink        // ln 命令默认建立硬链接文件
[zys@uosv20 ~]$ ls -li file1.ori file1.hardlink
34698770 -rw-r--r-- 2 zys svist 13 11 月  8 14:03 file1.hardlink
34698770 -rw-r--r-- 2 zys svist 13 11 月  8 14:03 file1.ori
[zys@uosv20 ~]$ rm file1.ori                 // 删除原文件
[zys@uosv20 ~]$ ls -li file1.hardlink        // 硬链接文件仍存在，inode 不变
34698770 -rw-r--r-- 1 zys svist 13 11 月  8 14:03 file1.hardlink
[zys@uosv20 ~]$ cat file1.hardlink
UOS is great        <== 内容不变
```

从例 5-6 中可以看出，硬链接文件 file1.hardlink 与原文件 file1.ori 的 inode 编号相同，都是 34698770。删除原文件 file1.ori 后，硬链接文件 file1.hardlink 仍然可以正常打开。另一个值得注意的地方是，创建硬链接文件后，ls -li 命令的执行结果的第 3 列从 1 变为 2。其实，这个数字表示链接到此 inode 的文件的数量。所以当删除原文件后，这一列的数字又变为 1。

符号链接也称为软链接（Soft Link）。符号链接文件是一个独立的文件，有自己的 inode，且其 inode 和原文件的 inode 并不相同。符号链接文件的数据块保存的是原文件的名称，也就是说，符号链接文件只是通过这个文件名打开原文件。删除符号链接文件并不影响原文件，但如果原文件被删除了，那么符号链接文件将无法打开原文件，从而变为一个死链接，如图 5-3（b）所示。和硬链接相比，符号链接更接近于 Windows 操作系统的快捷方式。例 5-7 演示了如何创建符号链接文件。从例 5-7 可以看出，符号链接文件与原文件的 inode 编号并不相同。在删除原文件后，符号链接文件将无法打开原文件。

例 5-7：创建符号链接文件

```
[zys@uosv20 ~]$ touch file2.ori
[zys@uosv20 ~]$ ls -li file2.ori
34698775 -rw-r--r-- 1 zys svist 0 11 月  8 14:07 file2.ori
```

```
[zys@uosv20 ~]$ ln -s file2.ori file2.softlink
[zys@uosv20 ~]$ ls -li file2.ori file2.softlink
34698775 -rw-r--r-- 1 zys svist 0 11 月  8 14:07 file2.ori
34698778 lrwxrwxrwx 1 zys svist 9 11 月  8 14:07 file2.softlink -> file2.ori
[zys@uosv20 ~]$ rm file2.ori
[zys@uosv20 ~]$ cat file2.softlink
cat: file2.softlink: 没有那个文件或目录
```

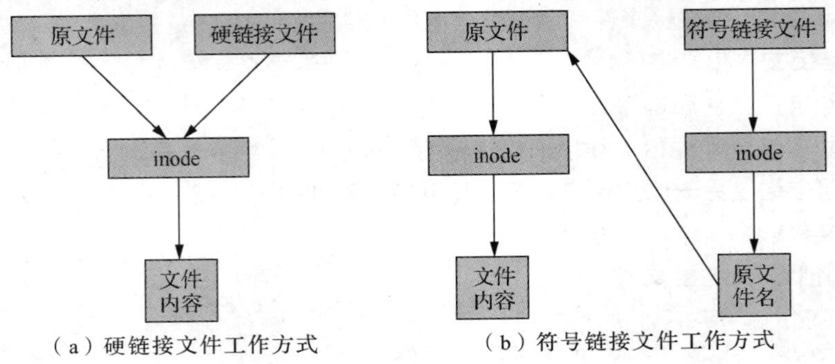

（a）硬链接文件工作方式　　（b）符号链接文件工作方式

图 5-3　硬链接和符号链接

3. 文件系统相关命令

（1）查看文件系统磁盘空间使用情况：df 命令

超级块用于记录和文件系统有关的信息，如 inode 及数据块的数量和使用情况、文件系统的格式等。df 命令用于从超级块中读取信息，以显示整个文件系统的磁盘空间使用情况。df 命令的基本语法如下。

```
df   [-ahHiklmPtTv]   [目录或文件名]
```

不加任何选项和参数时，df 命令默认显示系统中所有的文件系统，如例 5-8 所示。其输出信息包括文件系统所在的分区名称、文件系统的空间大小、已使用的磁盘空间、剩余的磁盘空间、磁盘空间使用率和挂载点等。

例 5-8：df 命令的基本用法——不加任何选项和参数

```
[zys@uosv20 ~]$ df
文件系统         1K-块        已用        可用         已用%     挂载点
/dev/sda3        20961280     7255348     13705932     35%       /
tmpfs            920328       48          920280       1%        /tmp
/dev/sda1        1038336      275824      762512       27%       /boot
```

使用“-h”选项会以用户易读的方式显示磁盘容量信息，如例 5-9 所示。注意，“已用”列的容量单位是 GB 或 MB 等，而不是例 5-8 中默认的 KB。

例 5-9：df 命令的基本用法——使用“-h”选项

```
[zys@uosv20 ~]$ df -h          // 以用户易读的方式显示磁盘容量信息
文件系统         容量         已用        可用      已用%     挂载点
/dev/sda3        20G          7.0G        14G       35%       /
tmpfs            899M         48K         899M      1%        /tmp
/dev/sda1        1014M        270M        745M      27%       /boot
```

如果把目录名或文件名作为参数，那么 df 命令会自动分析该目录或文件所在的分区，并把该分区的信息显示出来，如例 5-10 所示。此例中，df 命令分析出目录/bin 所在的分区是/dev/sda3，因此会显示这个分区的磁盘容量信息。

例 5-10：df 命令的基本用法——使用目录名作为参数

```
[zys@uosv20 ~]$ df -h /bin          // 自动分析目录/bin 所在的分区
文件系统        容量      已用      可用    已用%   挂载点
/dev/sda3       20G       7.0G      14G     35%     /
```

（2）查看磁盘空间使用情况：du 命令

du 命令用于计算目录或文件所占的磁盘空间大小。du 命令的基本语法如下。

```
du    [-abcDhHklLmsSxX]    [目录或文件名]
```


不加任何选项和参数时，du 命令会显示当前目录及其所有子目录的容量信息，如例 5-11 所示。

例 5-11：du 命令的基本用法——不加任何选项和参数

```
[zys@uosv20 ~]$ du
4        ./.config/SogouPY
12       ./.config/deepin/deepin-terminal
148      ./.config/deepin
```

可以通过一些选项改变 du 命令的输出。例如，如果想查看当前目录的总磁盘占用量，可以使用“-s”选项，而“-S”选项仅会显示每个目录本身的磁盘占用量，但不包括其中的子目录的容量，如例 5-12 所示。

例 5-12：du 命令的基本用法——使用“-s”和“-S”选项

```
[zys@uosv20 ~]$ du -s
3056     .                    <== 当前目录的总磁盘占用量
[zys@uosv20 ~]$ du -S
4        ./.cache/dmanHelper
0        ./.cache             <== 不包括子目录的容量
```

df 和 du 命令的区别在于，df 命令直接从超级块中读取数据，统计整个文件系统的容量信息；而 du 命令会在文件系统中查找所有目录和文件的数据。因此，如果查找的范围太大，则 du 命令可能需要较长的执行时间。

 任务实施

实验 1：磁盘分区综合实验

韩经理之前为开发一组和开发二组分别创建了工作目录。考虑到日后的管理需要，韩经理决定为两个开发小组分别创建新的分区，并将其挂载到相应的工作目录。下面是韩经理的操作步骤。

第 1 步：登录开发服务器，在一个终端窗口中使用 su - root 命令切换为 root 用户。

第 2 步：使用 lsblk 命令查看系统磁盘及分区信息，如例 5-13.1 所示。

例 5-13.1：磁盘分区综合实验——查看系统磁盘及分区信息

```
[root@uosv20 ~]# lsblk -p
NAME              MAJ:MIN  RM  SIZE RO TYPE MOUNTPOINT
/dev/sda            8:0     0  60G    0  disk
├─/dev/sda1         8:1     0  1G     0  part /boot
├─/dev/sda2         8:2     0  2G     0  part [SWAP]
└─/dev/sda3         8:3     0  20G    0  part /
/dev/sr0           11:0     1  7.7G   0  rom   /media/zys/UOS
```

韩经理告诉尤博，系统当前有/dev/sr0 和/dev/sda 两个设备，/dev/sr0 是光盘镜像，而/dev/sda 是通过 VMware 虚拟出来的一块磁盘。/dev/sda 上有 3 个分区，包括启动分区

/dev/sda1(/boot)、根分区/dev/sda3(/)和交换分区/dev/sda2(SWAP)。接下来要在/dev/sda上新建两个分区。

第 3 步：在新建分区前，要先使用 parted 命令查看磁盘分区表的类型，如例 5-13.2 所示。系统当前的磁盘分区表类型是 msdos，也就是 MBR，因此下面使用 fdisk 命令进行磁盘分区。

例 5-13.2：磁盘分区综合实验——查看磁盘分区表的类型

```
[root@uosv20 ~]# parted /dev/sda print
型号：VMware, VMware Virtual S (scsi)
磁盘 /dev/sda：64.4GB
扇区大小 (逻辑/物理)：512B/512B
分区表：msdos
磁盘标志：

编号   起始点    结束点    大小    类型     文件系统          标志
 1    1049kB   1075MB   1074MB  primary  xfs              启动
 2    1075MB   3262MB   2187MB  primary  linux-swap(v1)
 3    3262MB   24.7GB   21.5GB  primary  xfs
```

第 4 步：使用 fdisk 命令新建磁盘分区，fdisk 命令的使用方法非常简单，只要把磁盘名称作为参数即可，如例 5-13.3 所示。

例 5-13.3：磁盘分区综合实验——新建磁盘分区

```
[root@uosv20 ~]# fdisk /dev/sda          // 注意，fdisk 后跟磁盘名称，而不是分区名称
命令 ( 输入  m  获取帮助 ):
<== 注意：这里指输入小写字母“m”，下同
```

第 5 步：执行 fdisk 命令后，会进入交互式的操作环境，输入“m”获取 fdisk 子命令提示，输入“p”查看当前的磁盘分区表信息，如例 5-13.4 所示。

例 5-13.4：磁盘分区综合实验——查看当前的磁盘分区表信息

```
命令(输入  m  获取帮助)：p          <== 输入“p”，查看当前的磁盘分区表信息
Disk /dev/sda：60 GiB，64424509440 字节，125829120 个扇区
磁盘型号：VMware Virtual S
单元：扇区  / 1 * 512 = 512 字节
扇区大小(逻辑/物理)：512 字节  / 512 字节
I/O 大小(最小/最佳)：512 字节  / 512 字节
磁盘标签类型：dos
磁盘标识符：0xc2b27a4b

设备          启动     起点      末尾       扇区      大小  Id 类型
/dev/sda1  *           2048   2099199   2097152    1G   83 Linux
/dev/sda2          2099200   6371327   4272128    2G   82 Linux swap / Solaris
/dev/sda3          6371328  48314367  41943040   20G   83 Linux
```

输入“p”后显示的磁盘分区表信息和第 3 步中 parted 命令的输出基本相同，具体包括分区名称、是否为启动分区（用“*”标识）、起始扇区号、终止扇区号、扇区数、分区大小、文件系统标志及文件系统类型等。从以上输出中至少可以得到下面 3 点信息。

① 当前几个分区的扇区是连续的，每个分区的起始扇区号就是前一个分区的终止扇区号加 1。

② 扇区的大小是 512 字节。

③ 磁盘一共有 125829120 个扇区，目前只用到 48314367 号扇区，说明磁盘还有可用空

间，可以对其进行分区。

第 6 步：输入“n”，准备为开发一组添加一个大小为 8GiB 的分区，如例 5-13.5 所示。

例 5-13.5：磁盘分区综合实验——为开发一组添加分区

```
命令(输入 m 获取帮助)：n          <== 输入“n”，添加分区
分区类型
   p   主分区 (3 primary, 0 extended, 1 free)
   e   扩展分区 (逻辑分区容器)
选择 (默认 e):
```

系统询问是要添加主分区还是逻辑分区。在 MBR 分区方式下，主分区和扩展分区的编号是 1～4，从编号 5 开始的分区是逻辑分区。目前磁盘已使用的分区编号是 1、2、3，因此编号 4 可以用于添加一个主分区或扩展分区。需要说明的是，如果编号 1～4 已经被主分区或扩展分区占用，那么输入“n”后不会有这个提示，因为在这种情况下只能添加逻辑分区。下面先添加扩展分区，再在其基础上添加逻辑分区。

第 7 步：输入“e”，添加扩展分区，并指定分区的初始扇区和大小，如例 5-13.6 所示。

例 5-13.6：磁盘分区综合实验——添加扩展分区

```
选择 (默认 e)：e        <== 输入“e”，添加扩展分区
已选择分区 4
第一个扇区 (48314368-125829119, 默认 48314368):   <== 直接按【Enter】键表示采用默认值
最后一个扇区，+/-sectors 或 +size{K,M,G,T,P} (48314368-125829119, 默认 125829119): +8G      <== 输入 +8G ，指定分区大小
创建了一个新分区 4，类型为“Extended”，大小为 8 GiB。
```

fdisk 命令会根据当前的系统分区状态确定新分区的编号，并询问新分区的起始扇区号。可以指定新分区的起始扇区号，但建议采用系统默认值，所以这里直接按【Enter】键即可。下一步要指定新分区的大小，fdisk 命令提供了 3 种指定新分区大小的方式：第 1 种方式是指定新分区的终止扇区号；第 2 种方式是采用“+扇区”的格式，即指定新分区的扇区数；第 3 种方式最简单，采用“+size”的格式直接指定新分区的大小即可。这里采用第 3 种方式指定新分区的大小，即输入“+8G”。注意，这里的容量单位是 GiB。

第 8 步：按照同样的方式继续添加两个逻辑分区，分别作为开发一组和开发二组的分区，大小分别为 4GiB 和 2GiB，具体操作这里不演示。添加完 3 个分区后输入“p”，再次查看磁盘分区表信息，如例 5-13.7 所示。可以看到，/dev/sda4 为新添加的扩展分区，/dev/sda5 和 /dev/sda6 是新添加的两个逻辑分区。

例 5-13.7：磁盘分区综合实验——再次查看磁盘分区表信息

```
命令(输入 m 获取帮助)：p
设备          启动   起点        末尾        扇区        大小   Id 类型
/dev/sda1     *      2048        2099199     2097152     1G     83 Linux
/dev/sda2            2099200     6371327     4272128     2G     82 Linux swap / Solaris
/dev/sda3            6371328     48314367    41943040    20G    83 Linux
/dev/sda4            48314368    65091583    16777216    8G     5 扩展
/dev/sda5            48316416    56705023    8388608     4G     83 Linux
/dev/sda6            56707072    60901375    4194304     2G     83 Linux
```

韩经理提醒尤博，此时还不能直接结束 fdisk 命令，因为刚才的操作只保存在内存中，并没有被真正写入磁盘分区表。

第 9 步：输入“w”，使以上操作生效，如例 5-13.8 所示。此时，提示信息显示系统正在使用这块磁盘，因此内核无法更新磁盘分区表，可以通过重新启动系统使分区表生效。

例 5-13.8：磁盘分区综合实验——输入“w”，使操作生效

```
命令(输入 m 获取帮助)：w          <== 输入“w”，使操作生效
分区表已调整。
添加分区 5 至系统时失败：设备或资源忙
添加分区 6 至系统时失败：设备或资源忙

内核仍在使用旧分区。新分区表将在下次重启后生效。
正在同步磁盘。
```

第 10 步：使用 shutdown -r now 命令重启系统，如例 5-13.9 所示。

例 5-13.9：磁盘分区综合实验——重启系统

```
[root@uosv20 ~]# shutdown -r now              // 重启系统
```

第 11 步：确认磁盘分区信息，最终结果如例 5-13.10 所示。与例 5-13.1 相比，系统中多了 3 个分区，即/dev/sda4、/dev/sda5 和/dev/sda6。

例 5-13.10：磁盘分区综合实验——确认磁盘分区信息

```
[root@uosv20 ~]# lsblk -p /dev/sda
NAME            MAJ:MIN RM SIZE RO TYPE MOUNTPOINT
/dev/sda        8:0      0  60G  0  disk
├─/dev/sda1     8:1      0  1G   0  part /boot
├─/dev/sda2     8:2      0  2G   0  part [SWAP]
├─/dev/sda3     8:3      0  20G  0  part /
├─/dev/sda4     8:4      0  1K   0  part      <== 新添加的扩展分区
├─/dev/sda5     8:5      0  4G   0  part      <== 新添加的逻辑分区，开发一组使用
├─/dev/sda6     8:6      0  2G   0  part      <== 新添加的逻辑分区，开发二组使用
```

第 12 步：为新创建的分区/dev/sda5 和/dev/sda6 分别创建 XFS 和 ext4 这两个文件系统，如例 5-13.11 所示。

例 5-13.11：磁盘分区综合实验——为新分区创建文件系统

```
[root@uosv20 ~]# mkfs -t xfs /dev/sda5
[root@uosv20 ~]# mkfs -t ext4 /dev/sda6
```

第 13 步：再次使用 parted 命令查看两个逻辑分区的信息，确认文件系统是否创建成功，如例 5-13.12 所示。

例 5-13.12：磁盘分区综合实验——再次查看两个逻辑分区的信息

```
[root@uosv20 ~]# parted /dev/sda print
编号   起始点   结束点    大小      类型      文件系统    标志
 5     24.7GB  29.0GB   4295MB   logical   xfs
 6     29.0GB  31.2GB   2147MB   logical   ext4
```

第 14 步：将分区/dev/sda5 和/dev/sda6 分别挂载至目录/home/devteam1 和/home/devteam2，如例 5-13.13 所示。

例 5-13.13：磁盘分区综合实验——挂载分区

```
[root@uosv20 ~]# mount /dev/sda5 /home/devteam1
[root@uosv20 ~]# mount /dev/sda6 /home/devteam2
```

第 15 步：使用 lsblk 命令确认挂载分区是否成功，如例 5-13.14 所示。

例 5-13.14：磁盘分区综合实验——确认挂载分区是否成功

```
[root@uosv20 ~]# lsblk -p /dev/sda5 /dev/sda6
NAME         MAJ:MIN RM SIZE RO TYPE MOUNTPOINT
/dev/sda5    8:5      0   4G  0 part /home/devteam1
/dev/sda6    8:6      0   2G  0 part /home/devteam2
```

至此，开发一组和开发二组的分区添加成功，且创建了相应的文件系统并将其挂载到各自的工作目录。韩经理叮嘱尤博，今后执行类似任务时一定要提前做好规划，保持思路清晰，在操作过程中要经常使用相关命令来确认操作是否成功。

实验 2：配置启动挂载分区

做完前面的实验，尤博觉得很过瘾，想到软件开发中心以后在自己创建的分区中工作，尤博很有满足感。看到尤博得意的表情，韩经理让尤博重启系统后再查看两个分区的挂载信息。尤博惊奇地发现，虽然重启后两个分区还在，但是挂载点是空的。韩经理对尤博解释说，前面使用的挂载方式在重启系统后会失效。如果想一直保留挂载信息，就必须让系统在启动过程中自动挂载分区，这需要在挂载配置文件/etc/fstab 中进行相关分区的操作。下面是韩经理的操作步骤。

第 1 步：以 root 用户身份打开文件/etc/fstab，在文件最后添加以下两行内容，如例 5-14.1 所示。注意，千万不要修改文件/etc/fstab 中原来的内容，在该文件最后添加新内容即可！

例 5-14.1：配置启动挂载分区——修改配置文件

```
[root@uosv20 ~]# vim /etc/fstab
/dev/sda5   /home/devteam1   xfs    defaults   0   0          <== 添加这两行内容
/dev/sda6   /home/devteam2   ext4   defaults   0   0
```

第 2 步：韩经理提醒尤博，/etc/fstab 是非常重要的系统配置文件，如果不小心配置错误，则可能会造成系统无法正常启动。为了保证添加的内容没有语法错误，配置完成后一定要记得使用带“-a”选项的 mount 命令进行测试。“-a”选项的作用是对/etc/fstab 中的文件系统依次进行挂载。如果有语法错误，就会给出相应的提示，如例 5-14.2 所示。

例 5-14.2：配置启动挂载分区——使用 mount –a 命令测试文件配置

```
[root@uosv20 ~]# mount -a
[root@uosv20 ~]# lsblk -p /dev/sda5 /dev/sda6
NAME         MAJ:MIN RM SIZE RO TYPE MOUNTPOINT
/dev/sda5    8:5      0   4G  0  part /home/devteam1      <== 已挂载
/dev/sda6    8:6      0   2G  0  part /home/devteam2      <== 已挂载
```

第 3 步：卸载分区/dev/sda5 和/dev/sda6，并重启系统，测试系统自动挂载是否成功，如例 5-14.3 所示。

例 5-14.3：配置启动挂载分区——卸载分区后重启系统

```
[root@uosv20 ~]# umount /dev/sda5                 // 卸载分区
[root@uosv20 ~]# umount /dev/sda6
[root@uosv20 ~]# lsblk -p /dev/sda5 /dev/sda6
NAME         MAJ:MIN RM SIZE RO TYPE MOUNTPOINT
/dev/sda5    8:5      0   4G  0  part
/dev/sda6    8:6      0   2G  0  part
[root@uosv20 ~]# shutdown -r now                 // 重启系统
```

重启系统后使用 lsblk 命令查看两个分区的挂载信息，可以看到挂载点确实得以保留，说明系统在启动过程中成功挂载了分区。具体操作过程这里不演示。

经过这个实验，尤博似乎明白了学无止境的道理，他告诉自己在今后的学习过程中不能满足于眼前的成功，要有刨根问底的精神，这样才能学到更多的知识。

知识拓展

文件访问过程

每个文件都对应一个 inode，并且根据文件的大小分配一个或多个数据块。inode 记录了文件数据块的编号，而数据块记录的则是文件的实际内容。目录作为一种特殊的文件，也有自己的 inode 和数据块。

前文讲过，进入一个目录后使用 ls 命令可以查看目录的内容，而 ls 命令输出的是目录中的子目录和文件的名称。因此，目录的实际内容就是该目录中子目录及文件的名称。目录的数据块记录了该目录中的子目录和文件的 inode 编号及名称。

我们一般使用文件名访问文件内容。可是前文说过，只有通过文件的 inode 才能得到文件的数据块编号，那么操作系统是如何根据文件名访问文件内容的？下面以文件/var/log/boot.log 为例来说明这个过程，如图 5-4 所示。

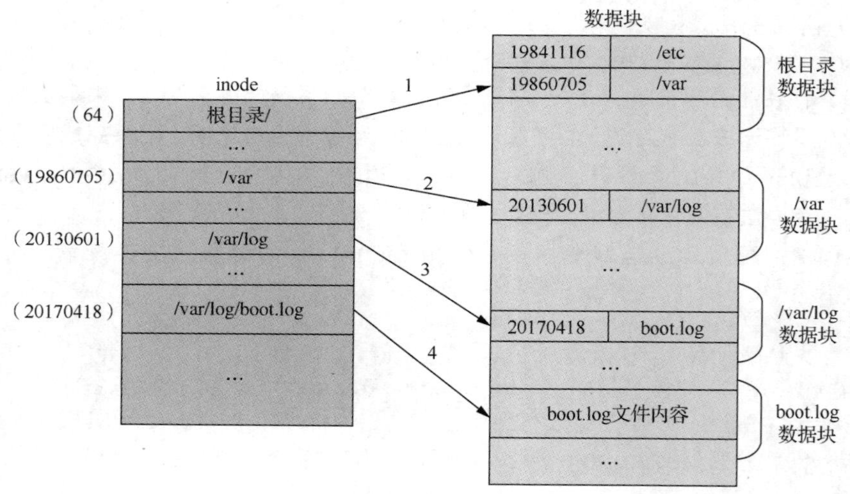

图 5-4 文件访问过程

首先注意到的是，文件/var/log/boot.log 采用的是绝对路径，以根目录“/”开头。根目录的 inode 编号是在挂载文件系统时确定的，在本例中为 64。

第 1 步：根据根目录的 inode 编号在 inode 表（即图 5-4 的左侧）中找到根目录对应的 inode，从中读取根目录的数据块编号，并根据这个编号找到根目录的数据块。

第 2 步：从根目录的数据块中找到目录/var 对应的 inode 编号，假设为 19860705。根据这个编号从 inode 表中找到目录/var 的 inode，从中读取目录/var 的数据块编号，进而找到目录/var 的数据块。

第 3 步：从目录/var 的数据块中找到目录/var/log 对应的 inode 编号，假设为 20130601。根据这个编号从 inode 表中找到目录/var/log 的 inode，从中读取目录/var/log 的数据块编号，进而找到目录/var/log 的数据块。

第 4 步：从目录/var/log 的数据块中找到文件 boot.log 的 inode 编号，假设为20170418。根据这个编号从 inode 表中找到文件 boot.log 的 inode，从中读取文件 boot.log 的数据块编号，进而找到文件 boot.log 的数据块。

总的来说，文件的访问过程就是：从根目录开始，依次向下找到下级目录的 inode 编号和数据块，最后得到文件的 inode 编号和数据块并对文件进行访问。

任务实训

磁盘是操作系统的存储设备，对磁盘进行分区可以提高磁盘的安全性和性能。本实训的主要任务是练习使用fdisk命令进行磁盘分区，熟悉fdisk命令的各种选项的使用。请根据以下实训内容完成实训任务。

【实训内容】

（1）打开一个终端窗口，使用su - root命令切换为root用户。

（2）使用lsblk -p命令查看当前系统的所有磁盘及分区，分析lsblk的输出中每一列的含义。思考问题：当前系统有几块磁盘？每块磁盘各有什么接口？有几个分区？磁盘名称和分区名称有什么规律？使用man命令学习lsblk的其他选项的作用并进行试验。

（3）使用parted命令查看磁盘分区表的类型，根据磁盘分区表的类型确定分区命令。如果是MBR格式的磁盘分区表，则使用fdisk命令进行分区。如果是GPT格式的磁盘分区表，则使用gdisk命令进行分区。

（4）使用fdisk命令为系统当前磁盘添加分区。进入fdisk交互工作模式，依次完成以下操作。

① 输入“m”，获取fdisk的子命令提示。在fdisk交互工作模式下有很多子命令，每个子命令都用一个字母表示，如“n”表示添加分区，“d”表示删除分区。

② 输入“p”，查看磁盘分区表信息。这里显示的磁盘分区表信息包括分区名称、是否为启动分区、起始扇区号、终止扇区号、扇区数、分区大小、文件系统标志及文件系统类型等。

③ 输入“n”，添加新分区。fdisk命令根据已有分区自动确定新分区号，并提示输入新分区的起始扇区号。这里直接按【Enter】键，即采用默认值。

④ fdisk命令提示输入新分区的大小。这里采用“+size”的方式指定分区大小。

⑤ 输入“p”，再次查看磁盘分区表信息。虽然现在可以看到新添加的分区，但是这些操作目前只保存在内存中，重启系统后才会被真正写入磁盘分区表。

⑥ 输入“w”，保存操作并退出fdisk交互工作模式。

（5）使用shutdown -r now命令重启系统。在终端窗口中切换为root用户。再次使用lsblk -p命令查看当前系统的所有磁盘及分区。

（6）使用mkfs命令为新建的分区创建日志文件系统（XFS）。

（7）使用mkdir命令创建新目录，使用mount命令将新分区挂载到新目录。

（8）使用lsblk命令再次查看新分区的挂载点，检查挂载是否成功。

（9）在挂载点新建文件，检查常规文件操作是否成功。

任务 5.2 高级磁盘管理

任务概述

磁盘分区只能满足用户的基本使用需求。实际上，磁盘管理还应考虑磁盘的可靠性、可扩展性、安全性及数据存取速度等非功能性指标。Linux 系统提供了多种方法来提高磁盘的非功能性指标。本任务重点介绍几种常用的高级磁盘管理技术，包括磁盘配额、LVM 和独立磁盘冗余阵列（RAID）。

知识准备

5.2.1 磁盘配额

在 Linux 操作系统中，多个用户可以同时登录操作系统完成工作。在没有特别设置的情况下，所有用户共享磁盘空间，只要磁盘还有剩余空间可用，用户就可以在其中创建文件。这其中非常关键的一点是，文件系统对所有用户都是“公平”的。也就是说，所有用户平等地使用磁盘，不存在某个用户可以多使用一些磁盘空间，或者多创建几个文件的问题。因此，如果有个别用户创建了很多文件，占用了大量的磁盘空间，那么其他用户的可用空间自然就相应地减少了。这引出了如何为用户分配磁盘空间的问题。

1. 什么是磁盘配额

默认情况下，所有用户共用磁盘空间，每个用户能够使用的磁盘空间的上限就是磁盘或分区的大小。为了防止某个用户不合理地使用磁盘，如创建大量的文件或占用大量的磁盘空间，从而影响其他用户的正常使用，系统管理员必须通过某种方法对这种情况加以控制。磁盘配额就是这样一种为用户合理分配磁盘空间的机制。系统管理员可以利用磁盘配额限制用户能够创建的文件的数量或能够使用的磁盘空间。简单地说，磁盘配额就是给用户分配一定数量的“额度”，用户使用完这个额度就无法再创建文件了。

（1）磁盘配额的用途

根据不同的应用场景和实际需求，磁盘配额可以用于实现不同的目的。

➢ 限制某个用户的最大磁盘配额。系统管理员可以根据用户的角色或行为习惯为不同用户分配不同的磁盘配额。例如，在一个软件开发团队中，开发人员经常需要创建大量文件，因而需要较多的磁盘配额。项目经理主要负责项目的协调和控制，很少直接创建文件，所以不需要太多磁盘配额。需要说明的是，只能为一般用户设置磁盘配额，root 用户不受磁盘配额的限制。

➢ 限制某个用户组的磁盘配额。在这种情况下，用户组内的所有成员共享磁盘配额。例如，一台 Linux 主机供多个软件开发团队使用，每个开发团队都可以使用 2GB 的磁盘空间。假设某个团队成员创建了一个 10MB 的文件，那么这个成员只是占用其所属用户组的磁盘配额，其他用户组不受影响。

➢ 限制某个目录的最大磁盘配额。前面两种磁盘配额都是针对文件系统实施限制的，只要在文件系统的挂载点创建文件都会受到磁盘配额的限制。如果只想针对某一目录进行磁盘配额，则必须使用 XFS 提供的 project 功能。

（2）磁盘配额的相关参数

磁盘配额主要通过限制用户或用户组可以创建文件的数量或使用的磁盘空间实现。前文提到，每个文件都对应一个 inode，文件的实际内容存储在数据块中。因此，限制用户或用户组可以使用的 inode 数量，也就相当于限制其可以创建文件的数量。同样，限制用户或用户组的数据块使用量，也就限制了其磁盘空间的使用。

不管是 inode 还是数据块，在设置具体参数的值时，Linux 都支持同时设置“软限制”（soft）和“硬限制”（hard）两个值，以及“宽限时间”（grace time）。举例来说，如果为某个用户设置的软限制为 100MB，硬限制为 150MB，宽限时间为 10 天，则其含义如下。

- 软限制：当用户的磁盘使用量在软限制之内（小于 100MB）时，用户可以正常使用磁盘。如果磁盘使用量超过软限制，但尚未达到硬限制（100～150MB），那么用户就会收到操作系统的警告信息。如果在宽限时间内用户将磁盘使用量降至软限制以内，则仍旧可以正常使用磁盘。
- 硬限制：允许用户使用的最大磁盘空间（150MB），用户的实际使用量不能超过这个值。
- 宽限时间：当用户的磁盘使用量超过软限制时，宽限时间开始倒计时。如果在宽限时间内（10 天），用户未能将磁盘使用量降至软限制以内，那么软限制就会取代硬限制。如果降至软限制以内，那么宽限时间就会自动停止倒计时。宽限时间的默认值是 7 天。

2. XFS 磁盘配额管理

不同的文件系统对磁盘配额功能的支持不尽相同，配置方式也有所不同。下面以 XFS 为例介绍磁盘配额的配置步骤和方法。

XFS 对磁盘配额的支持相比 ext4 的有所增强。除了支持用户和用户组的磁盘配额外，XFS 还支持目录磁盘配额，即限制在特定目录中所能使用的磁盘空间或创建文件的数量。目录磁盘配额和用户组磁盘配额不能同时启用，所以启用目录磁盘配额时必须关闭用户组磁盘配额。和 ext4 不同，在 XFS 中使用磁盘配额不需要创建磁盘配额文件。另一处不同是，XFS 使用 xfs_quota 命令完成全部的磁盘配额操作，不像 ext4 那样使用多个命令完成不同的操作。xfs_quota 命令非常复杂，其基本语法如下。

```
xfs_quota  -x  -c  子命令  分区或挂载点
```

使用“-x”选项开启专家模式，这个选项和“-c”选项指定的子命令有关，因为有些子命令只能在专家模式下使用。xfs_quota 命令通过子命令完成不同的任务，其常用的子命令及其功能说明如表 5-1 所示。

表 5-1 xfs_quota 命令常用的子命令及其功能说明

子命令	功能说明
print	显示文件系统的基本信息
df	和 Linux 操作系统中的 df 命令一样
state	显示文件系统支持哪些磁盘配额功能，专家模式下才能使用
limit	设置磁盘配额的具体值，专家模式下才能使用
report	显示文件系统的磁盘配额使用信息，专家模式下才能使用
timer	设置宽限时间，专家模式下才能使用
project	设置目录磁盘配额的具体值，专家模式下才能使用

这里重点介绍 limit、report 和 timer 这 3 个子命令的具体用法。

limit 子命令用于设置磁盘配额的具体值，只有在专家模式下才能使用，相当于 ext4 中的 setquota 命令。limit 子命令的基本语法如下。

```
xfs_quota  -x  -c  "limit  [-u | -g]  [bsoft | bhard]=N  [isoft | ihard]=N  name"  partition
```

limit 子命令常用的选项与参数及其功能说明如表 5-2 所示。

表 5-2　limit 子命令常用的选项与参数及其功能说明

选项与参数	功能说明	选项与参数	功能说明
-u	设置用户磁盘配额	-g	设置用户组磁盘配额
bsoft	设置磁盘空间的软限制	bhard	设置磁盘空间的硬限制
isoft	设置文件数量的软限制	ihard	设置文件数量的硬限制
name	用户或用户组名称	*partition*	分区或挂载点

report 子命令用于显示文件系统的磁盘配额使用信息，只有在专家模式下才能使用。report 子命令的基本语法如下。

```
xfs_quota  -x  -c  "report  [ -u | -g | -p | -b | -i | -h ]"  partition
```

report 子命令常用的选项与参数及其功能说明如表 5-3 所示。

表 5-3　report 子命令常用的选项与参数及其功能说明

选项与参数	功能说明	选项与参数	功能说明
-u	查看用户磁盘配额使用信息	-g	查看用户组磁盘配额使用信息
-b	查看磁盘空间配额信息	-i	查看文件数量配额信息
-p	查看目录磁盘配额使用信息	-h	以常用的 KB、MB 或 GB 为单位显示磁盘空间
partition	分区或挂载点		

timer 子命令用于设置宽限时间，只有在专家模式下才能使用。timer 子命令的基本语法如下。

```
xfs_quota  -x  -c  "timer  [ -u | -g | -p | -b | -i ]  grace_value"  partition
```

timer 子命令常用的选项与参数及其功能说明如表 5-4 所示。

表 5-4　timer 子命令常用的选项与参数及其功能说明

选项与参数	功能说明	选项与参数	功能说明
-u	设置用户宽限时间	-g	设置用户组宽限时间
-b	设置磁盘空间宽限时间	-i	设置文件数量宽限时间
-p	设置目录宽限时间	*partition*	分区或挂载点
grace_value	实际宽限时间，默认以秒（s）为单位		

注意，表中的 *grace_value* 参数有多种表示方式，如 minutes、hours、days、weeks 等分别表示分钟、小时、天、周，缩写为 m、h、d、w。

5.2.2 LVM

1. LVM 基本概念

很多 Linux 系统管理员都遇到过这样的问题：如何精确评估并分配合适的磁盘空间以满足用户未来的需求？往往一开始认为分配的磁盘空间很合适，但是经过一段时间后，随着用户创建的文件越来越多，磁盘空间逐渐变得不够用。常规的解决方法是新增磁盘，重新进行磁盘分区，分配更多的磁盘空间，并把原分区中的文件复制到新分区中。这个过程可能要花费系统管理员很长时间，且很可能在未来的某个时候又要面对这个问题。还有一种情况是一开始为磁盘分区分配的磁盘空间太大，但是用户实际上只使用了其中很少一部分，导致大量磁盘空间被浪费。所以系统管理员需要一种既能灵活调整磁盘分区空间，又不用反复移动文件的方法，这就是接下来要介绍的逻辑卷管理器（Logical Volume Manager，LVM）。

LVM 之所以能允许系统管理员灵活调整磁盘分区空间，是因为它在物理磁盘之上添加了一个新的抽象层次。LVM 将一块或多块磁盘组合成一个存储池，称为卷组（Volume Group，VG），并在卷组上划分出不同大小的逻辑卷（Logical Volume，LV）。物理磁盘称为物理卷（Physical Volume，PV）。LVM 维护 PV 和 LV 的对应关系，通过 LV 向上层应用程序提供和物理磁盘相同的功能。可根据需要调整 LV 的大小，且可以跨越多个 PV。相比传统的磁盘分区方式，LVM 更加灵活，可扩展性更好。要想深入理解 LVM 的工作原理，需要明确下面几个基本概念，如图 5-5 所示。

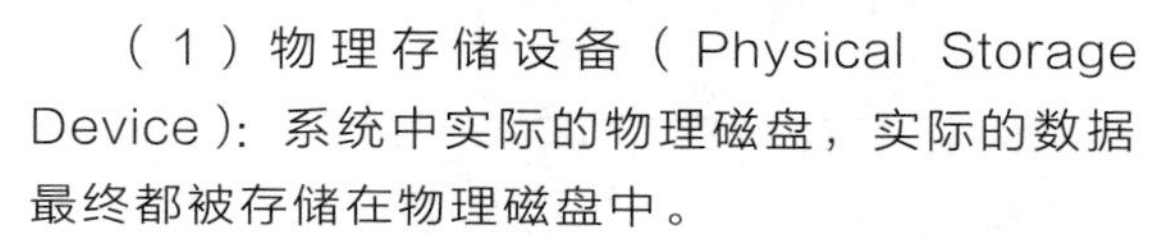

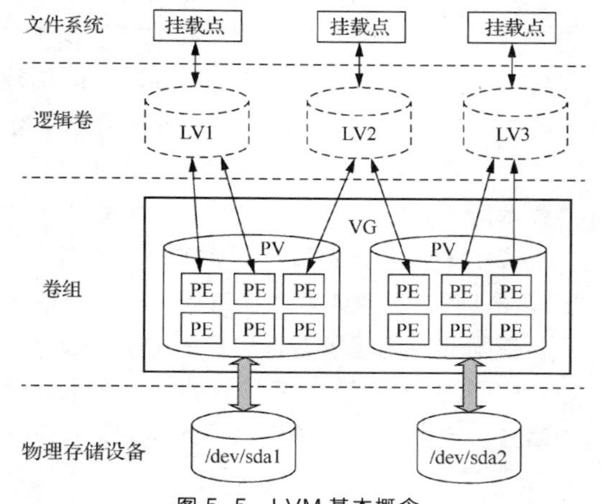

图 5-5　LVM 基本概念

（1）物理存储设备（Physical Storage Device）：系统中实际的物理磁盘，实际的数据最终都被存储在物理磁盘中。

（2）PV：磁盘分区或逻辑上与磁盘分区具有同样功能的设备。和基本的物理存储介质（如磁盘、分区等）相比，PV 有与 LVM 相关的管理参数，是 LVM 的基本存储逻辑块。

（3）VG：LVM 在物理存储设备上虚拟出来的逻辑磁盘，由一个或多个 PV 组成。

（4）LV：逻辑磁盘，是在 VG 上划分出来的分区，所以 LV 也要经过格式化和挂载才能使用。

（5）物理块（Physical Extent，PE）：也称为物理区域，类似于物理磁盘上的数据块，是 LV 的划分单元，也是 LVM 的最小存储单元。

2. LVM 常用命令

（1）PV 阶段

PV 阶段的主要任务是通过物理存储设备建立 PV，这一阶段的常用命令包括 pvcreate、pvscan、pvdisplay 和 pvremove 等。

（2）VG 阶段

VG 阶段的主要任务是创建 VG，并把 VG 和 PV 关联起来。这一阶段的常用命令包括 vgcreate、vgremove、vgscan 等。

（3）LV 阶段

VG 阶段之后，系统便多了一块虚拟逻辑磁盘。下面要做的就是在这块逻辑磁盘上进行分区操作，也就是把 VG 划分为多个 LV。和 LV 相关的常用命令包括 lvcreate、lvremove、lvscan 等。

lvcreate 命令的基本语法如下。

```
lvcreate [-L Size[UNIT]] -l Number -n lvname vgname
```

其中，“-L”和“-l”选项分别用于指定 LV 容量和 LV 包含的 PE 的数量，*lvname* 和 *vgname* 分别表示 LV 名称和 VG 名称。

使用 lvcreate 命令创建 LV 时，有两种指定 LV 大小的方式。第 1 种方式是在“-L”选项后跟 LV 容量，单位可以是常见的 m/M（MB）、g/G（GB）等。第 2 种方式是在“-l”选项后指定 LV 包含的 PE 的数量。创建好的 LV 的完整名称的格式是/dev/*vgname*/*lvname*，其中 *vgname* 和 *lvname* 分别是 VG 和 LV 的实际名称。

5.2.3 RAID

1. RAID 基本概念

简单来说，独立磁盘冗余阵列（Redundant Arrays of Independent Disks，RAID）是将相同数据存储在多个磁盘的不同位置的技术。RAID 将多个独立的磁盘组合成一个容量巨大的磁盘组，结合数据条带化技术，把连续的数据分割成相同大小的数据块，并把每个数据块写入阵列中的不同磁盘上。RAID 技术主要具有以下 3 个基本功能。

（1）通过对数据进行条带化，实现对数据的成块存取，减少磁盘的机械寻址时间，提高了数据存取速度。

（2）通过并行读取阵列中的多块磁盘，提高数据存取速度。

（3）通过镜像或者存储奇偶校验信息的方式，对数据提供冗余保护，提高数据存取的可靠性。

不同的应用场景有多种不同的 RAID 等级，常见的有 RAID 0、RAID 1、RAID 5 和 RAID 10 等，如图 5-6 所示。每个 RAID 等级都提供了不同的数据存取性能、安全性和可靠性，感兴趣的读者可自行查阅相关资料深入学习。

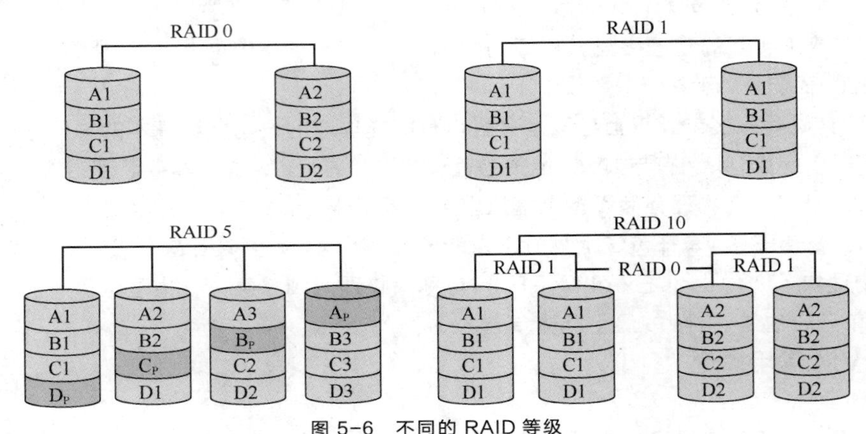

图 5-6 不同的 RAID 等级

2. RAID 常用命令

Linux 操作系统中用于 RAID 管理的命令是 mdadm。mdadm 命令的基本语法如下。

```
mdadm    [-ClnxadDfarsS]
```

mdadm 命令的常用选项及具体用法详见后文的任务实施。

任务实施

实验 1：配置磁盘配额

完成前面两个实验后，现在韩经理准备带着尤博为开发一组配置磁盘配额。开发一组的分区是/dev/sda5，挂载点是/home/devteam1，文件系统是 XFS。下面是韩经理的操作步骤。

第 1 步：检查用户及用户组信息。为方便演示，韩经理先将用户 xf 和 ss 的主组修改为 devteam1，实验结束后再恢复为各自原来的主组，如例 5-15.1 所示。

例 5-15.1：设置 XFS 磁盘配额——检查用户及用户组信息

```
[root@uosv20 ~]# id xf ss
用户 id=1235(xf) 组 id=1235(xf) 组=1235(xf),1003(devteam1),1005(devcenter)
用户 id=1237(ss) 组 id=1237(ss) 组=1237(ss),1003(devteam1),1004(devteam2),
```

```
1005(devcenter)
    [root@uosv20 ~]# usermod -g devteam1 xf
    [root@uosv20 ~]# usermod -g devteam1 ss
    [root@uosv20 ~]# id xf ss
    用户 id=1235(xf) 组 id=1003(devteam1) 组=1003(devteam1),1005(devcenter)
    用户 id=1237(ss) 组 id=1003(devteam1) 组=1003(devteam1),1005(devcenter),
1004(devteam2)
    [root@uosv20 ~]# groupmems -l -g devteam1
    xf   ss
```

第 2 步：检查分区和用户基本信息。这里韩经理直接使用 xfs_quota 命令的 df 子命令查看分区信息，而不是使用 lsblk 命令，如例 5-15.2 所示。

例 5-15.2：设置 XFS 磁盘配额——检查分区和用户基本信息

```
[root@uosv20 ~]# xfs_quota -c "df -h /home/devteam1"
Filesystem        Size    Used   Avail Use%     Pathname
/dev/sda5         4.0G   60.9M    3.9G    1%    /home/devteam1
```

第 3 步：添加磁盘配额挂载参数。在 XFS 中启用磁盘配额功能时需要为文件系统添加磁盘配额挂载参数。本例中，需要在文件/etc/fstab 的第 4 列添加 usrquota、grpquota 或 prjquota，如例 5-15.3 所示。韩经理特别提醒尤博，prjquota 和 grpquota 两个参数不能同时使用。

例 5-15.3：设置 XFS 磁盘配额——添加磁盘配额挂载参数

```
[root@uosv20 ~]# vim /etc/fstab        // 添加 usrquota 和 grpquota 两个参数
/dev/sda5   /home/devteam1   xfs   defaults,usrquota,grpquota   0   0
```

第 4 步：添加了分区的磁盘配额挂载参数后，需要先卸载原分区，再重新挂载分区，才能使设置生效，如例 5-15.4 所示。

例 5-15.4：设置 XFS 磁盘配额——重新挂载分区

```
[root@uosv20 ~]# umount /dev/sda5         // 卸载原分区
[root@uosv20 ~]# mount -a                 // 重新挂载分区以使设置生效
[root@uosv20 ~]# xfs_quota -c "df -h /home/devteam1"
Filesystem       Size    Used   Avail  Use% Pathname
/dev/sda5        4.0G   60.9M    3.9G      1%   /home/devteam1
```

第 5 步：查看磁盘配额状态，如例 5-15.5 所示。从输出中可以看到，分区/dev/sda5 已经启用了用户和用户组的磁盘配额功能，未启用目录磁盘配额功能。其实还可以使用 state 子命令替换 print 子命令以查看更详细的磁盘配额信息，这里不演示。

例 5-15.5：设置 XFS 磁盘配额——查看磁盘配额状态

```
[root@uosv20 ~]# xfs_quota -c print /dev/sda5
Filesystem         Pathname
/home/devteam1   /dev/sda5 (uquota, gquota) <== 已启用用户和用户组的磁盘配额功能
```

第 6 步：设置磁盘配额。韩经理接下来开始设置具体的磁盘配额。

① 使用 limit 子命令设置用户和用户组的磁盘配额，如例 5-15.6 所示。韩经理将用户 xf 的磁盘空间软限制和硬限制分别设为 1MB 和 5MB，将文件数量软限制和硬限制分别设为 3 个和 5 个；将用户组 devteam1 的磁盘空间软限制和硬限制分别设为 5MB 和 10MB，将文件数量软限制和硬限制分别设为 5 个和 10 个。

例 5-15.6：设置 XFS 磁盘配额——设置用户和用户组的磁盘配额

```
[root@uosv20 ~]# xfs_quota -x -c "limit -u bsoft=1M bhard=5m xf" /dev/sda5
[root@uosv20 ~]# xfs_quota -x -c "limit -u isoft=3 ihard=5 xf" /dev/sda5
```

```
[root@uosv20 ~]# xfs_quota -x -c "limit-g bsoft=5M bhard=10M devteam1" /dev/sda5
[root@uosv20 ~]# xfs_quota -x -c "limit -g isoft=5 ihard=10 devteam1" /dev/sda5
```

② 使用 timer 子命令设置宽限时间，如例 5-15.7 所示。韩经理将磁盘空间宽限时间设为 10 天，将文件数量宽限时间设为 2 周。

例 5-15.7：设置 XFS 磁盘配额——设置宽限时间

```
[root@uosv20 ~]# xfs_quota -x -c "timer -b 10d" /dev/sda5
[root@uosv20 ~]# xfs_quota -x -c "timer -i 2w" /dev/sda5
```

第 7 步：测试用户磁盘配额。

① 以用户 xf 的身份在目录/home/devteam1 中创建一个大小为 1MB 的文件 file1，如例 5-15.8 所示。

例 5-15.8：设置 XFS 磁盘配额——创建指定大小的文件 file1

```
[root@uosv20 ~]# su - xf                          // 切换为用户 xf
[xf@uosv20 ~]$ cd /home/devteam1
[xf@uosv20 devteam1]$ dd if=/dev/zero of=file1 bs=1M count=1
[xf@uosv20 devteam1]$ ls -lh file1
-rw-r--r--  1   xf   devteam1     1.0M     11 月  12 15:30     file1
[xf@uosv20 devteam1]$ exit
```

② 使用 report 子命令查看文件系统的磁盘使用情况，如例 5-15.9 所示。其中，Blocks 和 Inodes 两个字段分别表示磁盘空间和文件数量配额的使用量。注意，这一步需要以 root 用户身份执行操作。

例 5-15.9：设置 XFS 磁盘配额——查看文件系统的磁盘使用情况

```
[root@uosv20 ~]# xfs_quota -x -c "report -gubih" /dev/sda5
User quota on /home/devteam1 (/dev/sda5)
                        Blocks                              Inodes
User ID      Used   Soft   Hard Warn/Grace      Used   Soft   Hard Warn/Grace
---------- --------------------------------- ---------------------------------
xf             1M     1M     5M  00 [------]       1      3      5  00 [------]

Group quota on /home/devteam1 (/dev/sda5)
                        Blocks                              Inodes
Group ID      Used   Soft   Hard Warn/Grace      Used   Soft   Hard Warn/Grace
---------- --------------------------------- ---------------------------------
devteam1       1M     5M    10M  00 [------]       2      5     10  00 [------]
```

尤博仔细检查了当前的磁盘使用情况。他发现用户组 devteam1 当前已创建的文件数量是 2，可是用户 xf 明明只创建了一个文件，难道这个目录中有一个隐藏文件且其属组也是 devteam1？他把这个想法告诉了韩经理。韩经理笑着表示赞同尤博的想法，并执行了以下操作加以验证，如例 5-15.10 所示。

例 5-15.10：设置 XFS 磁盘配额——检查用户组文件数量

```
[root@uosv20 ~]# ls -al /home/devteam1
drwxrwx---      2   ss     devteam1  19        11 月  12 15:30   .
drwxr-xr-x      11  root   root      119       11 月   6 22:03   ..
-rw-r--r--      1   xf     devteam1  1048576   11 月  12 15:30 file1
[root@uosv20 ~]# ls -ld /home/devteam1
drwxrwx---      2   ss     devteam1  19        11 月  12 15:30   /home/devteam1
```

看到这个结果，尤博豁然明白，原来当前目录（即目录/home/devteam1）的属组也是devteam1，而它也占用了用户组 devteam1 的磁盘配额。

③ 以用户 xf 的身份在目录/home/devteam1 下创建一个大小为 2MB 的文件 file2，并查看磁盘使用情况，如例 5-15.11 所示。

例 5-15.11：设置 XFS 磁盘配额——创建指定大小的文件 file2

```
[root@uosv20 ~]# su - xf
[xf@uosv20 ~]$ cd /home/devteam1
[xf@uosv20 devteam1]$ dd if=/dev/zero of=file2 bs=1M count=2
[xf@uosv20 devteam1]$ ls -lh file2
-rw-r--r-- 1 xf devteam1 2.0M 11 月  12 15:57 file2
[xf@uosv20 devteam1]$ exit
[root@uosv20 ~]# xfs_quota -x -c "report -gubih" /dev/sda5
User quota on /home/devteam1 (/dev/sda5)
                        Blocks                              Inodes
User ID      Used   Soft   Hard Warn/Grace        Used   Soft   Hard Warn/Grace
---------- --------------------------------- ---------------------------------
xf             3M     1M     5M   00 [9 days]       2      3      5   00 [------]

Group quota on /home/devteam1 (/dev/sda5)
                        Blocks                              Inodes
Group ID     Used   Soft   Hard Warn/Grace        Used   Soft   Hard Warn/Grace
---------- --------------------------------- ---------------------------------
devteam1       3M     5M    10M   00 [------]       3      5     10   00 [------]
```

注意，在创建文件 file2 时已经超出用户 xf 的磁盘配额软限制（1MB），因此第 1 个 Grace 字段的值是“9 days”，表示已经开始宽限时间的倒计时。这里的限制指的是软限制，因此 file2 仍然能够创建成功。当前创建的文件数量是 2，还没有超过软限制 3，因此输出显示文件数量是正常的。大家可以对用户组 devteam1 的磁盘使用情况进行类似分析。

④ 以用户 xf 的身份在目录/home/devteam1 中创建一个大小为 3MB 的文件 file3，并查看磁盘使用情况，如例 5-15.12 所示。

例 5-15.12：设置 XFS 磁盘配额——创建指定大小的文件 file3

```
[root@uosv20 ~]# su - xf
[xf@uosv20 ~]$ cd /home/devteam1
[xf@uosv20 devteam1]$ dd if=/dev/zero of=file3 bs=1M count=3
dd: 写入 'file3' 出错: 超出磁盘限额
[xf@uosv20 devteam1]$ ls -lh file3
-rw-r--r--   1    xf    devteam1     2.0M     11 月  12 16:10     file3
[xf@uosv20 devteam1]$ exit
[root@uosv20 ~]# xfs_quota -x -c "report -gubih" /dev/sda5
User quota on /home/devteam1 (/dev/sda5)
                        Blocks                              Inodes
User ID      Used   Soft   Hard Warn/Grace        Used   Soft   Hard Warn/Grace
---------- --------------------------------- ---------------------------------
xf             5M     1M     5M   00 [9 days]       3      3      5   00 [------]

Group quota on /home/devteam1 (/dev/sda5)
                        Blocks                              Inodes
```

```
Group ID      Used    Soft    Hard Warn/Grace       Used    Soft    Hard Warn/Grace
---------- --------------------------------- ---------------------------------
devteam1      5M      5M      10M   00 [------]       4       5       10   00 [------]
```

这一次，在创建文件 file3 时系统给出了错误提示。因为指定的文件大小超出了用户 xf 的磁盘空间硬限制。虽然文件 file3 创建成功了，但实际写入的内容只有 2MB，也就是创建完文件 file2 后剩余的磁盘配额空间。对于用户组 devteam1 来说，整个用户组占用的磁盘空间已超过软限制（5MB），距离硬限制（10MB）还有大约 5MB 的余量。

第 8 步：测试用户组磁盘配额。以用户 ss 的身份在目录/home/devteam1 中创建一个大小为 6MB 的文件 file4，并查看用户和用户组的磁盘使用情况，如例 5-15.13 所示。

例 5-15.13：设置 XFS 磁盘配额——创建指定大小的文件 file4

```
[root@uosv20 ~]# su - ss
[ss@uosv20 ~]$ cd /home/devteam1
[ss@uosv20 devteam1]$ dd if=/dev/zero of=file4 bs=1M count=6
dd: 写入 'file4' 出错: 超出磁盘限额
[ss@uosv20 devteam1]$ ls -lh file4
-rw-r--r--   1   ss   devteam1     5.0M      11 月  12 16:39     file4
[ss@uosv20 devteam1]$ exit
[root@uosv20 ~]# xfs_quota -x -c "report -gbih" /dev/sda5
Group quota on /home/devteam1 (/dev/sda5)
                          Blocks                                   Inodes
Group ID      Used    Soft    Hard Warn/Grace       Used    Soft    Hard Warn/Grace
---------- --------------------------------- ---------------------------------
devteam1      10M     5M      10M   00 [10 days]      5       5       10   00 [------]
```

例 5-15.6 只为用户 xf 启用了用户磁盘配额功能。但是以用户 ss 的身份创建文件 file4 时，系统提示超出磁盘限额。这是因为用户 ss 当前的有效用户组是 devteam1，而用户组 devteam1 已经启用了用户组磁盘配额功能，所以用户 ss 的操作也会受到相应的限制。虽然文件 file4 最终创建成功，但实际只写入了 5MB 的内容。

此时，用户和用户组的磁盘配额设置完毕。韩经理接下来重点演示如何设置目录磁盘配额。下面是韩经理的操作步骤。

第 9 步：添加磁盘配额挂载参数。注意，用户组磁盘配额和目录磁盘配额不能同时使用，因此韩经理首先把分区/dev/sda5 的 grpquota 参数改为 prjquota 参数，如例 5-15.14 所示。

例 5-15.14：设置 XFS 磁盘配额——修改磁盘配额挂载参数

```
[root@uosv20 ~]# vim /etc/fstab        // 将 grpquota 改为 prjquota
/dev/sda5   /home/devteam1   xfs   defaults,usrquota,prjquota   0   0
```

第 10 步：和前面类似，韩经理先卸载原分区，再重新挂载分区，以使设置生效，如例 5-15.15 所示。

例 5-15.15：设置 XFS 磁盘配额——卸载分区后重新挂载

```
[root@uosv20 ~]# umount /dev/sda5
[root@uosv20 ~]# mount -a                    // 重新挂载分区以使设置生效
```

第 11 步：再次查看磁盘配额状态，如例 5-15.16 所示。

例 5-15.16：设置 XFS 磁盘配额——再次查看磁盘配额状态

```
[root@uosv20 ~]# xfs_quota -c print /dev/sda5
Filesystem          Pathname
/home/devteam1   /dev/sda5 (uquota, pquota)     <== 已启用用户和目录磁盘配额功能
```

第 12 步：设置目录磁盘配额。韩经理先在目录/home/devteam1 中创建了子目录 log，再将其磁盘空间软限制和硬限制分别设为 50MB 和 100MB，将文件数量软限制和硬限制分别设为 10 个和 20 个。在 XFS 中设置目录磁盘配额时需要为该目录创建一个项目，可以在 project 子命令中指定目录和项目标识符，如例 5-15.17 所示。

例 5-15.17：设置 XFS 磁盘配额——设置目录磁盘配额

```
[root@uosv20 ~]# mkdir /home/devteam1/log
[root@uosv20 ~]# chown ss:devteam1 /home/devteam1/log
[root@uosv20 ~]# chmod 770 /home/devteam1/log
[root@uosv20 ~]# xfs_quota -x -c "project -s -p /home/devteam1/log 16" /dev/sda5
[root@uosv20 ~]# xfs_quota -x -c "limit -p bsoft=50M bhard=100M isoft=10 ihard=20
16" /dev/sda5
```

韩经理将项目标识符设为 16，这个数字可以自己设定。韩经理提醒尤博，还有一种方法可以设置目录磁盘配额，但是要使用配置文件。韩经理要求尤博查阅相关资料自行完成这个任务。

第 13 步：测试目录磁盘配额。

① 韩经理以 root 用户身份创建了一个大小为 40MB 的文件 file1，并查看了磁盘使用情况，如例 5-15.18 所示。本例中，report 子命令的输出中 Project ID 为 16 的那一行代表前面为目录/home/devteam1/log 设置的目录磁盘配额。

例 5-15.18：设置 XFS 磁盘配额——创建文件 file1 并查看磁盘使用情况

```
[root@uosv20 ~]# cd /home/devteam1/log
[root@uosv20 log]# dd if=/dev/zero of=file1 bs=1M count=40
[root@uosv20 log]# ls   -lh   file1
-rw-r--r--   1    root   root     40M            11月 12 16:54     file1
[root@uosv20 log]# xfs_quota -x -c "report -pbih" /dev/sda5
Project quota on /home/devteam1 (/dev/sda5)
                           Blocks                                  Inodes
Project ID    Used    Soft    Hard Warn/Grace       Used    Soft    Hard Warn/Grace
---------- --------------------------------- ---------------------------------
#16           40M     50M     100M   00 [------]     2       10       20   00 [------]
```

② 韩经理又创建了一个大小为 70MB 的文件 file2，如例 5-15.19 所示。这一次，系统提示设备上没有空间，即分配给目录/home/devteam1/log 的磁盘空间已用完，所以实际写入文件 file2 的内容只有 60MB。韩经理还特别提醒尤博，这两个文件是以 root 用户身份创建的，即使是 root 用户，也不能打破目录磁盘配额的限制。

例 5-15.19：设置 XFS 磁盘配额——创建文件 file2 并测试目录磁盘配额

```
[root@uosv20 log]# dd if=/dev/zero of=file2 bs=1M count=70
dd: 写入 'file2' 出错: 设备上没有空间
[root@uosv20 log]# ls -lh file2
-rw-r--r--   1    root    root    60M            11月 12 16:55     file2
[root@uosv20 log]# xfs_quota -x -c "report -pbih" /dev/sda5
Project quota on /home/devteam1 (/dev/sda5)
                           Blocks                                  Inodes
Project ID    Used    Soft    Hard Warn/Grace       Used    Soft    Hard Warn/Grace
---------- --------------------------------- ---------------------------------
#16          100M     50M     100M   00 [10 days]     3       10       20   00 [------]
```

第 14 步：至此，韩经理把用户磁盘配额、用户组磁盘配额及目录磁盘配额全都配置完成了。

就在尤博打算“长舒一口气”时，韩经理提醒他做事要有始有终，不要忘记把用户 xf 和 ss 的主组恢复为实验前的状态，如例 5-15.20 所示。

例 5-15.20：设置 XFS 磁盘配额——恢复主组

```
[root@uosv20 log]# usermod -g xf xf
[root@uosv20 log]# usermod -g ss ss
[root@uosv20 log]# id xf ss
用户 id=1235(xf) 组 id=1235(xf) 组=1235(xf),1003(devteam1),1005(devcenter)
用户 id=1237(ss) 组 id=1237(ss) 组=1237(ss),1003(devteam1),1004(devteam2),
1005(devcenter)
```

最后，韩经理借助这个实验向尤博解释“凡事预则立”的道理。具体来说，做实验前要制订实验方案，确定实验的具体步骤，明确每一步的预期结果和验证方法。做到这些，就能够在实验过程中保持思路清晰，不至于手忙脚乱或乱中出错。

实验 2：配置 RAID 5 与 LVM

考虑到开发服务器存储的数据越来越多，为提高数据存储的安全性和可靠性，也为以后进一步扩展服务器存储空间留有余地，韩经理在虚拟机中配置了 RAID 5 与 LVM 以支持软件开发中心的快速发展。

1. 添加虚拟硬盘

韩经理首先为虚拟机添加 4 块容量为 1GB 的 SCSI 硬盘，如图 5-7 所示。重启虚拟机后，使用 lsblk 命令查看添加的 4 块虚拟硬盘，如例 5-16.1 所示。

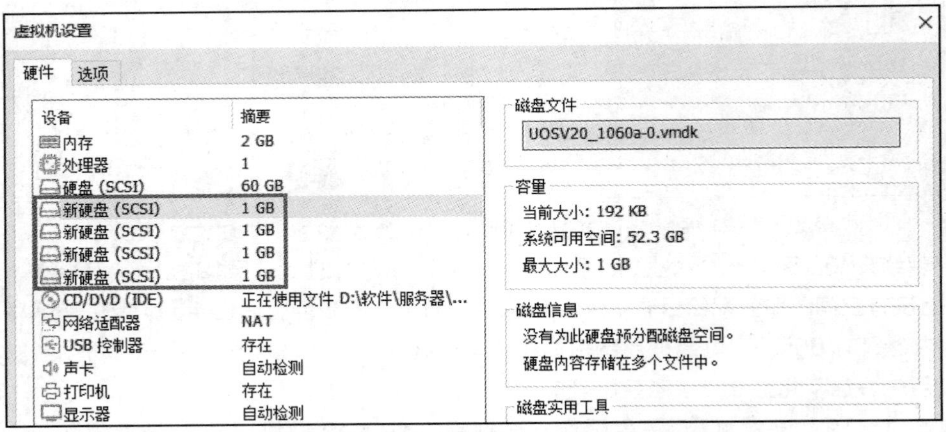

图 5-7 为虚拟机添加虚拟硬盘

例 5-16.1：配置 RAID 5 与 LVM——查看新虚拟硬盘信息

```
[root@uosv20 ~]# lsblk -p
NAME        MAJ:MIN RM   SIZE RO TYPE  MOUNTPOINT
/dev/sdb      8:16   0    1G   0  disk
/dev/sdc      8:32   0    1G   0  disk
/dev/sdd      8:48   0    1G   0  disk
/dev/sde      8:64   0    1G   0  disk
```

2. 创建 RAID 5

使用 mdadm 命令在添加的虚拟硬盘上创建 RAID 5，并将其命名为/dev/md0，如例 5-16.2 所示。

例 5-16.2：配置 RAID 5 与 LVM——创建 RAID 5

```
[root@uosv20 ~]# mdadm -C /dev/md0 -l 5 -n 3 -x 1 /dev/sd[bcde]
mdadm: Defaulting to version 1.2 metadata
mdadm: array /dev/md0 started.
[root@uosv20 ~]# mdadm  -D  /dev/md0          // 查看阵列参数
/dev/md0:
        Raid Level   :   raid5
    Active Devices   :   3
   Working Devices   :   4
    Failed Devices   :   0
     Spare Devices   :   1

    Number   Major   Minor   RaidDevice State
       0       8      16        0      active sync   /dev/sdb
       1       8      32        1      active sync   /dev/sdc
       4       8      48        2      active sync   /dev/sdd
       3       8      64        -      spare         /dev/sde
```

3. PV 阶段

在 RAID 5 上创建 PV，具体方法如例 5-16.3 所示。注意，pvscan 命令执行结果的最后一行显示了 3 条信息：当前 PV 的数量（1 个）、已经加入 VG 中的 PV 的数量（0 个），以及未使用的 PV 的数量（1 个）。如果想查看某个 PV 的详细信息，则可以使用 pvdisplay 命令。

例 5-16.3：配置 RAID 5 与 LVM——创建 PV

```
[root@uosv20 ~]# pvcreate /dev/md0            // 在阵列上创建 PV
  Physical volume "/dev/md0" successfully created.
[root@uosv20 ~]# pvscan
  PV /dev/md0                     lvm2 [<2.00 GiB]
  Total: 1 [<2.00 GiB] / in use: 0 [0   ] / in no VG: 1 [<2.00 GiB]
```

4. VG 阶段

这一阶段需要创建 VG 并把 VG 和 PV 关联起来。在创建 VG 时要为 VG 选择一个合适的名称，同时指定 PE 的大小及关联的 PV。此例中，要创建的 VG 名为 itovg，PE 大小为 4MB，把/dev/md0 分配给 itovg，如例 5-16.4 所示。注意：vgcreate 命令的“-s”选项可以指定 PE 的大小，单位可以使用 k/K（KB）、m/M（MB）、g/G（GB）等。创建好 itovg 之后可以使用 vgscan 或 vgdisplay 命令查看 VG 信息。如果此时再次查看/dev/md0 的详细信息，则可以看到它已经关联 itovg。

例 5-16.4：配置 RAID 5 与 LVM——关联 PV 和 VG

```
[root@uosv20 ~]# vgcreate itovg /dev/md0
  Volume group "itovg" successfully created
[root@uosv20 ~]# pvscan
  PV /dev/md0    VG itovg         lvm2 [1.99 GiB / 1.99 GiB free]
  Total: 1 [1.99 GiB] / in use: 1 [1.99 GiB] / in no VG: 0 [0    ]
```

5. LV 阶段

现在已经创建好 itovg，相当于系统中有了一块虚拟的逻辑磁盘。接下来要做的就是在这块逻辑磁盘中进行分区操作，即将 VG 划分为多个 LV。此例为 LV 指定 1GB 的容量。创建好 LV 后可以使用 lvscan 和 lvdisplay 命令进行查看，如例 5-16.5 所示。

例 5-16.5：配置 RAID 5 与 LVM——创建 LV

```
[root@uosv20 ~]# lvcreate -L 1G -n sielv itovg      <== 创建 LV，容量为 1GB
  Logical volume "sielv" created.
[root@uosv20 ~]# lvdisplay
  LV Path               /dev/itovg/sielv            <== LV 全称，即完整的路径名
  LV Name               sielv                       <== LV 名称
  VG Name               itovg                       <== VG 名称
  LV Size               1.00 GiB                    <== LV 实际容量
  Current LE            256                         <== LV 包含的 PE 的数量
```

6. 文件系统阶段

这一阶段的主要任务是为 LV 创建文件系统并挂载，如例 5-16.6 所示。

例 5-16.6：配置 RAID 5 与 LVM——创建文件系统并挂载

```
[root@uosv20 ~]# mkfs -t xfs /dev/itovg/sielv        // 创建 XFS
[root@uosv20 ~]# mkdir -p /mnt/lvm/sie               // 创建挂载点
[root@uosv20 ~]# mount /dev/itovg/sielv  /mnt/lvm/sie       // 挂载
[root@uosv20 ~]# df -Th /mnt/lvm/sie
文件系统                    类型  容量    已用  可用   已用%   挂载点
/dev/mapper/itovg-sielv     xfs  1015M   40M  975M   4%     /mnt/lvm/sie
```

至此，成功地完成了 LVM 的配置。韩经理让尤博在挂载点/mnt/lvm/sie 中尝试新建文件或其他文件操作，看看它和普通分区有没有什么不同之处。实际上，在 LV 中进行的所有操作都会被映射到物理磁盘，而且这个映射由 LVM 自动完成，普通用户感觉不到任何不同。

知识拓展

停用 LVM 和 RAID 5

1. 停用 LVM

如果想从 LVM 恢复为传统的磁盘分区管理方式，则要按照特定的顺序删除已创建的 LV 和 VG 等。一般来说，停用 LVM 可以按照下面的步骤进行。

（1）使用 umount 命令卸载已挂载的 LV。

（2）使用 lvremove 命令删除 LV。

（3）使用 vgremove 命令删除 VG。

（4）使用 pvremove 命令删除 PV。

停用 LVM 的具体方法如例 5-17 所示。

例 5-17：停用 LVM

```
[root@uosv20 ~]# umount /mnt/lvm/sie                 // 卸载 LV
[root@uosv20 ~]# lvremove /dev/itovg/sielv           // 删除 LV
Do you really want to remove active logical volume itovg/sielv? [y/n]: y
  Logical volume "sielv" successfully removed.
[root@uosv20 ~]# lvscan               // 确认 LV 信息
[root@uosv20 ~]# vgremove itovg                      // 删除 VG
```

```
  Volume group "itovg" successfully removed
[root@uosv20 ~]# vgscan                 // 确认 VG 信息
[root@uosv20 ~]# pvremove /dev/md0          // 删除 PV
  Labels on physical volume "/dev/md0" successfully wiped.
[root@uosv20 ~]# pvscan                      // 确认 PV 信息
  No matching physical volumes found
```

2. 停用 RAID 5

如果想停用 RAID 5，则可以在备份 RAID 5 上的数据后将其删除。停用 RAID 5 一般按照如下步骤进行。

（1）备份 RAID 5 上的重要数据。

（2）使用 umount 命令卸载已挂载的 RAID 5。

（3）使用带“-S”选项的 mdadm 命令终止 RAID 5 服务，释放所有磁盘资源。

（4）使用带“--zero-superblock”选项的 mdadm 命令清除 RAID 5 的超级块信息。

停用 RAID 5 的具体方法如例 5-18 所示。

例 5-18：停用 RAID 5

```
[root@uosv20 ~]# ls -l /dev/md0
brw-rw----    1   root   disk    9    0    12月 17 18:25    /dev/md0
[root@uosv20 ~]# mdadm -S /dev/md0        // 终止 RAID 5 服务
mdadm: stopped /dev/md0
[root@uosv20 ~]# mdadm --zero-superblock /dev/sd[bcde]    // 清除超级块信息
[root@uosv20 ~]# ls -l /dev/md0
ls: 无法访问 '/dev/md0': 没有那个文件或目录
```

任务实训

借助一些高级的磁盘管理技术，可以提高磁盘的可靠性、安全性和可扩展性。本实训的主要任务是利用多块SCSI硬盘创建RAID 5，然后基于RAID 5配置LVM和磁盘配额。请根据以下实训内容完成实训任务。

【实训内容】

（1）在关机状态下为统信UOS虚拟机添加5块大小为2GB的SCSI硬盘。

（2）开启统信UOS虚拟机，通过lsblk命令查看虚拟机的硬盘信息。

（3）使用mdadm命令在5块添加的硬盘上创建RAID 5。

（4）在RAID 5上创建PV，并查看PV的详细信息。

（5）根据PV创建VG，并关联VG和PV，再次查看PV的详细信息。

（6）对VG进行分区以将VG划分为多个LV，并查看LV的详细信息。

（7）为LV创建XFS并将其挂载到相应的目录。

（8）在LV对应的挂载点中配置磁盘配额，验证用户磁盘配额、用户组磁盘配额及目录磁盘配额。

项目小结

本项目包含两个任务，主要介绍了在Linux系统中进行磁盘管理的方法。磁盘管理分为磁盘分区管理和高级磁盘管理。任务5.1主要介绍了磁盘的基本概念、磁盘管理的相关命令、Linux文件系统的内部数据结构，以及挂载分区的方法等。完成这些操作可以让磁盘变得“可用”，但是对其可靠性、安全性及可扩展性等非功能性指标的需求必须借助其他高级磁盘管理技术才能得以满足。任务5.2介绍了3种常用的高级磁盘管理功能，即磁盘配额、逻辑卷管理器（LVM）及独立磁盘冗余阵列（RAID）。普通用户平时不会经常进行磁盘分区和磁盘配额管理等操作，因此对这部分内容的学习要求可适当降低。但是强烈建议大家多了解一些Linux文件系统内部数据结构的知识，这对日后深入学习Linux大有裨益。

项目练习题

1. 选择题

（1）当查找范围很大时，（　　）命令可以较快显示文件和目录占用的磁盘空间大小。

A. df　　B. du　　C. ls　　D. fdisk

（2）磁头在盘片上划过的区域就是磁盘的一个（　　）。

A. 主轴马达　　B. 扇区　　C. 磁道　　D. 分区

（3）磁盘的最小物理存储单元是（　　）。

A. 扇区　　B. 磁道　　C. 数据块　　D. 盘片

（4）Windows 操作系统中常见的 C 盘、D 盘等不同的盘符相当于 Linux 系统中的一个（　　）。

A. 扇区　　B. 分区　　C. 数据块　　D. 盘片

（5）Linux 系统中，硬件设备对应的文件都在（　　）目录下。

A. /home　　B. /bin　　C. /dev　　D. /etc

（6）/dev/sda1 中的数字 1 表示（　　）。

A. 第 1 个分区　　B. 第 1 块磁盘　　C. 第 1 个数据块　　D. 第 1 个扇区

（7）若想查看系统当前的磁盘与分区状态，可以使用（　　）命令。

A. cd　　B. mount　　C. mkfs　　D. lsblk

（8）关于磁盘格式化，下列说法不正确的是（　　）。

A. 磁盘分区后必须对其进行格式化才能使用

B. 磁盘格式化时会在磁盘中创建文件系统所需数据

C. Linux 系统中常用的磁盘格式化命令是 mount

D. 利用新技术，可以将一个分区格式化为多个文件系统

（9）关于挂载文件系统，下列说法不正确的是（　　）。

A. 不要把一个分区挂载到不同的目录

B. 不要把多个分区挂载到同一个目录

C．作为挂载点的目录最好是空目录

D．作为挂载点的目录不能是文件系统根目录

（10）下列不是 Linux 文件系统的内部数据结构的是（　　）。

A．磁道　　B．数据块　　C．索引节点　　D．超级块

（11）关于 Linux 文件系统的内部数据结构，下列说法错误的是（　　）。

A．文件系统管理磁盘空间的基本单位是区块，每个区块都有唯一的编号

B．inode 用于记录文件的元数据，1 个文件可以有多个 inode

C．系统访问文件时，首先需要得到该文件的 inode 编号

D．超级块用于记录和文件系统有关的信息，所有数据块和 inode 都接受超级块的管理

（12）下列说法错误的是（　　）。

A．Linux 文件系统中的链接分为硬链接和软链接

B．删除硬链接文件或原文件时，仍然可以通过另一个文件名打开

C．如果软链接的原文件被删除，那么软链接将无法打开原文件

D．硬链接也称为符号链接

（13）关于磁盘配额，下列说法不正确的是（　　）。

A．可以防止某个用户不合理地使用磁盘

B．Linux 用户默认启用磁盘配额

C．可以针对不同的用户和用户组设置磁盘配额

D．一般通过限制数据块和 inode 的数量实施磁盘配额

（14）关于 ext4 和 XFS 的磁盘配额，下列说法正确的是（　　）。

A．XFS 对磁盘配额的支持相比 ext4 有所增强

B．两种文件系统使用的配置命令基本相同

C．ext4 支持目录磁盘配额，XFS 不支持

D．用户组磁盘配额和目录磁盘配额可以同时启用

（15）下列关于 LVM 基本概念及相关术语的说法中，不正确的是（　　）。

A．实际的数据最终都被存储在物理磁盘中

B．物理卷是指磁盘分区或逻辑上与磁盘分区具有同样功能的设备

C．LVM 的最小存储单元是数据块

D．卷组是在物理存储设备上虚拟出来的逻辑磁盘

（16）配置 LVM 的正确顺序是（　　）。

A．PV 阶段 → VG 阶段 → LV 阶段　　B．PV 阶段 → LV 阶段 → VG 阶段

C．VG 阶段 → PV 阶段 → LV 阶段　　D．LV 阶段 → VG 阶段 → PV 阶段

（17）下列关于 RAID 技术的说法中，不正确的是（　　）。

A．RAID 是将相同数据存储在多个磁盘的不同位置的技术

B．RAID 通过数据条带化技术提高数据存取速度

C．RAID 的目的是提高数据存取速度而非数据存储的可靠性

D．不同的应用场景有多种不同的 RAID 等级

2．填空题

（1）__________就是把磁盘分为若干个逻辑独立的部分。

（2）磁盘的分区信息保存在磁盘的特殊空间中，称为__________。

（3）当前两种典型的磁盘分区格式是__________和__________。

（4）以/dev/sd 标识的磁盘表示使用__________模块驱动。

（5）使用__________命令可以快速查询每个分区的通用唯一识别码。

（6）MBR 格式分区表和 GPT 格式分区表使用的磁盘分区命令分别是______和_____。

（7）磁盘格式化时会在分区中创建__________。

（8）把一个分区与一个目录绑定，这个操作称为__________。

（9）挂载和卸载的命令分别是__________和__________。

（10）Linux 文件系统的内部数据结构包括__________、__________、__________、__________和__________。

（11）Linux 文件系统中的链接分为__________和__________。

（12）硬链接文件只是原文件的一个__________，删除硬链接文件不会影响原文件。

（13）符号链接也称为__________，是一个独立的文件，有自己的 inode。

（14）磁盘配额管理包括__________、__________和__________。

（15）磁盘配额的实施主要是为了限制用户使用__________、__________和数量。

（16）XFS 使用__________命令完成全部的磁盘配额操作。

（17）LVM 将一块或多块磁盘组合成一个存储池，称为__________，并在其上划分出不同大小的__________。

（18）_______类似于物理磁盘上的数据块，是 LV 的划分单元，也是 LVM 的最小存储单元。

（19）RAID 通过对数据进行__________，实现对数据的成块存取。

3．简答题

（1）简述磁盘分区的作用和主要步骤。

（2）进行挂载操作时需要注意哪些方面？

（3）Linux 文件系统有哪些内部数据结构？分别有什么作用？

（4）磁盘配额的主要作用是什么？有哪几种磁盘配额方式？

（5）创建 LVM 主要有哪 3 个阶段？每个阶段完成什么任务？

（6）RAID 技术有哪些功能？

项目6 网络管理

06

学习目标

知识目标

- 了解几种常用的网络配置方法。
- 熟悉常用的网络管理命令。
- 了解使用 VNC 配置远程桌面的方法。
- 了解 SSH 服务器的配置方法。

能力目标

- 熟练掌握使用系统图形用户界面配置网络的方法。
- 熟练掌握使用 nmtui 工具配置网络的方法。
- 熟练掌握使用 nmcli 命令配置网络的方法。
- 能够使用 VNC 软件配置远程桌面。
- 能够配置 SSH 服务器。

素质目标

- 配置网络参数，理解计算机网络的通信方式和安全隐患，培养“网络无边，安全有界”的网络安全意识。
- 配置网络防火墙，理解防火墙在网络安全体系中的重要作用，增强筑牢网络安全防线和坚守网络安全底线的意识。同时，学会居安思危，不断学习新技术，防患于未然。
- 配置远程桌面，理解与此相关的网络风险，培养构建健康网络空间的责任感和荣誉感，自觉践行“网络红客”精神。

项目引例

尤博现在越来越喜欢统信UOS了，尤其喜欢在终端窗口中通过执行各种命令完成工作。但是接触统信UOS这么久，尤博还从来没有配置过系统的网络。尤博不知道怎样使虚拟机连接互联网，也不知道在统信UOS中配置网络是否复杂。带着这些疑问，尤博又一次走进了韩经理的办公室。韩经理告诉尤博，统信UOS的网络功能非常强大，配置网络的方式也不止一种。另外，系统管理员除了要保证网络联通性，还要重点关注网络安全性。韩经理让尤博做好准备，学习的“列车”即将驶入丰富多彩的统信UOS“网络大世界”。

任务 6.1 配置网络

任务概述

计算机能联网的前提是要有正确的网络配置，这是 Linux 系统管理员的重要工作内容。与其他 Linux 发行版一样，统信 UOS 也具有非常强大的网络功能。本任务重点介绍在统信 UOS 中配置基础网络信息和系统主机名的几种常见方式，以及常用的网络管理命令。

知识准备

6.1.1 配置基础网络信息

本书的所有实验均基于 VMware 虚拟机，因此必须首先确定使用哪种网络连接模式。前文说过，VMware 提供了 3 种网络连接模式，分别是桥接模式、网络地址转换（Network Address Translation，NAT）模式和仅主机模式，这 3 种模式有不同的应用场合。

（1）桥接模式。在这种模式下，物理机变为一台虚拟交换机，物理机的网卡与虚拟机的虚拟网卡利用虚拟交换机进行通信，物理机与虚拟机在同一网段中，虚拟机可直接利用物理网络访问外网。

（2）NAT 模式。在 NAT 模式下，物理机更像一台路由器，兼具 NAT 服务器与 DHCP 服务器的功能。物理机为虚拟机分配不同于自己网段的 IP 地址，虚拟机必须通过物理机才能访问外网。

（3）仅主机模式。这种模式阻断了虚拟机与外网的连接，虚拟机只能与物理机相互通信。

V6-1 VMware 网络连接模式

下面以 NAT 模式为例说明如何配置网络。

首先，为当前虚拟机选择 NAT 模式。在 VMware 中，选择【虚拟机】→【设置】命令，弹出【虚拟机设置】对话框，如图 6-1 所示。单击【网络适配器】，选中【NAT 模式(N)：用于共享主机的 IP 地址】单选按钮，单击【确定】按钮。

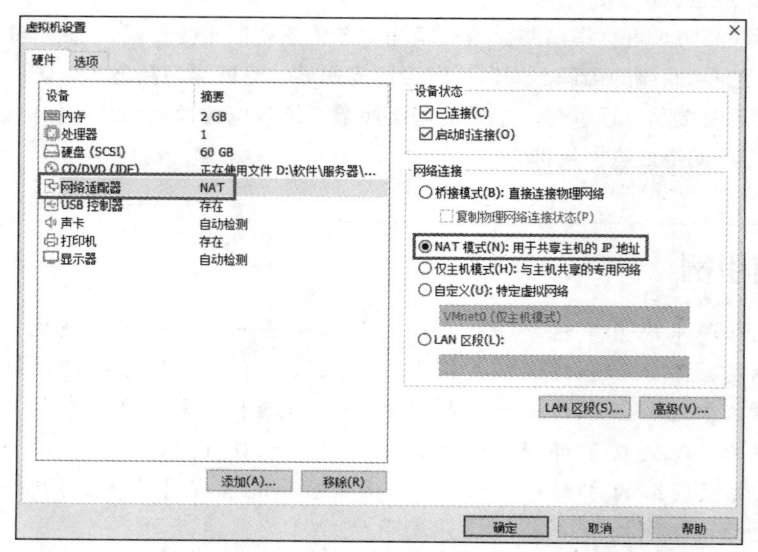

图 6-1 【虚拟机设置】对话框

其次，在 VMware 中，选择【编辑】→【虚拟网络编辑器】命令，弹出【虚拟网络编辑器】对话框，如图 6-2 所示。选中【NAT 模式（与虚拟机共享主机的 IP 地址）】单选按钮，在对话框底部的【子网 IP】文本框中输入 192.168.62.0，在【子网掩码】文本框中输入 255.255.255.0。单击【应用】按钮保存设置。单击【NAT 设置】按钮，弹出【NAT 设置】对话框，查看 NAT 模式的默认设置，如图 6-3 所示。注意，除任务实施外，本书所有的网络实验均在 192.168.62.0/24 网段中实施，虚拟机网关和 DNS 地址均设为 192.168.62.2。

图 6-2 【虚拟网络编辑器】对话框

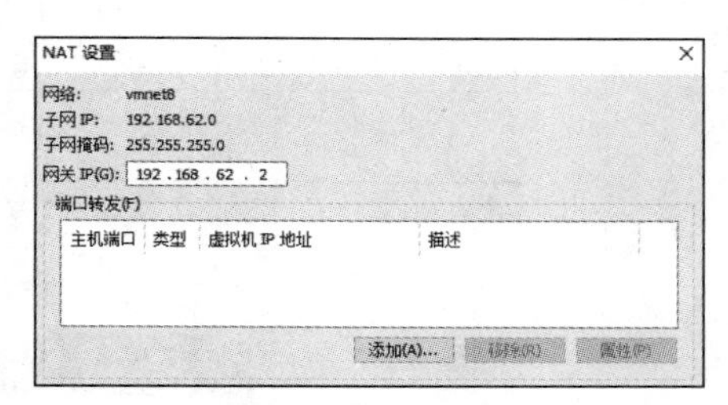

图 6-3 NAT 模式的默认设置

下面分别介绍统信 UOS 中 3 种常用的网络配置方法。

1. 使用图形用户界面进行网络配置

Linux 初学者适合使用图形用户界面配置网络。选择桌面左下角的【启动器】→【控制中心】选项，在系统配置窗口中选择【网络】选项，进入网络管理器配置界面，如图 6-4 所示。由于当前还未配置网络，所以有线网络的状态为“已断开”。

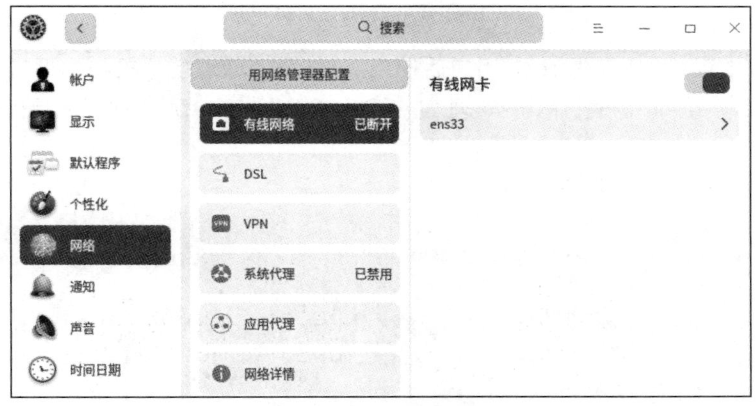

图 6-4 网络管理器配置界面

在图 6-4 中，ens33 是虚拟机当前使用的网卡的名称。单击窗口右侧的“>”图标，进入网卡配置界面，如图 6-5 所示。首先启用网卡的【自动连接】属性，使网卡在系统启动后自动连接网络，然后将 IP 地址配置方法设置为【手动】，接下来依次配置网卡的 IP 地址、子网掩码、网关及 DNS 地址。本例中，虚拟机的 IP 地址为 192.168.62.213。单击【保存】按钮保存网络配置。此时，网卡尝试连接有线网络。连接成功后状态变为“已连接”，如图 6-6 所示。

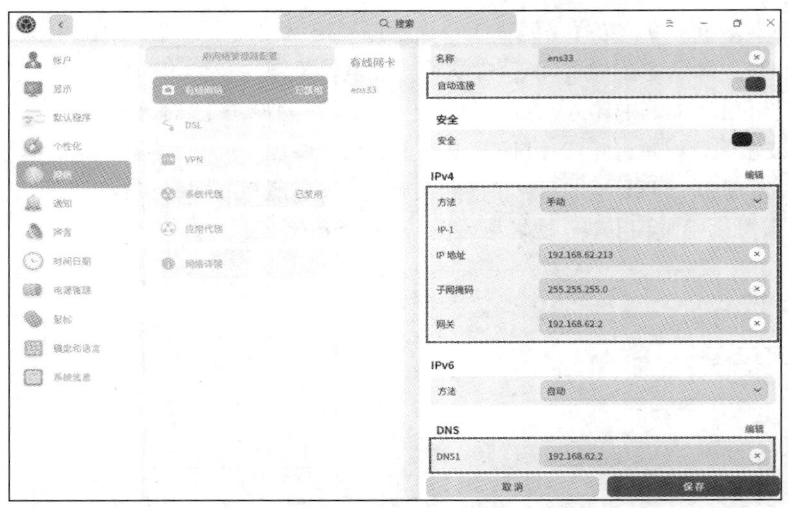

图 6-5　网卡配置界面

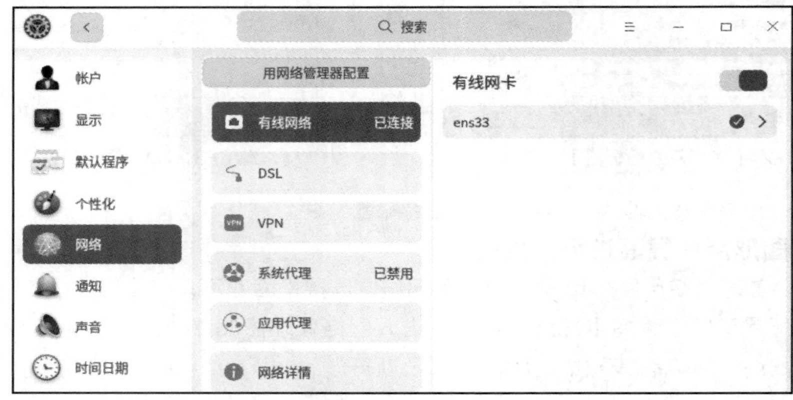

图 6-6　网络配置成功

打开一个终端窗口，切换为 root 用户后使用 ping 命令验证虚拟机与物理机的网络联通性，如例 6-1 所示。本例中，物理机的 IP 地址为 192.168.50.104。ping 命令的具体用法详见 6.1.3 小节。

例 6-1：验证虚拟机网络配置

```
[root@uosv20 ~]# ping -c 3 192.168.50.104
PING 192.168.50.104 (192.168.50.104) 56(84) bytes of data.
64 bytes from 192.168.50.104: icmp_seq=1 ttl=128 time=0.672 ms
64 bytes from 192.168.50.104: icmp_seq=2 ttl=128 time=0.947 ms
64 bytes from 192.168.50.104: icmp_seq=3 ttl=128 time=0.982 ms
```

2. 使用 nmtui 命令进行网络配置

nmtui 命令是 Linux 操作系统提供的一个具有字符界面的文本配置工具。在终端窗口中，以 root 用户身份使用 nmtui 命令即可进入【网络管理器】界面，如图 6-7 所示。通过键盘的上、下方向键可以选择不同的操作，通过左、右方向键可以在不同的功能区之间跳转。

在【网络管理器】界面中，选择【编辑连接】后按【Enter】键，可以看到系统当前已有的网卡及操作列表，如图 6-8 所示。选择【ens33】，按【Enter】键后进入 nmtui 的【编辑连接】界面，如图 6-9 所示。

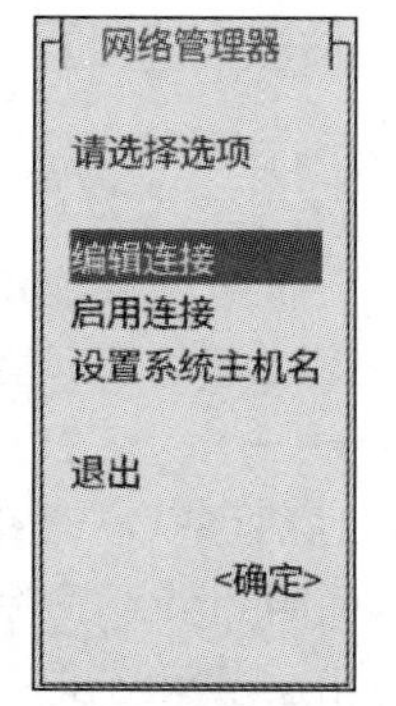

图 6-7 【网络管理器】界面

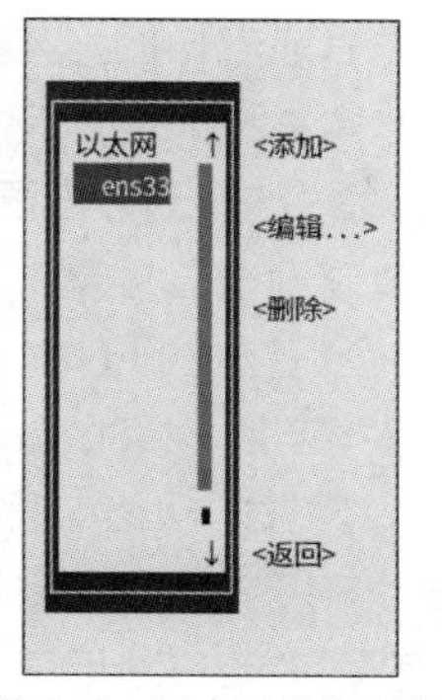

图 6-8 网卡及操作列表

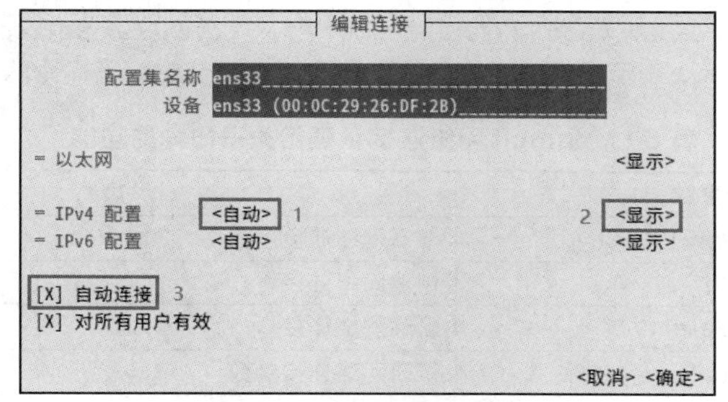

图 6-9 【编辑连接】界面

nmtui 的配置项都集中在【编辑连接】界面中。在【编辑连接】界面位置 1 处的【自动】按钮处按【Space】键，将 IP 地址的配置方式设为【手动】。在位置 2 处的【显示】按钮处按【Space】键，系统界面会出现和 IP 地址相关的文本框。依次配置 IP 地址、网关地址和 DNS 服务器地址，如图 6-10 所示。配置结束后，在【确定】处按【Enter】键保存网络配置并回到图 6-8 所示的界面，然后在【返回】按钮处按【Enter】键回到图 6-7 所示的界面。选择【启用连接】后按【Enter】键，在有线网卡列表中选择【ens33】，按【Enter】键激活 ens33 网卡，如图 6-11 所示。可以看到，网卡激活成功后在其名称左侧会出现一个“*”符号。

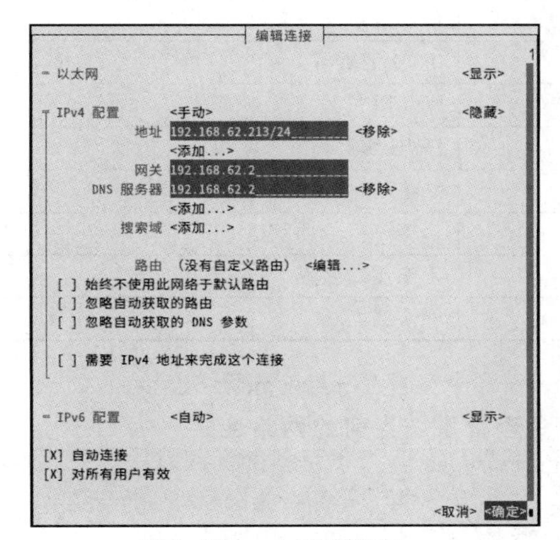

图 6-10 nmtui 配置界面

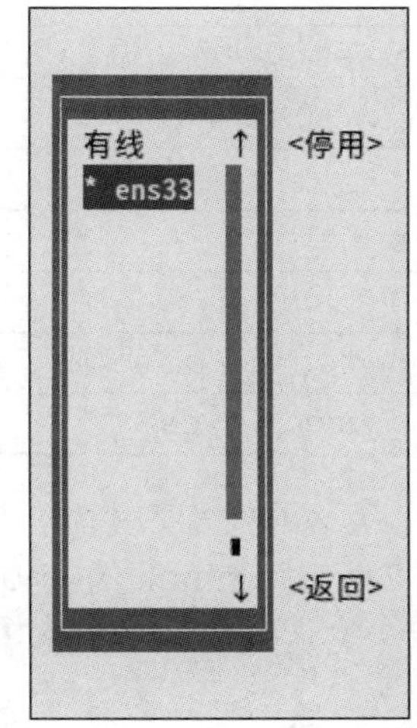

图 6-11 激活网卡

虽然 nmtui 的操作界面不像图形用户界面那么清晰明了，但是熟悉相关操作之后，我们会发现 nmtui 其实是一个非常方便的网络配置工具。

3. 使用 nmcli 命令进行网络配置

Linux 操作系统通过网络管理器（NetworkManager）守护进程管理和监控网络，而 nmcli 命令可以控制 NetworkManager 守护进程。网络管理器管理网络的基本形式是“连接”（Connection）。一个连接就是一组网络配置的集合，包括 IP 地址、网关、网络二层信息等内容。网络管理器可以管理多个网络连接，但同一时刻只有一个网络连接处于激活状态。使用 nmcli 命令可以创建、修改、删除、激活和禁用网络连接，还可以控制和显示网络设备状态。nmcli 命令的功能非常强大，和网络连接管理相关的子命令如下。

微课

V6-2 使用 nmcli 命令进行网络配置

```
nmcli connection show | add | delete | modify | up | down | reload   conn_name
```

其中，*conn_name* 表示网络连接的名称。表 6-1 列出了这些子命令的功能。

表 6-1 nmcli 网络连接管理相关子命令的功能

命令参数	功能
nmcli connection show [--active]	查看网络连接
nmcli connection add	创建网络连接
nmcli connection delete	删除网络连接
nmcli connection modify	修改网络连接参数
nmcli connection up	激活一个网络连接
nmcli connection down	禁用网络连接
nmcli connection reload	重新加载网络连接的配置

本书后面会反复使用 modify 子命令配置网络连接参数，表 6-2 列出了常用的 modify 子命令的网络连接参数及其含义。

表 6-2 常用的 modify 子命令的网络连接参数及其含义

网络连接参数	含义
ipv4.method	自动或手动设置网络参数
ipv4.addresses 或 ip4	IPv4 地址
ipv4.gateway 或 gw4	默认网关
ipv4.dns	DNS 服务器
ipv4.dns-search	域名
connection.autoconnect 或 autoconnect	是否开机启动网络
connection.interface-name 或 ifname	网络接口名称
connection.type 或 type	网卡类型

例 6-2 演示了如何使用 nmcli 的 show 子命令查看系统当前的网络连接。

例 6-2：使用 nmcli 的 show 子命令查看系统当前的网络连接

```
[root@uosv20 ~]# nmcli connection show              // 查看网络连接
NAME    UUID                                  TYPE      DEVICE
ens33   90ebe7d2-45ba-441b-b4c0-86754f79c1bb  ethernet  ens33
```

例 6-3 所示是使用 nmcli 的 modify 子命令配置网络连接参数的具体示例。注意：修改网络连接参数之后要用 nmcli 的 up 子命令重新激活网络连接。

例 6-3：使用 nmcli 的 modify 子命令配置网络连接参数

```
[root@uosv20 ~]# nmcli connection modify ens33 autoconnect yes \
> ipv4.method manual \
> ip4 192.168.62.213/24   \
> gw4 192.168.62.2   \
> ipv4.dns 192.168.62.2
[root@uosv20 ~]# nmcli connection up ens33
连接已成功激活（D-Bus 活动路径：/org/freedesktop/NetworkManager/ActiveConnection/4）
```

nmcli 命令的参数及其取值非常多。幸运的是，nmcli 命令支持自动补全功能。也就是说，使用【Tab】键可以显示 nmcli 可用的子命令、网络参数及其取值。大家可以动手尝试一下。

6.1.2 修改系统主机名

虽然计算机之间通信时使用 IP 地址作为唯一的身份标志，但是在局域网中，往往使用主机名对主机进行区分。相比数字形式的 IP 地址，主机名更加直观，因此更容易理解和记忆。Linux 系统支持 3 种类型的主机名。

➢ 静态主机名（Static Hostname）。静态主机名是启动系统时从文件/etc/hostname 中加载的主机名，也称为内核主机名。

➢ 临时主机名（Transient Hostname）。临时主机名也称为动态主机名或瞬态主机名。临时主机名由内核维护，保存在文件/proc/sys/kernel/hostname 中。这个主机名一般是系统运行过程中因为某些需要而临时设置的主机名，可由 DHCP 或 DNS 服务动态分配。

➢ 灵活主机名（Pretty Hostname）。灵活主机名在形式上更加自由，可以包含特殊字符，主要用于给终端用户使用。

使用 hostname 命令可以查看系统当前的主机名，如例 6-4 所示。

例 6-4：查看系统主机名

```
[zys@uosv20 ~]$ hostname
uosv20
```

微课

V6-3 修改系统主机名

下面介绍几种修改统信 UOS 主机名的常用方法。

1. 在图形用户界面中修改主机名

选择桌面左下角的【启动器】→【控制中心】选项，在系统配置窗口中选择【系统信息】选项，进入系统基本信息界面，如图 6-12 所示。在【计算机名】处可以修改静态主机名。打开一个新的终端窗口或重新登录系统，即可看到静态主机名修改生效。具体效果这里不演示。

2. 使用 nmtui 命令修改主机名

使用 nmtui 命令也可以修改静态主机名。在图 6-7 所示的【网络管理器】界面中，选择【设置系统主机名】后按【Enter】键，进入【设置主机名】界面，如图 6-13 所示。本例将主机名修改为 uosv20-1。修改完成后，打开文件/etc/hostname 即可看到新的主机名，如例 6-5 所示。注意，已经打开的终端窗口并不会同步更新主机名，需要关闭后打开新的终端窗口才可以看到。

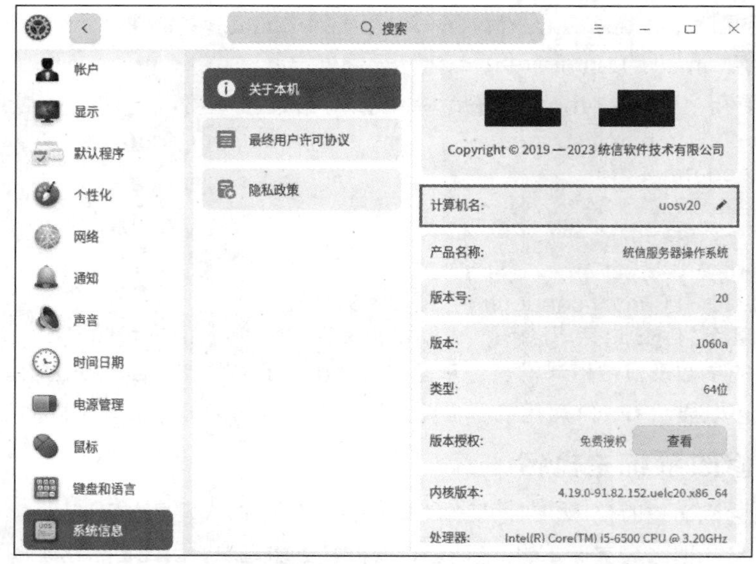

图 6-12　系统基本信息界面

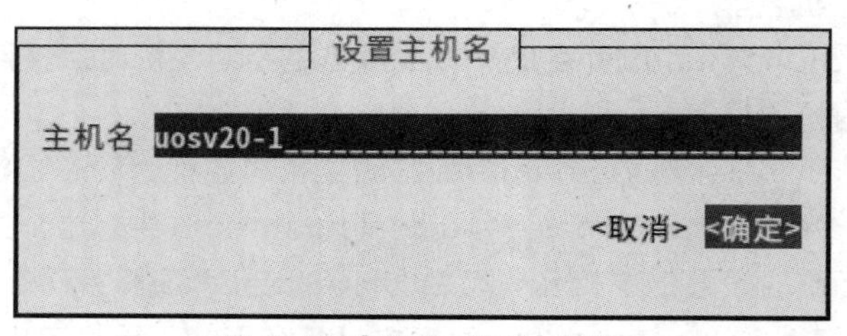

图 6-13 【设置主机名】界面

例 6-5：使用 nmtui 命令修改主机名

```
[root@uosv20 ~]# cat /etc/hostname
uosv20-1
[root@uosv20-1 ~]#          // 重新打开终端窗口，即可看到新的主机名
```

3. 使用 nmcli 命令修改主机名

使用 nmcli 命令修改主机名的，如例 6-6 所示。本例将主机名修改为 uosv20-2。注意，这种方法修改的是静态主机名。

例 6-6：使用 nmcli 命令修改主机名

```
[root@uosv20-1 ~]# nmcli general hostname
uosv20-1            <== 当前主机名
[root@uosv20-1 ~]# nmcli general hostname uosv20-2
[root@uosv20-1 ~]# nmcli general hostname
uosv20-2            <==主机名修改成功
[root@uosv20-2 ~]#          // 重新打开终端窗口，即可看到新的主机名
[root@uosv20-2 ~]# cat /etc/hostname
uosv20-2
```

4. 使用 hostname 命令修改主机名

hostname 命令可以修改系统的临时主机名，如例 6-7 所示。重新打开一个终端窗口，可以看到新的主机名。注意，由于修改的是临时主机名，所以文件/etc/hostname 中的内容并未改变，而且重启系统后终端窗口中显示的仍然是静态主机名。

例 6-7：使用 hostname 命令修改主机名

```
[root@uosv20-2 ~]# hostname uosv20-3
[root@uosv20-2 ~]# hostname
uosv20-3          <== 临时主机名
[root@uosv20-2 ~]# cat /etc/hostname
uosv20-2
```

5. 使用 hostnamectl 命令修改主机名

hostnamectl 是专门用于查看和管理系统主机名的命令。单独执行 hostnamectl 命令，可以显示系统主机名及其他相关信息。使用 hostnamectl 的 status 子命令并结合“--static”“--transient”和“--pretty”等长格式选项，可以分别查看系统的静态主机名、临时主机名和灵活主机名，如例 6-8 所示。

例 6-8：使用 hostnamectl 命令查看主机名相关信息

```
[root@uosv20-3 ~]# hostnamectl
   Static hostname: uosv20-2
Transient hostname: uosv20-3
[root@uosv20-3 ~]# hostnamectl status --static
uosv20-2
```

使用 hostnamectl 的 set-hostname 子命令可以同时修改系统的静态主机名、临时主机名和灵活主机名。另外，还可以分别使用“--static”“--transient”和“--pretty”等长格式选项修改指定的主机名，如例 6-9 所示。

例 6-9：使用 hostnamectl 命令修改主机名

```
[root@uosv20-3 ~]# hostnamectl
   Static hostname: uosv20-2
Transient hostname: uosv20-3
[root@uosv20-3 ~]# hostnamectl set-hostname uosv20-4
[root@uosv20-3 ~]# hostnamectl status --static
uosv20-4
[root@uosv20-3 ~]# hostnamectl status --transient
uosv20-4
[root@uosv20-3 ~]# hostnamectl set-hostname uosv20 --static
[root@uosv20-3 ~]# cat /etc/hostname
uosv20
```

6.1.3 常用网络管理命令

Linux 系统管理员经常使用一些命令进行网络配置和调试。这些命令功能强大，使用简单。下面介绍几个 Linux 操作系统中常用的网络管理命令。

微课

V6-4 Linux 常用网络管理命令

1. ping 命令

前文中我们已经使用了 ping 命令。ping 命令是最常用的测试网络联通性的命令之一。ping 命令向目的主机连续发送多个 ICMP（互联网控制报文协议）分组，记录目的主机能否正常响应及响应时间。ping 命令的基本语法如下。

```
ping  [ -c | -i | -s | -t | -w ]  dest_ip
```

其中，*dest_ip* 是目的主机的 IP 地址或域名。

例 6-10 演示了 ping 命令的基本用法，目的主机分别为人民邮电出版社和中华人民共和国教育部的官方网站服务器。ping 命令默认情况下会不停地发送数据包，可以通过【Ctrl+C】组合键手动终止 ping 命令，或者使用“-c”选项指定发送的数据包的数量。需要注意的是，在统信 UOS 中，默认情况下，普通用户没有权限执行 ping 命令，因此这里使用 sudo 命令获得相应的执行权限。具体的配置方法参见 3.2.2 小节，这里不赘述。

例 6-10：ping 命令的基本用法

```
[zys@uosv20 ~]$ sudo ping www.ptpress.com.cn
PING www.ptpress.com.cn (39.96.127.170) 56(84) bytes of data.
64 bytes from 39.96.127.170 (39.96.127.170): icmp_seq=1 ttl=128 time=30.0 ms
64 bytes from 39.96.127.170 (39.96.127.170): icmp_seq=2 ttl=128 time=31.3 ms
64 bytes from 39.96.127.170 (39.96.127.170): icmp_seq=3 ttl=128 time=32.7 ms
^C        <== 按【Ctrl+C】组合键手动终止 ping 命令
[zys@uosv20 ~]$ sudo ping -c 2 www.moe.gov.cn       // 只发送两个 ICMP 分组
PING hcdnw101.v3.ipv6.cdnhwcprh113.com (36.150.90.86) 56(84) bytes of data.
64 bytes from 36.150.90.86 (36.150.90.86): icmp_seq=1 ttl=128 time=17.7 ms
64 bytes from 36.150.90.86 (36.150.90.86): icmp_seq=2 ttl=128 time=18.0 ms
```

2. ss 命令

ss 是 Socket Statistics（套接字统计）的缩写。从名字上可以看出，ss 命令主要用于统计套接字信息。从功能上来说，ss 命令和传统的 netstat 命令类似，但是 ss 命令可以显示更多、更详细的 TCP（传输控制协议）和网络连接状态信息，执行起来也要比 netstat 命令更加快速、高效。尤其是在服务器需要维护数量巨大的套接字时，ss 命令的优势更加明显。常用的 ss 命令选项及其功能说明如表 6-3 所示。

表 6-3　常用的 ss 命令选项及其功能说明

选项	功能说明
-n	不解析服务名
-r	尝试解析数字形式的地址或端口
-a	显示所有套接字
-l	显示监听状态的套接字信息
-4	仅显示 IPv4 的套接字，相当于 -f net
-6	仅显示 IPv6 的套接字，相当于 -f net6
-t	仅显示 TCP 的套接字信息
-u	仅显示 UDP（用户数据报协议）的套接字信息
-p	显示使用套接字的进程

ss 命令的用法很多，下面仅演示 ss 命令的基本用法，如例 6-11 所示。

例 6-11：ss 命令的基本用法

```
[zys@uosv20 ~]$ ss -tln
State    Recv-Q    Send-Q   Local Address:Port    Peer Address:Port    Process
LISTEN     0          128          0.0.0.0:22            0.0.0.0:*
LISTEN     0          511             *:80                 *:*
LISTEN     0          128           [::]:22              [::]:*
[zys@uosv20 ~]$ ss -tlr
State    Recv-Q   Send-Q    Local Address:Port    Peer Address:Port    Process
LISTEN     0        128          0.0.0.0:ssh           0.0.0.0:*
LISTEN     0        511             *:http               *:*
```

```
LISTEN      0         32                 *:ftp                   *:*
[zys@uosv20 ~]$ ss -lr4
Netid  State   Recv-Q  Send-Q  Local Address:Port  Peer Address:Port  Process
udp    UNCONN   0        0       0.0.0.0:mdns          0.0.0.0:*
udp    UNCONN   0        0       localhost:323         0.0.0.0:*
tcp    LISTEN   0        128     0.0.0.0:ssh           0.0.0.0:*
tcp    LISTEN   0        5       localhost:ipp         0.0.0.0:*
```

3. ifconfig 命令

ifconfig 命令可用于查看或配置 Linux 中的网络设备。ifconfig 命令的参数比较多，这里不展开介绍。下面仅演示使用 ifconfig 命令查看指定网络接口信息的方法，如例 6-12 所示。

例 6-12：ifconfig 命令的基本用法

```
[zys@uosv20 ~]$ ifconfig ens33       // 查看 ens33 网络接口的相关信息
ens33: flags=4163<UP,BROADCAST,RUNNING,MULTICAST>
        inet 192.168.62.213  netmask 255.255.255.0  broadcast 192.168.62.255
        inet6 fe80::468c:95a1:7367:1c60  prefixlen 64  scopeid 0x20<link>
        ether 00:0c:29:26:df:2b  txqueuelen 1000  (Ethernet)
```

4. ip 命令

ip 命令可以说是 Linux 系统中最强大的网络管理命令之一，可以用于查看和管理路由、网络接口及隧道信息。ip 命令有许多子命令，如 netns、address、route、link 和 neigh 等。下面仅简单介绍本书后面实验中经常使用的 address 子命令。ip 命令的其他用法可以参考 man 命令进行学习。

可以使用 ip 命令的 address 子命令查看网卡 IP 地址，或者为网卡添加、删除 IP 地址，如例 6-13 所示。注意，address 子命令可缩写为 a、ad、add 或 addr 等。另外，通过 ip address add 命令添加的 IP 地址只是临时地址，重启系统后该地址将失效。

例 6-13：address 子命令的基本用法

```
[root@uosv20 ~]# ip address show ens33
2: ens33: <BROADCAST,MULTICAST,UP,LOWER_UP>
    link/ether 00:0c:29:26:df:2b brd ff:ff:ff:ff:ff:ff
    inet 192.168.62.213/24 brd 192.168.62.255 scope global noprefixroute ens33
[root@uosv20 ~]# ip address add 192.168.62.214/24 dev ens33 //添加临时地址
[root@uosv20 ~]# ip address show ens33
2: ens33: <BROADCAST,MULTICAST,UP,LOWER_UP>
    inet 192.168.62.213/24 brd 192.168.62.255
    inet 192.168.62.214/24 scope global secondary ens33
[root@uosv20 ~]# ip address del 192.168.62.214/24 dev ens33  // 删除 IP 地址
```

在日常的网络管理工作中，系统管理员会经常使用这些命令进行网络配置和调试。限于篇幅，本小节只简单介绍这些常用网络管理命令的基本用法。大家别忘了可以借助强大的 man 命令了解它们的详细用法，或者查询其他相关资料进行深入学习。

任务实施

实验：配置服务器基础网络

韩经理听说尤博准备参加全国职业院校技能大赛的网络系统管理赛项，正巧韩经理曾经担任过这个赛项的企业专家，因此他打算以此为契机，带着尤博完成企业网络服务器搭建。韩经理找到了比较有代表性的企业网络服务器逻辑拓扑，如图 6-14 所示。在该拓扑中，内网区域包含两台服务器，即应用服务器 appsrv 和文件服务器 storagesrv，一台出口网关 routersrv，以及一台内网客户端 insidecli。外网区域包含一台服务器 ispsrv 和一台外网客户端 outsidecli。实验的目标是为企业员工提供便捷、安全、稳定的内外网络服务，确保网络设备和应用正常运行。考虑到尤博目前的实际水平，韩经理决定先实现内网的基本网络配置，保证服务器之间的网络联通性。各个设备的配置参数如表 6-4 所示。注意，内网客户端 insidecli 的 IP 地址要通过 appsrv 的 DHCP 服务动态获得。注：拓扑图中的 vSwitch 表示虚拟机中的一张网卡。

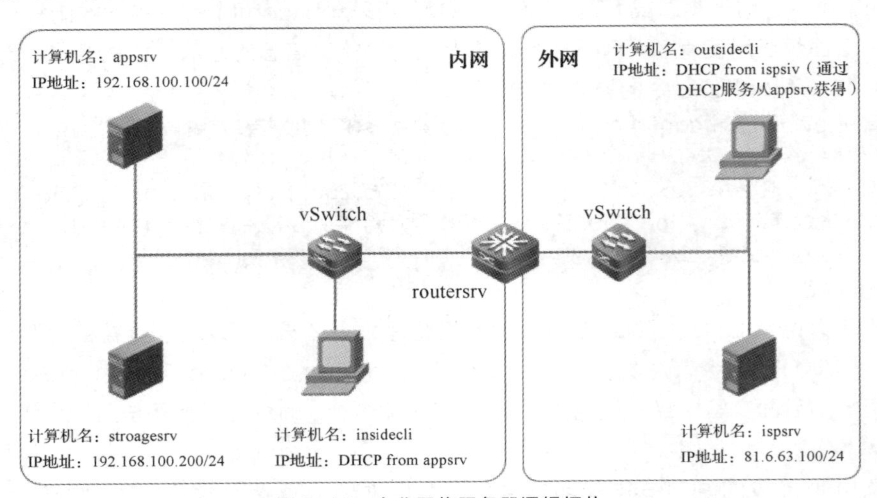

图 6-14　企业网络服务器逻辑拓扑

表 6-4　各个设备的配置参数

设备	操作系统	主机名	IP 地址/子网掩码/网关
应用服务器	统信 UOS	appsrv	192.168.100.100/255.255.255.0/192.168.100.254
文件服务器	统信 UOS	storagesrv	192.168.100.200/255.255.255.0/192.168.100.254
出口网关	统信 UOS	routersrv	192.168.100.254/255.255.255.0/无 192.168.0.254/255.255.255.0/无
内网客户端	统信 UOS	insidecli	DHCP from appsrv

下面是韩经理的操作步骤。

第 1 步：在 VMware 中安装 4 台统信 UOS 虚拟机，如图 6-15 所示。为减轻物理机硬件压力，可将应用服务器、文件服务器和出口网关安装为只有字符界面的操作系统（图 1-19 中选择【最小安装】单选按钮），内网客户端安装为带图形用户界面的操作系统（图 1-19 中选择【带 DDE 的服务器】单选按钮）。

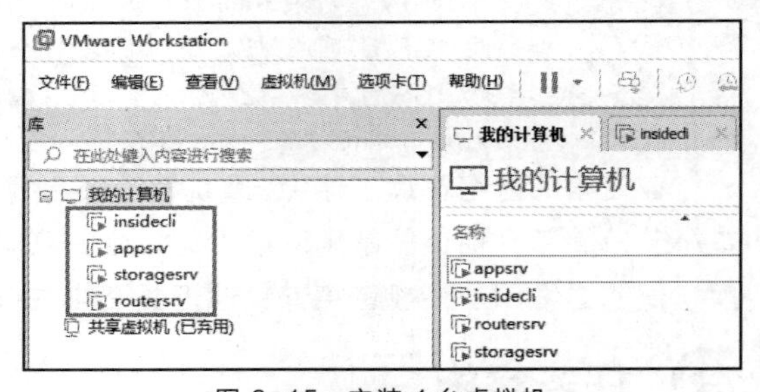

图 6-15　安装 4 台虚拟机

第 2 步：为虚拟机添加虚拟网络。在图 6-2 所示的【虚拟网络编辑器】对话框中，单击【添加网络】按钮，弹出【添加虚拟网络】对话框，如图 6-16 所示。在【添加虚拟网络】对话框中选择【VMnet11】，单击【确定】按钮返回【虚拟网络编辑器】对话框。选择 VMnet11 条目，将其设置为仅主机模式，取消选中【使用本地 DHCP 服务将 IP 地址分配给虚拟机】复选框，然后将 VMnet11 的子网 IP 地址和子网掩码分别设为 192.168.100.0 和 255.255.255.0，如图 6-17 所示。单击【应用】按钮保存设置。采用同样的方法添加虚拟网络 VMnet12，将子网 IP 地址和子网掩码分别设为 192.168.0.0 和 255.255.255.0，如图 6-18 所示。单击【确定】按钮返回 VMware 主界面。

添加虚拟网络
选择要添加的网络(S): VMnet11
确定 取消 帮助

图 6-16 【添加虚拟网络】对话框

虚拟网络编辑器

名称	类型	外部连接	主机连接	DHCP	子网地址
VMnet0	仅主机模式	-	已连接	已启用	192.168.217.0
VMnet1	仅主机模式	-	已连接	-	192.168.150.0
VMnet8	NAT 模式	NAT 模式	已连接	-	192.168.62.0
VMnet11	仅主机模式	-	已连接	-	192.168.100.0

添加网络(E)... 移除网络(O) 重命名网络(W)...
VMnet 信息
桥接模式(将虚拟机直接连接到外部网络)(B)
已桥接至(G): 自动设置(U)...
NAT 模式(与虚拟机共享主机的 IP 地址)(N) NAT 设置(S)...
仅主机模式(在专用网络内连接虚拟机)(H)
将主机虚拟适配器连接到此网络(V)
主机虚拟适配器名称: VMware 网络适配器 VMnet11
使用本地 DHCP 服务将 IP 地址分配给虚拟机(D) DHCP 设置(P)...
子网 IP (I): 192 . 168 . 100 . 0 子网掩码(M): 255 . 255 . 255 . 0
还原默认设置(R) 导入(T)... 导出(X)... 确定 取消 应用(A) 帮助

图 6-17 设置虚拟网络 VMnet11

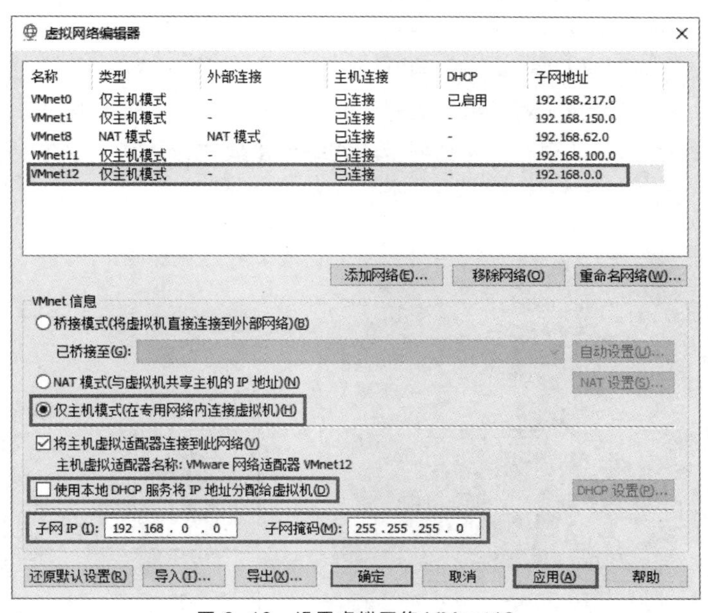

图 6-18 设置虚拟网络 VMnet12

第 3 步：配置应用服务器 appsrv 的虚拟网卡。在图 6-15 所示的界面中右击 appsrv 虚拟机条目，选择【设置】命令，弹出【虚拟机设置】对话框。在【虚拟机设置】对话框中选择【网络适配器】，将网络连接模式修改为【自定义】，并从下拉列表中选择【VMnet11(仅主机模式)】，如图 6-19 所示。单击【确定】按钮保存设置。采用同样的方法将文件服务器 storagesrv 的网络连接模式修改为【VMnet11(仅主机模式)】。

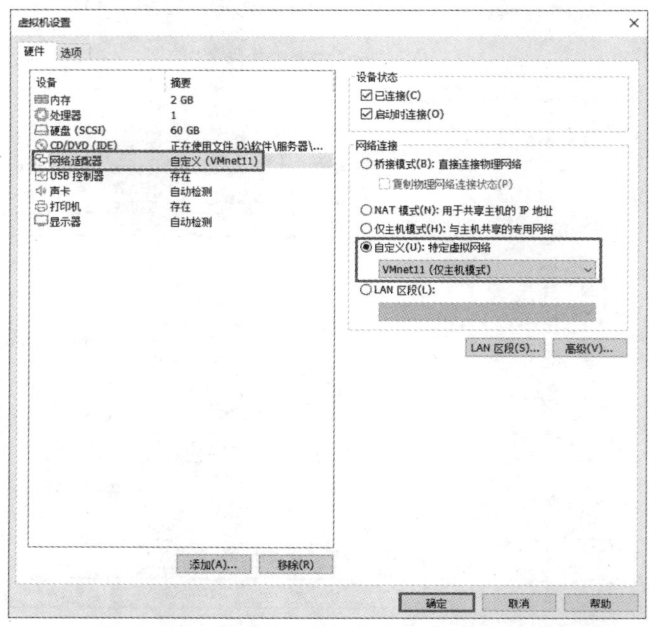

图 6-19 设置虚拟机网络连接模式

第 4 步：为出口网关 routersrv 添加一张虚拟网卡。在图 6-15 所示的界面中右击 routersrv 虚拟机条目，选择【设置】命令，弹出【虚拟机设置】对话框。在【虚拟机设置】对话框中单击【添加】按钮，弹出【添加硬件向导】对话框，如图 6-20 所示。选择【网络适配器】，单击【完成】按钮，返回【虚拟机设置】对话框。此时，在【虚拟机设置】对话框中可以看到新添加的虚拟网卡，如图 6-21 所示。注意，这两张网卡的网络连接模式均是默认的 NAT 模式。

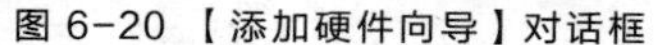

图 6-20 【添加硬件向导】对话框

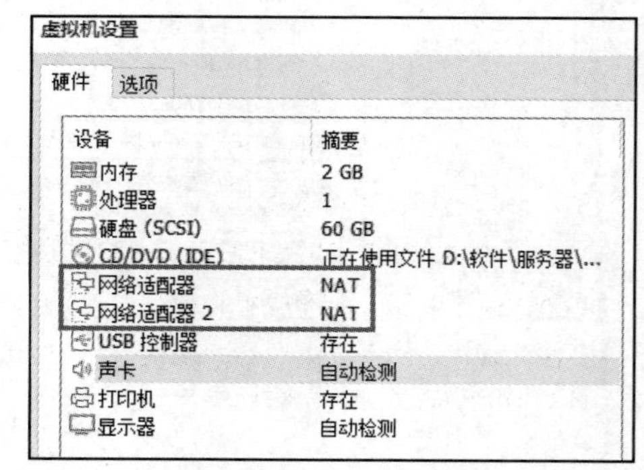

图 6-21 新添加的虚拟网卡

第 5 步：采用第 3 步中的方式将两张网卡的网络连接模式修改为【VMnet11(仅主机模式)】

和【VMnet12(仅主机模式)】，结果如图 6-22 所示。

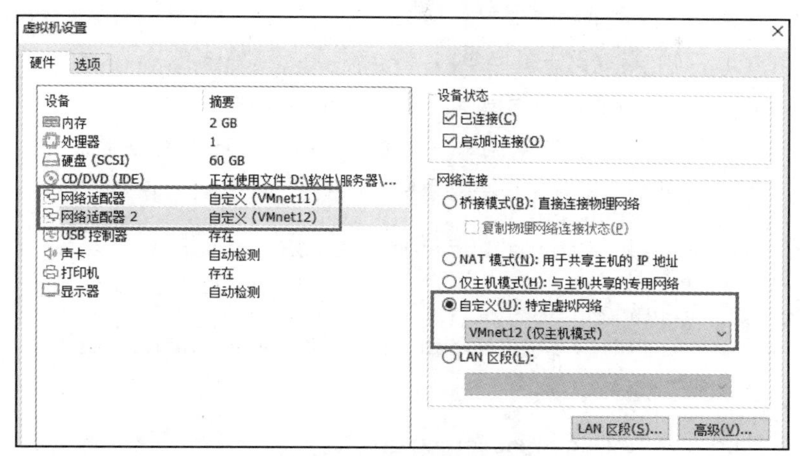

图 6-22　设置 routersrv 网络连接模式

第 6 步：分别登录 3 台设备，按照表 6-4 中的要求设置各个设备的主机名。例 6-14.1 所示为配置之后的结果。

例 6-14.1：配置服务器基础网络——设置主机名

```
[root@appsrv ~]# hostname
appsrv
[root@storagesrv ~]# hostname
storagesrv
[root@routersrv ~]# hostname
routersrv
[root@insidecli ~]# hostname
insidecli
```

第 7 步：配置 appsrv 基础网络信息，如例 6-14.2 所示。

例 6-14.2：配置服务器基础网络——配置 appsrv 基础网络信息

```
[root@appsrv ~]# nmcli connection modify ens33 autoconnect yes \
> ipv4.method manual \
> ip4 192.168.100.100/24 \
> gw4 192.168.100.254 \
> ipv4.dns 192.168.100.100
[root@appsrv ~]# nmcli connection up ens33
[root@appsrv ~]# ip address show ens33
2: ens33: <BROADCAST,MULTICAST,UP,LOWER_UP>
    inet 192.168.62.213/24 brd 192.168.62.255 scope global noprefixroute ens33
```

第 8 步：配置 storagesrv 基础网络信息，如例 6-14.3 所示。

例 6-14.3：配置服务器基础网络——配置 storagesrv 基础网络信息

```
[root@storagesrv ~]# nmcli connection modify ens33 autoconnect yes \
> ipv4.method manual \
> ip4 192.168.100.200/24 \
> gw4 192.168.100.254 \
> ipv4.dns 192.168.100.100
[root@storagesrv ~]# nmcli connection up ens33
```

```
连接已成功激活（D-Bus 活动路径：/org/freedesktop/NetworkManager/ActiveConnection/2）
[root@storagesrv ~]# ip address show ens33
2: ens33: <BROADCAST,MULTICAST,UP,LOWER_UP>
    inet 192.168.100.200/24 brd 192.168.100.255 scope global noprefixroute ens33
```

第 9 步：配置 routersrv 基础网络信息，如例 6-14.4 所示。

例 6-14.4：配置服务器基础网络——配置 routersrv 基础网络信息

```
[root@routersrv ~]# nmcli connection add type ethernet \
> con-name ens37 ifname ens37            // 添加新网卡
[root@routersrv ~]# nmcli connection modify ens33 autoconnect yes \
> ipv4.method manual \
> ip4 192.168.100.254/24
[root@routersrv ~]# nmcli connection modify ens37 autoconnect yes \
> ipv4.method manual \
> ip4 192.168.0.254/24
[root@routersrv ~]# nmcli connection up ens33
[root@routersrv ~]# nmcli connection up ens37
[root@routersrv ~]# ip addr show ens33
2: ens33: <BROADCAST,MULTICAST,UP,LOWER_UP>
    inet 192.168.100.254/24 brd 192.168.100.255 scope global noprefixroute ens33
[root@routersrv ~]# ip addr show ens37
3: ens37: <BROADCAST,MULTICAST,UP,LOWER_UP>
    inet 192.168.0.254/24 brd 192.168.0.255 scope global noprefixroute ens37
```

第 10 步：在 routersrv 上开启路由转发，为当前实验环境提供路由功能，如例 6-14.5 所示。

例 6-14.5：配置服务器基础网络——配置 routersrv 路由转发功能

```
[root@routersrv ~]# vim /etc/sysctl.conf
net.ipv4.ip_forward=1          <== 添加这一行
[root@routersrv ~]# sysctl -p          // 查看系统设置
net.ipv4.ip_forward = 1
```

第 11 步：验证 appsrv 与另外两台服务器 routersrv 及 storagesrv 的网络联通性，如例 6-14.6 所示。

例 6-14.6：配置服务器基础网络——在 appsrv 上验证网络联通性

```
[root@appsrv ~]# ping -c 2 192.168.100.254
PING 192.168.100.254 (192.168.100.254) 56(84) bytes of data.
64 bytes from 192.168.100.254: icmp_seq=1 ttl=64 time=0.536 ms
64 bytes from 192.168.100.254: icmp_seq=2 ttl=64 time=0.281 ms
[root@appsrv ~]# ping -c 2 192.168.100.200
PING 192.168.100.200 (192.168.100.200) 56(84) bytes of data.
64 bytes from 192.168.100.200: icmp_seq=1 ttl=64 time=0.600 ms
64 bytes from 192.168.100.200: icmp_seq=2 ttl=64 time=0.323 ms
```

第 12 步：验证 storagesrv 与另外两台服务器 routersrv 及 appsrv 的网络联通性，如例 6-14.7 所示。

例 6-14.7：配置服务器基础网络——在 storagesrv 上验证网络联通性

```
[root@storagesrv ~]# ping -c 2 192.168.100.254
PING 192.168.100.254 (192.168.100.254) 56(84) bytes of data.
64 bytes from 192.168.100.254: icmp_seq=1 ttl=64 time=0.546 ms
64 bytes from 192.168.100.254: icmp_seq=2 ttl=64 time=0.377 ms
```

```
[root@storagesrv ~]# ping -c 2 192.168.100.100
PING 192.168.100.100 (192.168.100.100) 56(84) bytes of data.
64 bytes from 192.168.100.100: icmp_seq=1 ttl=64 time=0.654 ms
64 bytes from 192.168.100.100: icmp_seq=2 ttl=64 time=0.386 ms
```

第 13 步：验证 routersrv 与另外两台服务器的网络联通性，如例 6-14.8 所示。

例 6-14.8：配置服务器基础网络——在 routersrv 上验证网络联通性

```
[root@routersrv ~]# ping -c 2 192.168.100.100
PING 192.168.100.100 (192.168.100.100) 56(84) bytes of data.
64 bytes from 192.168.100.100: icmp_seq=1 ttl=64 time=0.841 ms
64 bytes from 192.168.100.100: icmp_seq=2 ttl=64 time=0.337 ms
[root@routersrv ~]# ping -c 2 192.168.100.200
PING 192.168.100.200 (192.168.100.200) 56(84) bytes of data.
64 bytes from 192.168.100.200: icmp_seq=1 ttl=64 time=0.660 ms
64 bytes from 192.168.100.200: icmp_seq=2 ttl=64 time=0.384 ms
```

至此，几台服务器的基础网络总算是配置完成了。尤博不禁提出了自己的疑问：网络联通性为什么要进行双向验证？如果从 appsrv 到 storagesrv 可以正常通信，那么从 storagesrv 到 appsrv 还有可能不通吗？韩经理微笑着向尤博解释，网络通信是有方向的，所以网络配置也要考虑网络流量的方向，不能想当然地认为网络会按照自己预期的方式运行，否则很可能出现意想不到的情况。具体的原理会在后面防火墙的相关内容中详细介绍。

知识拓展

网卡配置文件参数与 nmcli 命令参数

在 Linux 操作系统中，所有的系统设置都保存在特定的文件中，因此，配置网络其实就是修改网卡配置文件。网卡配置文件位于目录/etc/sysconfig/network-scripts 下，文件名以 ifcfg 开头。网卡配置文件中的内容与 nmcli 命令的参数是有对应关系的。下面通过表 6-5 说明网卡配置文件参数和 nmcli 命令参数的对应关系。

表 6-5　网卡配置文件参数和 nmcli 命令参数的对应关系

网卡配置文件参数	nmcli 命令参数	功能说明
TYPE=*Ethernet*	connection.type *802-3-ethernet*	网卡类型
BOOTPROTO=*none*	ipv4.method *manual*	手动配置 IP 地址
BOOTPROTO=*dhcp*	ipv4.method *auto*	自动获取 IP 地址
IPADDR=*192.168.62.213* PREFIX=*24*	ipv4.addresses *192.168.62.213/24*	IP 地址和子网掩码
GATEWAY=*192.168.62.2*	ipv4.gateway *192.168.62.2*	网关地址
DNS1=*192.168.62.2*	ipv4.dns *192.168.62.2*	DNS 服务器地址
DOMAIN=*siso.edu.cn*	ipv4.dns-search *siso.edu.cn*	域名
ONBOOT=*yes*	connection.autoconnect *yes*	是否开机启动网络
DEVICE=*ens33*	connection.interface-name *ens33*	网络接口名称

任务实训

为操作系统配置网络并保证计算机的网络联通性是每一个Linux系统管理员的主要工作之一。本实训的主要任务是练习通过不同的方式配置虚拟机网络，熟悉各种方式的操作方法。在NAT模式下分别为虚拟机配置网络并测试网络联通性。请根据以下实训内容完成实训任务。

【实训内容】

（1）登录虚拟机，打开一个终端窗口并使用su - root命令切换为root用户。

（2）使用nmtui命令修改主机名。在终端窗口中查看文件/etc/hostname中的内容是否更新。

（3）使用nmcli命令查看当前的网络连接，将网络修改为开机自动连接。

（4）在图形用户界面中设置虚拟机IP地址、子网掩码、默认网关和DNS服务器地址。

（5）使用nmcli命令激活网络连接。

（6）使用ping命令测试虚拟机与物理机的网络联通性。

任务 6.2 配置防火墙

任务概述

防火墙是提升计算机安全级别的重要机制，可以有效防止计算机遭受来自外部的恶意攻击和破坏。用户通过定义一组防火墙规则，对来自外部的网络流量进行匹配和分类，并根据规则决定是允许还是拒绝流量通过防火墙。firewalld 是统信 UOS 默认的防火墙。本任务将介绍 firewalld 的基本概念、firewalld 的安装与启停、firewalld 的基本配置。

知识准备

6.2.1 firewalld 的基本概念

微课

V6-5 认识 firewalld

firewalld 是一种支持动态更新的防火墙，也就是在不重启防火墙的情况下创建、修改和删除防火墙规则。firewalld 使用区域和服务来简化防火墙的规则配置。

1. 区域

区域包括一组预定义的规则。可以把网络接口（即网卡）和流量源指定到某个区域中，允许哪些流量通过防火墙取决于主机所连接的网络及用户为网络定义的安全级别。

计算机有可能通过网络接口与多个网络建立连接。firewalld 引入了区域和信任级别的概念，把网络分配到不同的区域中，并为网络及其关联的网络接口或流量源指定信任级别，不同的信任级别代表默认开放的服务有所不同。一个网络连接只能属于一个区域，但是一个区域可以包含多个网络连接。在区域中定义规则后，firewalld 会把这些规则应用到进入该区域的网络流量上。可以把区域理解为 firewalld 提供的防火墙策略集合（或策略模板），用户可以根据实际的使用场景选择合适的策略集合。

firewalld 预定义了 9 个区域，分别是丢弃区域、限制区域、隔离区域、工作区域、信任区域、外部区域、家庭区域、内部区域和公共区域。

2. 服务

服务是端口和协议的组合，表示允许外部流量访问某种服务所需的规则集合。使用服务来配置防火墙规则的主要好处就是减少配置工作量。在 firewalld 中放行一个服务，就相当于启用与该服务相关的端口和协议、启用数据包转发等功能，可以将多步操作集成到一条简单的规则中。

6.2.2 firewalld 的安装与启停

firewalld 是统信 UOS 自带的防火墙。统信 UOS 支持在图形界面中配置 firewalld，可以使用 firewall-config 命令启动 firewalld 的图形配置界面。例 6-15 演示了安装 firewalld 及其图形配置界面的方法。注意：使用 yum 命令安装软件需要提前配置好 YUM 源，具体方法详见本书配套电子资源。表 6-6 列出了启停防火墙服务等相关操作的命令。

微课

V6-6 配置 YUM 源

例 6-15：安装 firewalld 及其图形配置界面的方法

```
[root@uosv20 ~]# yum install firewalld -y            // 默认已安装
[root@uosv20 ~]# yum install firewall-config -y      // 默认已安装
```

表 6-6 启停防火墙服务等相关操作的命令

命令	完整形式	功能说明
start	systemctl start *firewalld*	启动防火墙服务
stop	systemctl stop *firewalld*	停止防火墙服务
restart	systemctl restart *firewalld*	重启防火墙服务，即先停止服务，再重新启动服务
reload	systemctl reload *firewalld*	重载防火墙服务，即在不重启服务的情况下重新加载服务配置文件，使配置生效
enable	systemctl enable *firewalld*	将防火墙服务设置为开机自动启动
disable	systemctl disable *firewalld*	取消防火墙服务开机自动启动
list-unit-files	systemctl list-unit-files *firewalld*	查看防火墙服务是否开机自动启动

6.2.3 firewalld 的基本配置

配置 firewalld 可以使用 firewall-config 命令、firewall-cmd 命令和 firewall-offline-cmd 命令。在终端窗口中执行 firewall-config 命令，或者选择桌面左下角的【启动器】→【防火墙】选项，输入 root 用户密码后按【Enter】键即可打开【防火墙配置】窗口，如图 6-23 所示。在图形用户界面中配置 firewalld 比较简单，本小节主要介绍如何使用 firewall-cmd 命令配置防火墙规则。firewall-cmd 命令是 firewalld 提供的命令行配置工具，功能十分强大，可以完成各种规则配置。

1. 查看 firewalld 的当前状态和当前配置

（1）查看 firewalld 的当前状态

除了可以使用 systemctl status firewalld 命令查看 firewalld 的具体状态信息外，还可以使用 firewall-cmd 命令来快速查看 firewalld 的当前状态，如例 6-16 所示。

例 6-16：查看 firewalld 的当前状态

```
[root@uosv20 ~]# firewall-cmd --state
running
```

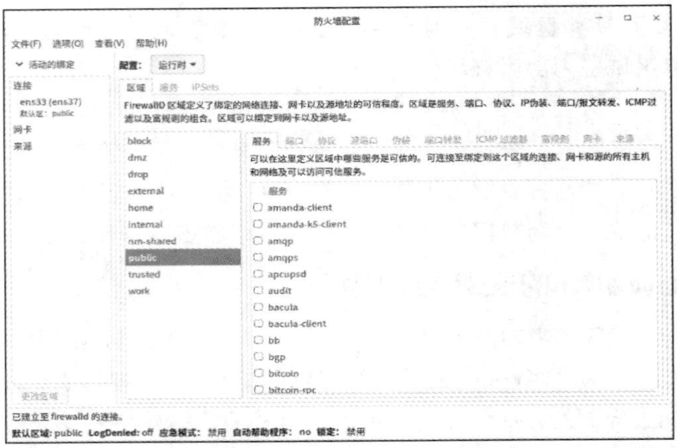

图 6-23 【防火墙配置】窗口

（2）查看 firewalld 的当前配置

使用带“--list-all”选项的 firewall-cmd 命令可以查看默认区域的完整配置，如例 6-17 所示。

例 6-17：查看默认区域的完整配置

```
[root@uosv20 ~]# firewall-cmd --list-all
public (active)
  target: default
  icmp-block-inversion: no
  interfaces: ens37
  services: cockpit dhcpv6-client ssh
```

如果想查看特定区域的信息，则可以使用“--zone”选项指定区域名。也可以专门查看区域某一方面的配置，如例 6-18 所示。

例 6-18：查看区域某一方面的配置

```
[root@uosv20 ~]# firewall-cmd --list-all --zone=work              // 指定区域名
work
  target: default
  icmp-block-inversion: no
  services: cockpit dhcpv6-client ssh
[root@uosv20 ~]# firewall-cmd --list-services                     // 只查看服务信息
cockpit dhcpv6-client ssh
[root@uosv20 ~]# firewall-cmd --list-services --zone=public       // 组合使用
cockpit dhcpv6-client ssh
```

2. firewalld 的两种配置

firewalld 的配置有运行时配置和永久配置（或持久配置）之分。运行时配置是指在 firewalld 处于运行状态时生效的配置，永久配置是 firewalld 重载或重启时应用的配置。在运行模式下进行的更改只在 firewalld 运行时有效，如例 6-19 所示。

例 6-19：修改运行时配置

```
[root@uosv20 ~]# firewall-cmd --add-service=http      // 只修改运行时配置
```

重启 firewalld 时会从永久配置加载初始配置。如果想让运行时修改的配置在下次启动 firewalld 时仍然生效，则需要使用“--permanent”选项。但即使使用了“--permanent”选项，这些修改也只会在下次启动 firewalld 后才生效。使用“--reload”选项重新加载永久配置可以使永久配置立即生效，并覆盖当前的运行时配置，如例 6-20 所示。

例 6-20：修改永久配置

```
[root@uosv20 ~]# firewall-cmd --permanent --add-service=http        // 修改永久配置
[root@uosv20 ~]# firewall-cmd --reload        // 重载永久配置
```

一种常见的做法是先修改运行时配置，验证修改正确后，再将修改提交到永久配置中。可以借助“--runtime-to-permanent”选项来实现这种需求，如例 6-21 所示。

例 6-21：先修改运行时配置，再将修改提交到永久配置中

```
[root@uosv20 ~]# firewall-cmd --add-service=ftp               // 只修改运行时配置
[root@uosv20 ~]# firewall-cmd --runtime-to-permanent     //提交到永久配置中
```

3. 基于服务的流量管理

服务是端口和协议的组合，通过服务配置防火墙，能够减少配置工作量，避免不必要的错误。

微课

V6-7 firewalld 服务配置

（1）使用预定义服务

使用服务管理网络流量最直接的方法就是把预定义服务添加到 firewalld 的允许服务列表中，或者从允许服务列表中移除预定义服务。使用“--add-service”选项可以将预定义服务添加到 firewalld 的允许服务列表中，如例 6-20 和例 6-21 所示。如果想从允许服务列表中移除某个预定义服务，则可以使用“--remove-service”选项，如例 6-22 所示。

例 6-22：添加或移除预定义服务

```
[root@uosv20 ~]# firewall-cmd --list-services             // 查看当前允许服务列表
cockpit dhcpv6-client ftp http ssh
[root@uosv20 ~]# firewall-cmd --remove-service=ftp   // 移除 FTP 服务
[root@uosv20 ~]# firewall-cmd --list-services             // 再次查看当前允许服务列表
```

（2）配置服务端口

每种预定义服务都有相应的监听端口，如 HTTP（超文本传送协议）服务的监听端口是 80 号端口，操作系统根据端口号决定把网络流量交给哪个服务进行处理。如果想开放或关闭某些端口，则可以采用例 6-23 所示的方法。

例 6-23：开放或关闭端口

```
[root@uosv20 ~]# firewall-cmd --list-ports
                    <== 当前没有配置端口
[root@uosv20 ~]# firewall-cmd --add-port=80/tcp       // 添加服务端口
[root@uosv20 ~]# firewall-cmd --list-ports
80/tcp
[root@uosv20 ~]# firewall-cmd --remove-port=80/tcp  // 移除服务端口
[root@uosv20 ~]# firewall-cmd --list-ports
                    <== 服务端口被移除
```

4. 基于区域的流量管理

区域关联了一组网络接口和源 IP 地址，可以在区域中配置复杂的规则以管理来自这些网络接口和源 IP 地址的网络流量。

微课

V6-8 firewalld 区域配置

（1）查看可用区域

使用带“--get-zones”选项的 firewall-cmd 命令可以查看系统当前可用的区域，但是不显示每个区域的详细信息。如果想查看所有区域的详细信息，则可以使用“--list-all-zones”选项；也可以结合使用“--list-all”和“--zone”两个选项来查看指定区域的详细信息，如例 6-24 所示。

例 6-24：查看指定区域的详细信息

```
[root@uosv20 ~]# firewall-cmd --get-zones
block dmz drop external home internal nm-shared public trusted work
[root@uosv20 ~]# firewall-cmd --list-all-zones
block
  target: %%REJECT%%
  icmp-block-inversion: no
[root@uosv20 ~]# firewall-cmd --list-all --zone=home
home
  target: default
  icmp-block-inversion: no
```

（2）修改指定区域的规则

如果没有特别说明，firewall-cmd 命令默认将修改的规则应用在当前活动区域中。若想修改其他区域的规则，可以通过“--zone”选项指定区域名，如例 6-25 所示。在该例中，“--zone”选项指定在 work 区域中放行 FTP 服务。

例 6-25：修改指定区域的规则

```
[root@uosv20 ~]# firewall-cmd --add-service=ftp --zone=work
```

（3）修改默认区域

如果没有明确地把网络接口和某个区域关联起来，firewalld 会自动将其和默认区域关联起来。启动 firewalld 时会加载默认区域的配置并激活默认区域。firewalld 的默认区域是 public。也可以修改默认区域，如例 6-26 所示。

例 6-26：修改默认区域

```
[root@uosv20 ~]# firewall-cmd --get-default-zone            // 查看当前默认区域
public
[root@uosv20 ~]# firewall-cmd --set-default-zone=work    // 修改默认区域
[root@uosv20 ~]# firewall-cmd --get-default-zone            // 再次查看当前默认区域
work
```

（4）关联区域和网络接口

网络接口关联到哪个区域，进入该网络接口的流量就符合哪个区域的规则。因此，可以为不同区域制定不同的规则，并根据实际需要把网络接口关联到合适的区域中，如例 6-27 所示。

例 6-27：关联区域和网络接口

```
[root@uosv20 ~]# firewall-cmd   --zone=work --change-interface=ens33
```

（5）配置区域的默认规则

当数据包与区域的所有规则都不匹配时，可以使用区域的默认规则处理数据包，包括接受（ACCEPT）、拒绝（REJECT）和丢弃（DROP）3 种处理方式。ACCEPT 表示默认接受所有数据包，除非数据包被某些规则明确拒绝。REJECT 和 DROP 默认拒绝所有数据包，除非数据包被某些规则明确接受。REJECT 会向源主机返回响应信息；DROP 则直接丢弃数据包，不返回任何响应信息。

可以使用“--set-target”选项配置区域的默认规则，如例 6-28 所示。

例 6-28：配置区域的默认规则

```
[root@uosv20 ~]# firewall-cmd --permanent --zone=work --set-target=ACCEPT
[root@uosv20 ~]# firewall-cmd --reload
[root@uosv20 ~]# firewall-cmd --zone=work --list-all
```

```
work (active)
  target: ACCEPT
  icmp-block-inversion: no
```

（6）添加和删除流量源

流量源是指某一特定的 IP 地址或子网。可以使用“--add-source”选项把来自某一流量源的网络流量添加到某个区域中，这样即可将该区域的规则应用在这些网络流量上。例如，在工作区域中允许所有来自 192.168.62.0/24 子网的网络流量通过，删除流量源时使用“--remove-source”选项替换“--add-source”，如例 6-29 所示。

例 6-29：添加和删除流量源

```
[root@uosv20 ~]# firewall-cmd --zone=work --list-sources
                <== 当前没有流量源
[root@uosv20 ~]# firewall-cmd --zone=work --add-source=192.168.62.0/24
[root@uosv20 ~]# firewall-cmd --zone=work --list-sources
192.168.62.0/24
[root@uosv20 ~]# firewall-cmd --zone=work --remove-source=192.168.62.0/24
[root@uosv20 ~]# firewall-cmd --zone=work --list-sources
                <==流量源被删除
```

（7）添加和删除源端口

根据流量源端口对网络流量进行分类处理也是比较常见的做法。使用“--add-source-port”和“--remove-source-port”两个选项可以在区域中添加和删除源端口，以允许或拒绝来自某些端口的网络流量通过，如例 6-30 所示。

例 6-30：添加和删除源端口

```
[root@uosv20 ~]# firewall-cmd --zone=work --list-source-ports
                <== 当前没有源端口
[root@uosv20 ~]# firewall-cmd --zone=work --add-source-port=3721/tcp
[root@uosv20 ~]# firewall-cmd --zone=work --list-source-ports
3721/tcp
[root@uosv20 ~]# firewall-cmd --zone=work --remove-source-port=3721/tcp
[root@uosv20 ~]# firewall-cmd --zone=work --list-source-ports
                <== 源端口被删除
```

（8）添加和删除协议

可以根据协议来决定是接受还是拒绝使用某种协议的网络流量。常见的协议有 TCP、UDP、ICMP 等。例如，在内部区域中添加 ICMP 即可接受来自对方主机的 ping 命令测试。例 6-31 演示了如何添加和删除 ICMP。

例 6-31：添加和删除 ICMP

```
[root@uosv20 ~]# firewall-cmd --list-protocols
                <== 当前没有协议
[root@uosv20 ~]# firewall-cmd --zone=internal --add-protocol=icmp
[root@uosv20 ~]# firewall-cmd --list-protocols --zone=internal
icmp
[root@uosv20 ~]# firewall-cmd --zone=internal --remove-protocol=icmp
[root@uosv20 ~]# firewall-cmd --list-protocols --zone=internal
                <== 协议被删除
```

那么对接收的网络流量具体应用哪个区域的规则？firewalld 会按照以下顺序进行选择。

① 按照网络流量的源地址查找匹配的区域并应用其规则。

② 应用接受网络流量的网络接口所属区域的规则。

③ 应用 firewalld 的默认区域的规则。

也就是说，如果按照网络流量的源地址可以找到匹配的区域，则将其交给相应的区域进行处理。如果没有匹配的区域，则查看接受网络流量的网络接口所属的区域。如果没有明确配置，则交给 firewalld 的默认区域进行处理。

任务实施

实验：配置服务器防火墙

前段时间，韩经理为开发服务器配置好了网络。最近，尤博听到部分软件开发人员反映开发服务器的安全性不高，经常受到外部网络的攻击。尤博将这一情况反馈给韩经理。韩经理告诉尤博，不对服务器进行安全设置确实是一种非常不专业的做法。为了提高开发服务器的安全性，保证软件项目资源不被非法获取和恶意破坏，韩经理决定使用统信 UOS 自带的 firewalld 加固开发服务器。下面是韩经理的具体操作步骤。

第 1 步：登录开发服务器，在一个终端窗口中使用 su - root 命令切换为 root 用户。

第 2 步：将 firewalld 的默认区域修改为工作区域，如例 6-32.1 所示。

例 6-32.1：配置服务器防火墙——查看并修改默认区域

```
[root@uosv20 ~]# firewall-cmd --get-default-zone              // 查看当前默认区域
public
[root@uosv20 ~]# firewall-cmd --set-default-zone work         // 修改默认区域
```

第 3 步：关联开发服务器的网络接口和工作区域，并把工作区域的默认处理规则设为拒绝，如例 6-32.2 所示。

例 6-32.2：配置服务器防火墙——关联网络接口和工作区域并设置默认处理规则

```
[root@uosv20 ~]# firewall-cmd --zone=work --change-interface=ens33
[root@uosv20 ~]# firewall-cmd --permanent --zone=work --set-target=REJECT
```

第 4 步：考虑到软件开发人员经常使用 FTP 服务上传和下载项目文件，韩经理决定在防火墙中放行 FTP 服务，如例 6-32.3 所示。

例 6-32.3：配置服务器防火墙——放行 FTP 服务

```
[root@uosv20 ~]# firewall-cmd --list-services
ssh dhcpv6-client
[root@uosv20 ~]# firewall-cmd --zone=work --add-service=ftp // 放行 FTP 服务
[root@uosv20 ~]# firewall-cmd --list-services
ssh dhcpv6-client ftp
```

第 5 步：允许源于 192.168.62.0/24 子网的流量通过，即添加流量源，如例 6-32.4 所示。

例 6-32.4：配置服务器防火墙——添加流量源

```
[root@uosv20 ~]# firewall-cmd --zone=work --add-source=192.168.62.0/24
```

第 6 步：将运行时配置添加到永久配置中，如例 6-32.5 所示。

例 6-32.5：配置服务器防火墙——将运行时配置添加到永久配置中

```
[root@uosv20 ~]# firewall-cmd --runtime-to-permanent
```

做完这个实验，韩经理叮嘱尤博，对服务器的安全管理“永远在路上”，不能有丝毫松懈。韩经理又向尤博详细讲解了安全风险的复杂性和多样性。韩经理告诉尤博，应对安全风险最好的办法就是提高自身应对风险的能力，这就是“打铁还需自身硬”蕴含的道理。虽然尤博还不能完全理解韩经理的深意，但他分明感觉肩上多了一份沉甸甸的压力和责任……

知识拓展

firewalld 高级功能

firewalld 还提供了一些高级功能，如 IP 地址伪装和端口转发及富规则等。

1. IP 地址伪装和端口转发

IP 地址伪装和端口转发都是 NAT 的具体实现方式。一般来说，内网的主机或服务器使用私有 IP 地址，而使用私有 IP 地址时无法与互联网中的其他主机进行通信。通过 IP 地址伪装，NAT 设备将数据包的源 IP 地址从私有 IP 地址转换为公有 IP 地址并转发到目的主机中。当收到响应报文时，再把响应报文中的目的 IP 地址从公有 IP 地址转换为原始的私有 IP 地址并发送到源主机中。开启 IP 地址伪装功能的防火墙就相当于一台 NAT 设备，能够使局域网中的多个私有 IP 地址共享一个公有 IP 地址，实现与外网的通信。例 6-33 演示了如何启用 firewalld 的 IP 地址伪装功能。

例 6-33：启用 firewalld 的 IP 地址伪装功能

```
[root@uosv20 ~]# firewall-cmd --query-masquerade // 查看是否启用IP地址伪装功能
no
[root@uosv20 ~]# firewall-cmd --add-masquerade // 启用 IP 地址伪装功能
```

端口转发又称为目的地址转换或端口映射。通过端口转发，可以将指定 IP 地址及端口的流量转发到相同计算机的不同端口或者不同计算机的端口上。例如，把本地 TCP 的 80 号端口的流量转发到主机 20.23.12.17 的 8080 号端口上，如例 6-34 所示。

例 6-34：配置端口转发

```
[root@uosv20 ~]# firewall-cmd  \        // 换行输入
> --add-forward-port=port=80:proto=tcp:toport=8080:toaddr=20.23.12.17
```

2. 富规则

在前面的介绍中，用户都是通过简单的单条规则来配置防火墙的。当单条规则的功能不能满足要求时，可以使用 firewalld 的富规则。富规则的功能很强大，表达能力更强，能够实现允许或拒绝流量、IP 地址伪装、端口转发、日志和审计等功能。例 6-35 演示了一些富规则的实例。

例 6-35：富规则的实例

```
// 允许来自 192.168.62.213 的所有流量通过
[root@uosv20 ~]# firewall-cmd --add-rich-rule='rule family="ipv4" \
> source address="192.168.62.213" accept'

// 使用富规则配置端口转发
[root@uosv20 ~]# firewall-cmd --add-rich-rule='rule family=ipv4 \
> destination address=20.23.12.17/24 forward-port port=443 \
> protocol=tcp to-addr=192.168.62.213'

// 放行 FTP 服务并启用日志和审计功能，1min 审计一次
[root@uosv20 ~]# firewall-cmd --add-rich-rule='rule service name=ftp log \
> limit value=1/m   audit accept'
```

任务实训

随着计算机网络技术的迅速发展和普及，计算机受到的安全威胁越来越多，信息安全也越来越受人们重视。防火墙是提高计算机安全等级、减少外部恶意攻击和破坏的重要手段。请根据以下实训内容完成实训。

【实训内容】

在本实训中，将为一台安装了统信UOS的虚拟机配置firewalld，具体要求如下。

（1）将firewalld的默认区域设为内部区域。

（2）关联虚拟机的网络接口和默认区域，并将默认区域的默认处理规则设为接受（ACCEPT）。

（3）在防火墙中放行DNS和HTTP服务。

（4）允许所有ICMP类型的网络流量通过。

（5）允许源端口是2046号端口的网络流量通过。

（6）将运行时配置添加到永久配置中。

任务 6.3 配置远程桌面

任务概述

经常使用 Windows 操作系统的用户非常熟悉远程桌面。启用远程桌面功能后，可以在一台本地计算机（远程桌面客户端）中控制网络中的另一台计算机（远程桌面服务器），并在其中执行各种操作，就像使用本地计算机一样。Linux 操作系统为计算机网络提供了强大的支持，当然也包含远程桌面功能。本任务将介绍两种在 Linux 操作系统中实现远程桌面连接的方法。

知识准备

6.3.1 VNC

1. VNC 工作流程

虚拟网络控制台（Virtual Network Console，VNC）是一款非常优秀的远程控制软件。从工作原理上讲，VNC 主要分为两部分，即 VNC Server（VNC 服务器）和 VNC Viewer（VNC 客户端），其工作流程如下。

（1）用户从 VNC 客户端发起远程连接请求。

（2）VNC 服务器收到 VNC 客户端的请求后，要求 VNC 客户端提供远程连接密码。

（3）VNC 客户端输入密码并提交给 VNC 服务器验证。VNC 服务器验证密码的合法性及 VNC 客户端的访问权限。

（4）通过 VNC 服务器的验证后，VNC 客户端请求 VNC 服务器显示远程桌面环境。

（5）VNC 服务器利用 VNC 通信协议将桌面环境传送至 VNC 客户端，并允许 VNC 客户端控制 VNC 服务器的桌面环境及输入设备。

2. 启动 VNC 服务

需要先安装 VNC 服务器软件才能启动 VNC 服务，具体安装方法参见本任务的任务实施部分的实验 1。在终端窗口中启动 VNC 服务的命令语法如下。

```
vncserver  :桌面号
```

VNC 服务器为每个 VNC 客户端分配一个桌面号，编号从 1 开始。注意，vncserver 命令和冒号之间有空格。如果要关闭 VNC 服务，则可以使用“-kill”选项，如“vncserver -kill :桌面号”。

VNC 服务器使用的 TCP 端口号从 5900 开始。桌面号 1 对应的端口号为 5901（即 5900+1），桌面号 2 对应的端口号为 5902，以此类推。可以使用 ss 命令检查某个桌面号对应的端口是否处于监听状态。

使用 VNC 服务时，还需要安装 VNC 客户端，如 RealVNC。具体安装方法参见本任务的任务实施部分的实验 1。

6.3.2 OpenSSH

1. SSH 服务

常见的网络服务协议，如 FTP 和远程登录协议（Telnet 协议）等，都是不安全的网络协议。一方面是因为这些协议在网络中使用明文传输数据；另一方面，这些协议的安全验证方式存在缺陷，很容易受到中间人攻击。所谓的中间人攻击，可以理解为攻击者在通信双方之间安插一个“中间人”（一般是计算机）的角色，由中间人进行信息转发，从而实现信息窃取或信息篡改。

安全外壳（Secure Shell，SSH）协议是专为提高网络服务的安全性而设计的网络安全协议。使用 SSH 协议提供的安全机制，可以对数据进行加密传输，有效解决远程管理过程中的信息泄露问题。另外，使用 SSH 协议传输的数据是经过压缩的，可以提高数据的传输速度。

SSH 服务由客户端和服务器两部分组成。SSH 服务在客户端和服务器之间提供了两种级别的安全验证。第一种是基于口令的安全验证，SSH 客户端只要知道服务器的账号和密码就可以登录远程服务器。这种安全验证方式可以实现数据的加密传输，但是不能防止中间人攻击。第二种是基于密钥的安全验证，这要求 SSH 客户端创建一对密钥，即公钥和私钥。详细的密钥验证原理这里不展开讨论。

配置 SSH 服务器时要考虑是否允许以 root 用户身份进行登录。root 用户的权限太大，可以修改 SSH 主配置文件以禁止 root 用户登录 SSH 服务器，降低系统安全风险。

2. OpenSSH 概述

OpenSSH 是一款开源的 SSH 软件，基于 SSH 协议实现数据加密传输。OpenSSH 在统信 UOS 中是默认安装的。OpenSSH 的守护进程是 sshd，主配置文件为/etc/ssh/sshd_config。使用 OpenSSH 自带的 ssh 命令可以访问 SSH 服务器。ssh 命令的基本语法如下。

```
ssh  [-p  port]  username@ip_address
```

其中，username 和 ip_address 分别表示 SSH 服务器的用户名和 IP 地址。如果不指定 port 参数，那么 ssh 命令使用 SSH 服务的默认监听端口，即 TCP 的 22 号端口。可以在 SSH 主配置文件中修改此端口，以免受到攻击。

任务实施

实验 1：配置 VNC 远程桌面

自从部署好开发服务器，尤博就经常和韩经理到公司机房中进行各种日常维护操作。尤博想知道能不能远程连接开发服务器，这样在办公室就能完成日常维护。韩经理本来也有这个打算，所以就利用这个机会向尤博演示了如何配置开发服务器的远程桌面。韩经理打算先指导尤博在统信 UOS 虚拟机中完成实验，然后在开发服务器中进行部署。虚拟机的网络连接模式是 NAT 模式，IP 地址为 192.168.62.213。下面是韩经理的操作步骤。

V6-9　配置 VNC 远程桌面

第 1 步：在统信 UOS 中安装 VNC 服务器软件，如例 6-36.1 所示。

例 6-36.1：配置 VNC 远程桌面——安装 VNC 服务器软件

```
[root@uosv20 ~]# yum install tigervnc-server -y          // 安装 VNC 服务器软件
```

第 2 步：启用 VNC 服务，设置 1 号桌面的登录密码。注意，VNC 的登录密码可以与操作系统本身的登录密码不同。使用 ss 命令检查 1 号桌面对应的 TCP 端口是否处于监听状态，如例 6-36.2 所示。

例 6-36.2：配置 VNC 远程桌面——启用 VNC 服务

```
[root@uosv20 ~]# vncserver   :1
You will require a password to access your desktops.
Password:              <== 设置 VNC 密码
Verify:                <== 确认设置 VNC 密码
Would you like to enter a view-only password (y/n)? n          <== 输入 n
A view-only password is not used
[root@uosv20 ~]#
[root@uosv20 ~]# ss -an | grep 5901
tcp    LISTEN     0      5          0.0.0.0:5901            0.0.0.0:*
tcp    LISTEN     0      5          [::]:5901               [::]:*
```

第 3 步：关闭防火墙。VNC 远程连接可能因为防火墙的限制而失败，这里先关闭防火墙以保证 VNC 远程连接成功，如例 6-36.3 所示。

例 6-36.3：配置 VNC 远程桌面——关闭防火墙

```
[root@uosv20 ~]# systemctl stop firewalld          // 关闭防火墙
[root@uosv20 ~]# firewall-cmd --state              // 查询防火墙状态
not running               <== 防火墙已关闭
```

这样就完成了 VNC 服务器的安装和配置。下面要在 VNC 客户端上通过 RealVNC 软件测试 VNC 远程连接。韩经理将物理机作为 VNC 客户端，并提前在物理机中安装了 RealVNC 软件。

第 4 步：运行 RealVNC 软件，输入 VNC 服务器的 IP 地址和桌面号，单击【Connect】按钮进行 VNC 远程连接，如图 6-24 所示。

第 5 步：在弹出的 VNC 对话框中输入 VNC 远程连接密码，单击【OK】按钮，如图 6-25 所示。

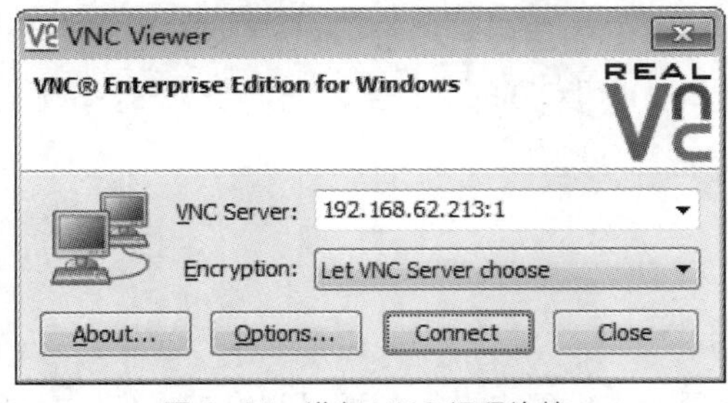

图 6-24　进行 VNC 远程连接

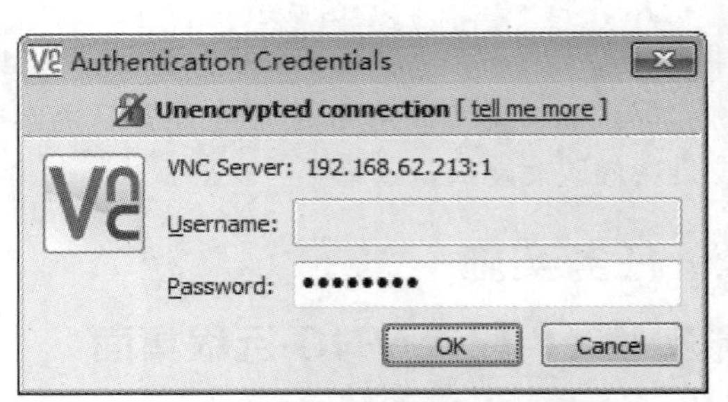

图 6-25　输入 VNC 远程连接密码

如果密码验证通过，就可以看到统信 UOS 虚拟机桌面。单击窗口上方悬浮栏中的【关闭连接】按钮，即可结束 VNC 远程连接。

韩经理告诉尤博，配置 VNC 服务器不涉及配置文件，因此过程比较简单。下面要介绍的 OpenSSH 服务器相对而言会困难一些，需要格外小心。

微课

V6-10 配置 SSH 服务器

实验 2：配置 SSH 服务器

考虑到网络系统管理赛项涉及 SSH 服务的相关内容，韩经理决定以图 6-14 所示的拓扑为例向尤博演示基于口令的 SSH 安全验证方式。在这个实验中，内网客户端 insidecli 作为 SSH 客户端访问部署在应用服务器 appsrv 上的 SSH 服务。下面是韩经理的操作步骤。

第 1 步：配置内网客户端 insidecli 的基础网络，如例 6-37.1 所示。验证 insidecli 与 appsrv 的网络联通性。

例 6-37.1：配置 SSH 服务器——配置内网客户端基础网络

```
[root@insidecli ~]# nmcli connection modify ens33 autoconnect yes \
> ipv4.method manual \
> ip4 192.168.0.110/24 \
> gw4 192.168.0.254 \
> ipv4.dns 192.168.100.100
[root@insidecli ~]# nmcli connection up ens33
[root@insidecli ~]# ip address show ens33
2: ens33: <BROADCAST,MULTICAST,UP,LOWER_UP>
    inet 192.168.0.110/24 brd 192.168.62.255 scope global noprefixroute ens33
```

第 2 步：在 appsrv 服务器上启用 SSH 服务，如例 6-37.2 所示。

例 6-37.2：配置 SSH 服务器——启用 SSH 服务

```
[root@appsrv ~]# systemctl restart sshd        // 启用 SSH 服务
[root@appsrv ~]# ss -an | grep ":22"
tcp    LISTEN 0      128       0.0.0.0:22                  0.0.0.0:*
tcp    LISTEN 0      128       [::]:22                     [::]:*
```

第 3 步：在 routersrv 和 appsrv 上放行 SSH 服务，如例 6-37.3 所示。

例 6-37.3：配置 SSH 服务器——放行 SSH 服务

```
// 注意，下面一行在 routersrv 上执行
[root@routersrv ~]# firewall-cmd --add-service=ssh    // 在 routersrv 上放行 SSH 服务
// 注意，下面一行在 appsrv 上执行
[root@appsrv ~]# firewall-cmd --add-service=ssh       // 在 appsrv 上放行 SSH 服务
```

第 4 步：在 SSH 客户端中访问 SSH 服务，如例 6-37.4 所示。韩经理告诉尤博，基于口令的安全验证基本上不需要配置，直接启用 SSH 服务即可。但这种做法其实非常不安全，因为 root 用户的权限太大，以 root 用户身份远程访问 SSH 服务会给 SSH 服务器带来一定的安全隐患。

例 6-37.4：配置 OpenSSH 服务器——访问 SSH 服务

```
[skills@insidecli ~]$ ssh root@192.168.100.100
Are you sure you want to continue connecting (yes/no/[fingerprint])? yes
root@192.168.100.100's password:        <== 输入 appsrv 的 root 用户密码
[root@appsrv ~]#                // 连接成功，注意主机名现在是 appsrv
[root@appsrv ~]# exit
[skills@insidecli ~]$
```

第 5 步：修改 SSH 主配置文件，禁止以 root 用户身份访问 SSH 服务，同时修改 SSH 服务的监听端口，如例 6-37.5 所示。注意，修改 SSH 主配置文件之后一定要重启 SSH 服务。

例 6-37.5：配置 SSH 服务器——修改 SSH 主配置文件

```
[root@appsrv ~]# vim /etc/ssh/sshd_config          // 修改下面两行
Port   12345                  <== 修改 SSH 服务默认的监听端口为 12345 号端口
PermitRootLogin   no          <== 禁止 root 用户使用 SSH 服务
```

第 6 步：重启 SSH 服务，如例 6-37.6 所示。重启 SSH 服务前先使用 semanage 命令修改 SELinux 默认目录的安全上下文。韩经理提醒尤博要记得使用 ss 命令检查 SSH 服务端口是否处于监听状态。关于 SELinux 的详细内容，请大家自行查阅相关资料学习，这里不展开介绍。

例 6-37.6：配置 OpenSSH 服务器——重启 SSH 服务

```
[root@appsrv ~]# semanage port -a -t ssh_port_t -p tcp 12345
[root@appsrv ~]# systemctl restart sshd
[root@appsrv ~]# ss   an | grep ":12345"
tcp    LISTEN 0       128                  0.0.0.0:12345              0.0.0.0:*
tcp    LISTEN 0       128                  [::]:12345                 [::]:*
```

第 7 步：使用 ssh 命令默认访问 SSH 服务，但是这一次要使用“-p”选项指定新的 SSH 服务监听端口，如例 6-37.7 所示。此例中，前两次连接都以失败告终，韩经理让尤博根据错误提示分析失败的具体原因。第 3 次以用户 skills 的身份发起连接，且指定远程端口为 12345 号端口，结果显示连接成功。

例 6-37.7：配置 SSH 服务器——指定端口访问 SSH 服务

```
[skills@insidecli ~]$ ssh root@192.168.100.100                      // 连接失败
ssh: connect to host 192.168.100.100 port 22: Connection refused
[skills@insidecli ~]$ ssh root@192.168.100.100 -p 12345             // 连接失败
Are you sure you want to continue connecting (yes/no/[fingerprint])? yes
root@192.168.100.100's password:                 <== 连续输入 3 次密码后失败
Permission denied, please try again.
root@192.168.100.100's password:
Permission denied, please try again.
root@192.168.100.100's password:
root@192.168.100.100: Permission denied (publickey,gssapi-keyex,gssapi-with-mic,
password).
[skills@insidecli ~]$ ssh skills@192.168.100.100 -p 12345           // 连接失败
skills@192.168.100.100's password:               <== 输入用户 skills 的密码
Welcome to 4.19.0-91.82.152.uelc20.x86_64
[skills@appsrv ~]$              // 连接成功
[skills@appsrv ~]$ exit
[skills@insidecli ~]$
```

知识拓展

搭建基于密钥验证的 SSH 服务器

SSH 服务还提供了基于密钥的安全验证方式，这样在登录 SSH 服务器时不用每次都输入密码。下面在实验 2 的基础上（禁止 root 用户使用 SSH 服务、监听端口为 12345 号端口），按照以下步骤实现基于密钥的安全验证方式。

第 1 步：在 SSH 客户端生成密钥对，如例 6-38.1 所示。

例 6-38.1：基于密钥的安全验证——在 SSH 客户端生成密钥对

```
[skills@insidecli ~]$ ssh-keygen -t rsa
Generating public/private rsa key pair.
Enter file in which to save the key (/home/skills/.ssh/id_rsa):    <== 按【Enter】键
Enter passphrase (empty for no passphrase):    <== 按【Enter】键
Enter same passphrase again:                   <== 按【Enter】键
Your identification has been saved in /home/skills/.ssh/id_rsa
Your public key has been saved in /home/skills/.ssh/id_rsa.pub
The key fingerprint is:
SHA256:y68atBIkmnb+X/rXdmG9hTZfW3ME7yMdrlVnbytKshw skills@insidecli
```

第 2 步：使用 ssh-copy-id 命令将 SSH 客户端的公钥发送给 SSH 服务器，如例 6-38.2 所示。

例 6-38.2：基于密钥的安全验证——发送 SSH 客户端的公钥至 SSH 服务器

```
[skills@insidecli ~]$ ssh-copy-id -i ~/.ssh/id_rsa.pub skills@192.168.100.100 -p
12345
skills@192.168.100.100's password:    <== 输入用户 skills 的密码
[skills@insidecli ~]$
```

第 3 步：作为对第 2 步的验证，在 SSH 服务器上查看文件/home/skills/.ssh/authorized_keys 的内容。该文件保存了 SSH 客户端的公钥，如例 6-38.3 所示。

例 6-38.3：基于密钥的安全验证——检查 SSH 客户端的公钥

```
[root@appsrv ~]$ cat ~skills/.ssh/authorized_keys
ssh-rsa AAAAB3NzaC1yc2EAAAADAQABAAABgQ......
```

第 4 步：在 SSH 服务器中修改 SSH 主配置文件以禁用密码登录，并重启 SSH 服务，如例 6-38.4 所示。

例 6-38.4：基于密钥的安全验证——禁用密码登录

```
[root@appsrv ~]# vim /etc/ssh/sshd_config
PasswordAuthentication no
[root@appsrv ~]# systemctl restart sshd
[root@appsrv ~]# ss -an | grep ":12345"
tcp    LISTEN 0     128          0.0.0.0:12345          0.0.0.0:*
tcp    LISTEN 0     128          [::]:12345             [::]:*
```

第 5 步：在 SSH 客户端验证 SSH 服务，如例 6-38.5 所示。注意，这一次不用输入密码也可以远程登录 SSH 服务器。

例 6-38.5：基于密钥的安全验证——验证 SSH 服务

```
[skills@insidecli ~]$ ssh skills@192.168.100.100 -p 12345
UOS Server 20 1060a
Last login: Sun Dec 17 19:32:53 2023 from 192.168.0.190
Welcome to 4.19.0-91.82.152.uelc20.x86_64          <== 没有输入密码
[skills@appsrv ~]$        // 连接成功
[skills@appsrv ~]$ exit
[skills@insidecli ~]$
```

现在不需要输入密码就能以用户 skills 的身份远程登录 appsrv，但是以其他用户身份登录时是否也无须输入密码？请大家动手验证自己的判断并说明原因。

任务实训

利用远程桌面可以连接到Linux服务器来进行各种操作。本实训的主要任务是配置VNC远程桌面和OpenSSH服务器以远程连接安装统信UOS的虚拟机。请根据以下实训内容完成实训任务。

【实训内容】

（1）准备一台安装了统信UOS的虚拟机作为远程桌面服务器。配置虚拟机服务器网络，保证虚拟机和物理机网络联通。

（2）在一个终端窗口中，使用su - root命令切换为root用户。安装VNC服务器软件。

（3）启用VNC服务，使用ss命令查看相应端口是否处于监听状态。

（4）使用物理机作为VNC客户端，在物理机中安装RealVNC软件。

（5）运行RealVNC软件，输入VNC服务器的IP地址及桌面号，测试VNC远程桌面连接。

（6）在远程桌面服务器上启用SSH服务，检查22号端口是否处于监听状态。

（7）再准备一台安装了统信UOS的虚拟机作为SSH客户端。在SSH客户端中使用ssh命令连接SSH服务器，尝试能否连接成功。

（8）在SSH服务器中修改SSH主配置文件，禁止root用户登录SSH服务器，并修改SSH服务端口为12123号端口，端口修改成功后重启SSH服务。

（9）在SSH客户端中再次使用ssh命令连接SSH服务器，尝试能否连接成功。

项目小结

Linux操作系统具有十分强大的网络功能和丰富的网络配置工具。作为Linux系统管理员，在日常工作中经常会遇到和网络相关的问题，因此必须熟练掌握Linux操作系统的网络配置和网络排错方法。任务6.1介绍了几种常用的网络配置方法，每种方法都有各自的特点；还介绍了常用的网络管理命令，这些命令有助于大家配置和调试网络。应对网络安全风险是网络管理员的重要职责，防火墙是网络管理员经常使用的安全工具。任务6.2介绍了统信UOS自带的firewalld的基本概念和配置方法。远程桌面是计算机用户经常使用的网络服务之一，利用远程桌面可以方便地连接远程服务器进行各种管理操作。任务6.3介绍了两种配置Linux远程桌面的方法。第一种方法是使用VNC远程桌面软件，操作比较简单。第二种方法是配置SSH服务器，可以修改SSH主配置文件以提高SSH服务器的安全性。

项目练习题

1. 选择题

（1）在 VMware 中，物理机与虚拟机在同一网段中，虚拟机可直接利用物理网络访问外网，这种网络连接模式是（　　）。

A. 桥接模式　　B. NAT 模式　　C. 仅主机模式　　D. DHCP 模式

（2）在 VMware 中，物理机为虚拟机分配不同于自己网段的 IP 地址，虚拟机必须通过物理机才能访问外网，这种网络连接模式是（　　）。

A. 桥接模式　　B. NAT 模式　　C. 仅主机模式　　D. DHCP 模式

（3）在 VMware 中，虚拟机只能与物理机相互通信，这种网络连接模式是（　　）。

A. 桥接模式　　B. NAT 模式　　C. 仅主机模式　　D. DHCP 模式

（4）有两台运行 Linux 操作系统的计算机，主机 A 的用户能够通过 ping 命令测试主机 A 与主机 B 的连接，但主机 B 的用户不能通过 ping 命令测试主机 B 与主机 A 的连接，可能的原因是（　　）。

A. 主机 A 的网络设置有问题

B. 主机 B 的网络设置有问题

C. 主机 A 与主机 B 的物理网络连接有问题

D. 主机 A 有相应的防火墙规则，阻止了来自主机 B 的 ping 命令测试

（5）在计算机网络中，唯一标识一台计算机身份的是（　　）。

A. 子网掩码　　B. IP 地址　　C. 网络地址　　D. DNS 服务器

（6）下列可以测试两台计算机之间联通性的命令是（　　）。

A. nslookup　　B. nmcli　　C. ping　　D. arp

（7）以下不属于 ss 命令功能的是（　　）。

A. 配置主机 IP 地址　　B. 显示套接字的内存使用情况

C. 显示 IPv4 套接字　　D. 显示 IPv6 套接字

（8）关于网卡配置文件参数和 nmcli 命令参数的对应关系，下列说法错误的是（　　）。

A. TYPE 对应 connection.type　　B. IPADDR 对应 ipv4.addresses

C. DOMAIN 对应 ipv4.dns-search　　D. GATEWAY 对应 ipv4.dns

（9）关于 SSH 服务，下列说法错误的是（　　）。

A. SSH 服务由客户端和服务器两部分组成

B. SSH 提供基于口令的安全验证和基于密钥的安全验证

C. SSH 服务默认的监听端口是 23 号端口

D. 可以通过修改主配置文件禁止 root 用户登录 SSH 服务器

2. 填空题

（1）VMware 的网络连接模式有________、________和________。

（2）Linux 通过 NetworkManager 守护进程管理和监控网络，而________命令可以控制该进程。

（3）Linux 系统中有以下 3 种类型的主机名，即________、________和________。

（4）使用 nmcli 命令可以修改系统的________主机名，使用 hostname 命令可以修改系统的________主机名。

（5）重启防火墙服务的命令是________________________________。

（6）命令 nmcli connection show 的作用是________________________________。

（7）________命令是最常用的测试网络联通性的命令之一。

（8）在 firewalld 中，______包括一组预定义的规则，而______是端口和协议的组合。

（9）配置firewalld可以使用________、________和________。

（10）从工作原理上讲，VNC主要分为________和________两部分。

（11）VNC服务器使用的TCP端口号从________开始。

（12）SSH服务默认的监听端口是________________。

3．简答题

（1）简述VMware的3种网络连接模式。

（2）简述nmcli connection的常用子命令及其功能。

（3）简述Linux系统的3种主机名的含义。

（4）简述Linux中常用的网络管理命令及其功能。

（5）简述firewalld中区域和服务的概念。

（6）简述VNC的工作流程。

实战篇

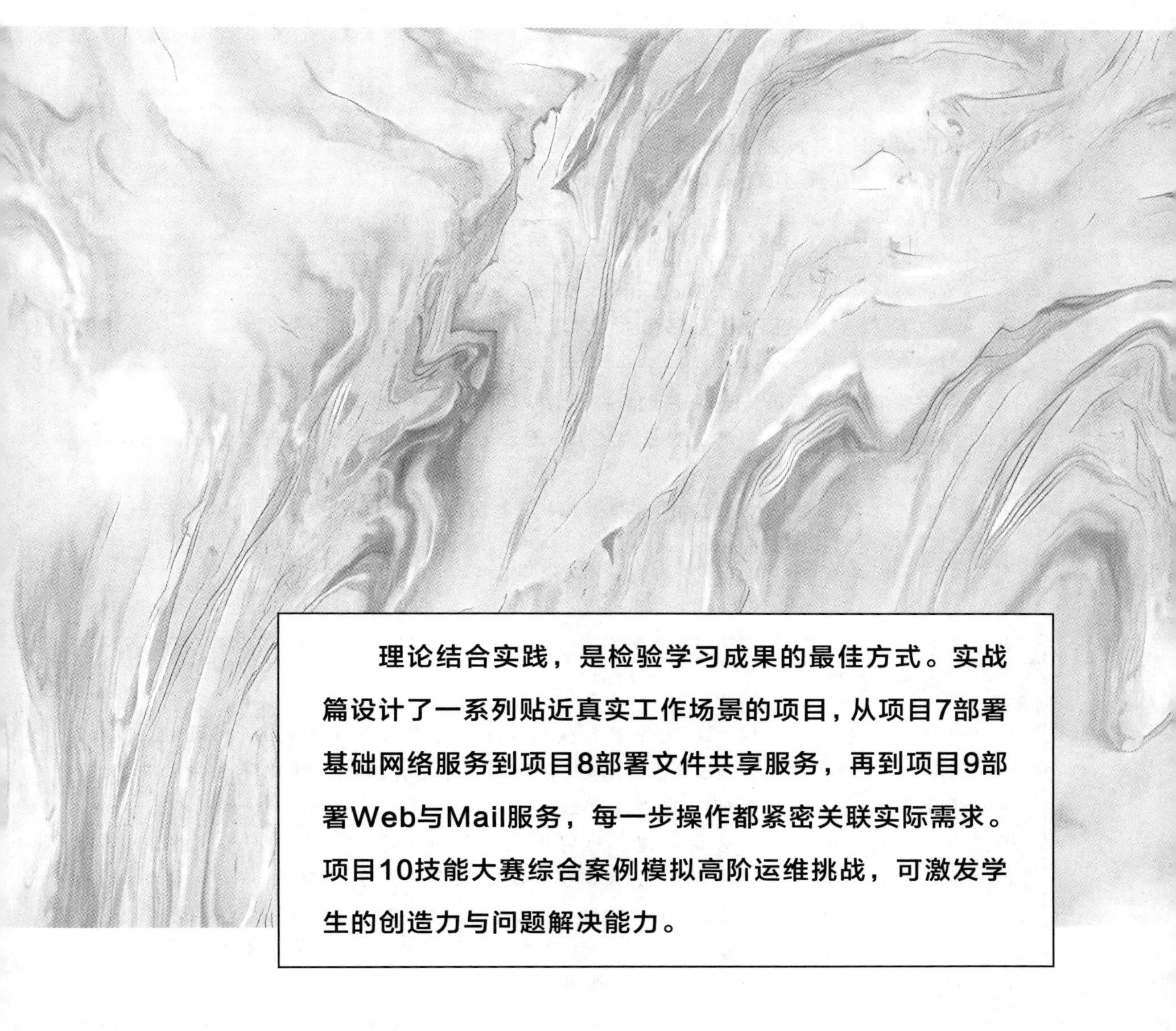

理论结合实践，是检验学习成果的最佳方式。实战篇设计了一系列贴近真实工作场景的项目，从项目7部署基础网络服务到项目8部署文件共享服务，再到项目9部署Web与Mail服务，每一步操作都紧密关联实际需求。项目10技能大赛综合案例模拟高阶运维挑战，可激发学生的创造力与问题解决能力。

项目7 部署基础网络服务

07

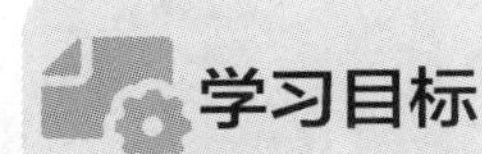

学习目标

知识目标

- 理解 DHCP 服务的基本概念和工作原理。
- 理解 DNS 服务的基本概念和功能。
- 理解域名解析过程。

能力目标

- 熟练掌握 DHCP 服务的配置和验证方法。
- 熟练掌握 DNS 服务的配置和验证方法。

素质目标

- 配置 DHCP 服务，理解 IP 地址在计算机网络通信中的核心地位，感受我国在 IPv4 地址耗尽后加紧部署 IPv6 地址的必要性和紧迫性，增强建设网络强国的责任感和主人翁意识。
- 配置 DNS 服务，理解我国拥有根域名服务器的紧迫性和重要性，加强网络主权意识，增强建设网络强国的决心。

项目引例

自从尤博决定参加网络系统管理赛项，他就感受到前所未有的压力和挑战。因为到目前为止，他对Linux操作系统的理解和掌握还没有涵盖这项比赛的核心内容，即网络服务器的搭建与管理。韩经理在这方面是一个久经“沙场”的资深专家。他根据自己过去多年的经验告诉尤博，对网络服务器的学习没有捷径，在掌握了必要的理论知识后，只有通过反复的实践练习才能提高熟练度和正确性。从学习的顺序上来说，韩经理建议尤博从基础的DHCP服务和DNS服务入手，然后过渡到其他网络服务。有了韩经理的指引，尤博决定继续走下去。他相信眼前的困难只是暂时的，只要肯下功夫而且方法正确，就会一步步接近目标。

任务7.1 部署DHCP服务

任务概述

作为网络管理员，规划设计 IP 地址资源分配方案、保证网络中的计算机都能获取正确的网络参数是其基本工作之一。动态主机配置协议（Dynamic Host Configuration Protocol，DHCP）服务是网络管理员在进行网络管理时经常使用的工具，它能极大地提高网络管理员的工作效率。本任务主要介绍 DHCP 服务的基本概念及在统信 UOS 中搭建 DHCP 服务器的方法。

知识准备

7.1.1 DHCP服务概述

微课

V7-1 认识 DHCP

计算机必须配置正确的网络参数才能和其他计算机进行通信，这些参数包括 IP 地址、子网掩码、默认网关、DNS 服务器等。DHCP 是一种用于简化计算机 IP 地址配置和管理的网络协议，可以自动为计算机分配 IP 地址等基础网络参数，减轻网络管理员的工作负担，提高工作效率。

1. DHCP的功能

有两种分配 IP 地址的方式：静态分配和动态分配。静态分配是指由网络管理员为每台主机手动设置固定的 IP 地址。这种方式容易造成主机 IP 地址冲突，只适用于规模较小的网络。如果网络中的主机较多，那么依靠网络管理员手动分配 IP 地址必然非常耗时。另外，在移动办公环境中，为频繁进出公司网络环境的移动设备（主要是笔记本计算机）分配 IP 地址也是一件非常烦琐的事情。

利用 DHCP 为主机动态分配 IP 地址可以解决这些问题。动态分配 IP 地址非常适用于移动办公环境，能够减轻网络管理员的管理负担。动态分配 IP 地址能够缓解 IP 地址资源紧张的问题，也更加安全、可靠。

2. DHCP的工作原理

DHCP 采用客户端/服务器模式运行，采用 UDP 作为网络层传输协议。在 DHCP 服务器上安装和运行 DHCP 软件后，DHCP 客户端会从 DHCP 服务器获取 IP 地址及其他相关参数。DHCP 动态分配 IP 地址的方式分为以下 3 种。

（1）自动分配，又称永久租用。DHCP 客户端从 DHCP 服务器获取一个 IP 地址后，可以永久使用。DHCP 服务器不会再将这个 IP 地址分配给其他 DHCP 客户端。

（2）动态分配，又称限定租期。DHCP 客户端获得的 IP 地址只能在一定期限内使用，这个期限就是 DHCP 服务器提供的“租约”。一旦租约到期，DHCP 服务器就可以收回这个 IP 地址并将其分配给其他 DHCP 客户端使用。

（3）手动分配，又称保留地址。DHCP 服务器根据网络管理员的设置将指定的 IP 地址分配给 DHCP 客户端，一般是将 DHCP 客户端的物理地址（又称 MAC 地址）与 IP 地址绑定起来，确保 DHCP 客户端每次都可以获得相同的 IP 地址。

DHCP 客户端与 DHCP 服务器的交互过程如图 7-1 所示。

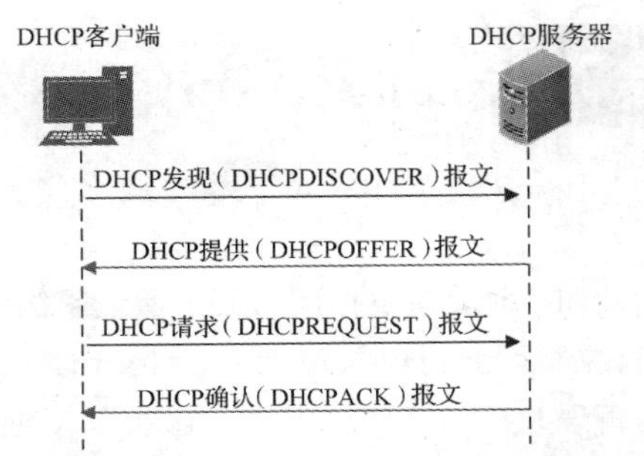

图 7-1　DHCP 客户端和 DHCP 服务器的交互过程

微课

V7-2　DHCP 如何工作

① 启动 DHCP 客户端后，先以广播方式发送一个 DHCP 发现（DHCPDISCOVER）报文。发现报文的主要目的是查找网络中的 DHCP 服务器。DHCP 客户端的发送端口是 UDP 的 68 号端口，而 DHCP 服务器的接收端口是 UDP 的 67 号端口。

② DHCP 服务器收到发现报文后，从 IP 地址池中选择一个未被租用的 IP 地址，将其以 DHCP 提供（DHCPOFFER）报文的形式广播发送给 DHCP 客户端。DHCP 服务器会暂时保留这个 IP 地址以免同时将其分配给其他 DHCP 客户端。提供报文也必须以广播的方式发送，因为 DHCP 客户端此时还没有自己的 IP 地址。

③ DHCP 客户端收到提供报文后，以广播方式向 DHCP 服务器发送 DHCP 请求（DHCPREQUEST）报文。网络中可能有多个 DHCP 服务器，因此 DHCP 客户端可能会收到多个提供报文。DHCP 客户端会选择使用最先收到的提供报文。DHCP 客户端以广播方式发送请求报文的原因在于，除了通知已被选择的 DHCP 服务器外，还要把这一选择结果告诉其他 DHCP 服务器，使其及时释放各自保留的 IP 地址以供其他 DHCP 客户端使用。

④ 被选择的 DHCP 服务器收到 DHCP 客户端的请求报文后，以广播方式向 DHCP 客户端发送一个 DHCP 确认（DHCPACK）报文。确认报文除了包含已分配的 IP 地址外，还可能包括默认网关、DNS 服务器等相关网络配置参数。

至此，DHCP 客户端成功地申请到一个 IP 地址。需要注意的是，这些动态分配的 IP 地址是有使用期限的，可以形象地理解为 DHCP 客户端向 DHCP 服务器“租借”了一个 IP 地址，在租约期限内可以正常使用。如果 DHCP 客户端想要在租约到期前主动释放申请到的 IP 地址，可以选择向 DHCP 服务器发送一个 DHCP 释放（DHCPRELEASE）报文，通知 DHCP 服务器回收已分配的 IP 地址。当然，DHCP 客户端也可以在租约到期后继续使用这个 IP 地址，但其必须向 DHCP 服务器重新提出申请，即更新租约。更新租约的过程不需要用户介入，DHCP 客户端会自动处理。更新租约的具体过程这里不详细介绍，请参考本书配套电子资源。

7.1.2　DHCP 服务配置

1. DHCP 服务的安装与启停

在统信 UOS 中，DHCP 服务端所需要的软件是 dhcp-server，可以使用 yum 命令一键安装，如例 7-1 所示。DHCP 服务的后台守护进程为 dhcpd，启停 DHCP 服务时，将 dhcpd 作为参数代替表 6-6 中的 *firewalld* 即可。例如，可以使用 systemctl restart dhcpd 命令重启 DHCP 服务。

例 7-1：安装 DHCP 服务端软件

```
[root@uosv20 ~]# yum install dhcp-server -y //安装 DHCP 服务端软件
[root@uosv20 ~]# rpm -qa | grep dhcp
```

```
dhcp-libs-4.3.6-47.0.1.uelc20.02.x86_64
dhcp-common-4.3.6-47.0.1.uelc20.02.noarch
dhcp-server-4.3.6-47.0.1.uelc20.02.x86_64        <== 服务端所需软件
dhcp-client-4.3.6-47.0.1.uelc20.02.x86_64
```

2. DHCP 服务配置

DHCP 主配置文件是/etc/dhcp/dhcpd.conf，其默认内容如例 7-2 所示。其中，第 3 行的意思是可以参考文件/usr/share/doc/dhcp-server/dhcpd.conf.example 进行配置。因此，实际配置前先利用该文件创建主配置文件。

例 7-2：文件 dhcpd.conf 的默认内容

```
[root@uosv20 ~]# cd /etc/dhcp
[root@uosv20 dhcp]# cat -n dhcpd.conf
     1  #
     2  # DHCP Server Configuration file.
     3  #    see /usr/share/doc/dhcp-server/dhcpd.conf.example
     4  #    see dhcpd.conf(5) man page
     5  #
[root@uosv20 dhcp]# cd /usr/share/doc/dhcp-server
[root@uosv20 dhcp-server]# cp dhcpd.conf.example /etc/dhcp/dhcpd.conf
cp：是否覆盖'/etc/dhcp/dhcpd.conf'?  y          <== 覆盖原文件
[root@uosv20 dhcp-server]#
```

下面详细介绍 DHCP 主配置文件的结构和基本要素。

（1）文件结构

文件 dhcpd.conf 的结构如例 7-3 所示。

微课

V7-3 DHCP 主配置文件

例 7-3：文件 dhcpd.conf 的结构

```
#全局配置
参数或选项;

#局部配置
声明 {
    参数或选项;
}
```

dhcpd.conf 的注释信息以“#”开头，可以出现在文件的任意位置。除了包含花括号“{ ”“ }”的行之外，其他每一行语句都以“;”结尾。这一点很重要，不少初学者在配置 dhcpd.conf 文件时会忘记在行末加上“;”，导致 DHCP 服务无法正常启用。

文件 dhcpd.conf 中的配置由参数、选项和声明 3 种要素组成。

➢ 参数。参数主要用来设定 DHCP 服务器和客户端的基本属性，格式是“参数名 参数值;”。

➢ 选项。选项通常用来配置分配给 DHCP 客户端的可选网络参数，如子网掩码、默认网关、DNS 服务器等。选项的设定格式和参数的类似，只是要以“option”关键字开头，如“option 选项名 选项值;”。

➢ 声明。声明以某个关键字开头，后跟一对花括号。花括号内部包含一系列参数和选项。声明主要用来设置 IP 地址范围，或者通过指定 DHCP 客户端的 MAC 地址为其分配固定的 IP 地址。

dhcpd.conf 的参数和选项分为全局配置和局部配置。全局配置对整个 DHCP 服务器生效，而局部配置只对某个声明生效。声明外部的参数和选项是全局配置，声明内部的参数和选项是局部配置。

（2）参数和选项

DHCP 服务常用的全局参数和选项如表 7-1 所示。其中，option domain-name-servers 和 option routers 也可用于局部配置。

表 7-1　DHCP 服务常用的全局参数和选项

参数和选项	功能说明	参数和选项	功能说明
dns-update-style	DNS 动态更新的类型	default-lease-time	默认租约时间
max-lease-time	最大租约时间	log-facility	日志文件名
option domain-name	域名	option domain-name-servers	域名服务器
option routers	默认网关		

（3）声明

常用的两种声明是 subnet 声明和 host 声明。subnet 声明用于定义 IP 地址范围；host 声明用于实现 IP 地址和 DHCP 客户端 MAC 地址的绑定，为 DHCP 客户端分配固定的 IP 地址。subnet 声明和 host 声明的格式如例 7-4 所示。

例 7-4：subnet 声明和 host 声明的格式

```
subnet  subnet_id  netmask  netmask  {
}
host  hostname {
}
```

可以通过不同的局部参数和选项为这两种声明指定具体的行为。DHCP 服务常用的局部参数和选项如表 7-2 所示。DHCP 服务器配置好之后，可以在 Windows 或 Linux 客户端上进行验证。

表 7-2　DHCP 服务常用的局部参数和选项

参数和选项	功能说明	参数和选项	功能说明
range	IP 地址池的地址范围	default-lease-time	默认租约时间
max-lease-time	最大租约时间	option broadcast-address	子网广播地址
hardware ethernet	DHCP 客户端的 MAC 地址	fixed-address	分配的固定 IP 地址
server-name	DHCP 服务器的主机名	option domain-name	域名
option routers	默认网关	option domain-name-servers	域名服务器

任务实施

实验：搭建 DHCP 服务器

韩经理从 2023 年全国职业院校技能大赛网络系统管理赛项的题库中选了一套有代表性的样题，并根据尤博目前的知识和能力水平对部分内容稍做了修改。在这次的实验中，韩经理要带着尤博在 appsrv 上搭建 DHCP 服务器。实验拓扑如图 6-14 所示，具体要求如下。

（1）为内网客户端分配 IP 地址，IP 地址池范围是 192.168.0.110/24~192.168.0.190/24。

（2）为 insidecli 分配固定 IP 地址：192.168.0.190/24。

（3）设置 IP 地址默认租约时间为 0.5 天，最大租约时间为 3 天。

（4）将内网客户端网关设置为 routersrv 的 ens33 网卡。

（5）将域名设为 chinaskills.cn，将域名服务器设为 appsrv 本身。

（6）在 routersrv 上开启中继代理服务，允许内网客户端通过中继服务获取 IP 地址。注意：中继代理服务的配置较简单，具体原理这里不展开介绍。

（7）在 insidecli 上验证 DHCP 服务。

以下是韩经理的详细步骤。

微课

V7-4 搭建 DHCP 服务器

第 1 步：登录 appsrv 服务器，打开一个终端窗口，切换为 root 用户。

第 2 步：安装 DHCP 服务端软件，如例 7-5.1 所示。

例 7-5.1：搭建 DHCP 服务器——安装 DHCP 服务端软件

```
[root@appsrv ~]# yum install dhcp-server -y
```

第 3 步：根据 dhcpd.conf.example 文件修改 DHCP 主配置文件，如例 7-5.2 所示。

例 7-5.2：搭建 DHCP 服务器——修改 DHCP 主配置文件

```
[root@uosv20 ~]# cd /usr/share/doc/dhcp-server
[root@uosv20 dhcp-server]# cp dhcpd.conf.example dhcpd.conf
cp：是否覆盖'dhcpd.conf'?  y
[root@uosv20 dhcp-server]# cd /etc/dhcp
[root@appsrv dhcp]# vim dhcpd.conf        // 添加以下内容
subnet 192.168.100.0 netmask 255.255.255.0 { }         <== 忽略该网段的 DHCP 请求
subnet 192.168.0.0 netmask 255.255.255.0 {
   range 192.168.0.110 192.168.0.190;          <== IP 地址范围
   option routers 192.168.0.254;               <== 默认网关
   option domain-name "chinaskills.cn";        <== 域名
   option domain-name-servers 192.168.100.100;        <== 域名服务器
   default-lease-time 43200;                <== 默认租约时间，以 s 为单位
   max-lease-time 259200;                   <== 最大租约时间，以 s 为单位
}

host insidecli {
   hardware ethernet 00:0c:29:e2:82:03;        <== insidecli 的 MAC 地址
   fixed-address 192.168.0.190;               <== 固定 IP 地址
}
```

第 4 步：重启 DHCP 服务并将其设置为开机自动启动，如例 7-5.3 所示。

例 7-5.3：搭建 DHCP 服务器——重启 DHCP 服务

```
[root@appsrv dhcp]# systemctl restart dhcpd        // 重启 DHCP 服务
[root@appsrv dhcp]# systemctl enable dhcpd         // 开机自动启动 DHCP 服务
[root@appsrv dhcp]# systemctl list-unit-files | grep dhcpd
dhcpd.service              enabled
```

第 5 步：修改 appsrv 防火墙，放行 DHCP 服务，如例 7-5.4 所示。

例 7-5.4：搭建 DHCP 服务器——在 appsrv 上放行 DHCP 服务

```
[root@appsrv dhcp]# firewall-cmd --permanent --add-service=dhcp
[root@appsrv dhcp]# firewall-cmd --reload
[root@appsrv dhcp]# firewall-cmd --list-services
```

第 6 步：登录 routersrv 服务器，打开一个终端窗口，切换为 root 用户。

第 7 步：在 routersrv 上安装 dhcp-relay 软件并启用 DHCP 中继代理功能，允许内网客户

端通过中继服务获取 IP 地址，如例 7-5.5 所示。

例 7-5.5：搭建 DHCP 服务器——在 routersrv 上启用 DHCP 中继代理功能

```
[root@routersrv ~]# yum install dhcp-relay -y
[root@routersrv ~]# dhcrelay 192.168.100.100
```

第 8 步：修改 routersrv 防火墙，放行 DHCP 服务，如例 7-5.6 所示。

例 7-5.6：搭建 DHCP 服务器——在 routersrv 上放行 DHCP 服务

```
[root@routersrv ~]# firewall-cmd --permanent --add-service=dhcp
[root@routersrv ~]# firewall-cmd --reload
[root@routersrv ~]# firewall-cmd --list-services
cockpit dhcp dhcpv6-client ssh
```

第 9 步：登录内网客户端 insidecli，打开一个终端窗口，切换为 root 用户。

第 10 步：配置 insidecli 网络参数，使其从 DHCP 服务器动态获得 IP 地址，如例 7-5.7 所示。修改完成后激活 ens33 网卡。在这一步，韩经理提醒尤博要确认 insidecli 获得的 IP 地址是服务器配置的固定 IP 地址，即 192.168.0.190。

例 7-5.7：搭建 DHCP 服务器——配置 insidecli 网络参数

```
[root@insidecli ~]# nmcli connection modify ens33 \
> autoconnect yes ipv4.method auto
[root@insidecli ~]# nmcli connection up ens33
```

第 11 步：韩经理提醒尤博要确认 insidecli 获得的 IP 地址、默认网关及域名等相关信息是否与 appsrv 上的配置相符，如例 7-5.8 所示。

例 7-5.8：搭建 DHCP 服务器——确认 insidecli 网络信息

```
[root@insidecli ~]# ip address show ens33            // 查看 IP 地址
2: ens33: <BROADCAST,MULTICAST,UP,LOWER_UP>
link/ether 00:0c:29:e2:82:03 brd ff:ff:ff:ff:ff:ff
inet 192.168.0.190/24 brd 192.168.0.255 scope global dynamic noprefixroute ens33
[root@insidecli ~]# ip   route                        // 查看默认网关
default via 192.168.0.254 dev ens33 proto dhcp src 192.168.0.190 metric 100
192.168.0.0/24 dev ens33 proto kernel scope link src 192.168.0.190 metric 100
[root@insidecli ~]# cat   /etc/resolv.conf            // 查看域名及 DNS 服务器
search chinaskills.cn
nameserver 192.168.100.100
```

知识拓展

使用 dhcpd 命令排错

DHCP 服务器配置错误会导致 DHCP 服务无法正常启动，这时可以使用 dhcpd 命令检测常见的主配置文件是否错误，如例 7-6 所示。dhcpd 命令提示 DHCP 主配置文件的第 14 行缺少分号，但打开文件后可以发现，其实是第 13 行的行末缺少分号。这一点需要大家在排查 DHCP 主配置文件错误时特别留意。

例 7-6：使用 dhcpd 命令检测常见的主配置文件是否错误

```
[root@appsrv dhcp]# dhcpd
```

```
/etc/dhcp/dhcpd.conf line 14: semicolon expected.
    option
     ^
Configuration file errors encountered -- exiting
[root@appsrv dhcp]# vim dhcpd.conf
11 subnet 192.168.100.0 netmask 255.255.255.0 {}
 12 subnet 192.168.0.0 netmask 255.255.255.0 {
 13       range 192.168.0.110 192.168.0.190        <== 行末缺少分号
 14       option routers 192.168.0.254;
 15       option domain-name "chinaskills.cn";
 16       option domain-name-servers 192.168.100.100;
 17       default-lease-time 43200;
 18       max-lease-time 259200;
 19 }
```

任务实训

本实训的主要任务是在统信UOS中搭建DHCP服务器，并在Linux客户端上进行验证。请根据以下实训内容完成实训任务。

【实训内容】

（1）在DHCP服务器上安装DHCP服务端软件dhcp-server。

（2）修改DHCP主配置文件，具体要求如下。

① 将域名和域名服务器设为全局参数，分别设为“siso.edu.cn”“ns.siso.edu.cn”。

② 将默认租约时间和最大租约时间作为全局参数，分别设为1天和2天。

③ 192.168.62.0/24网络中有两个IP地址范围可以分配，分别是192.168.62.1～192.168.62.50和192.168.62.101～192.168.62.150，默认网关为192.168.62.254。

④ 为MAC地址是6C:4B:90:12:BF:4F的主机分配固定的IP地址192.168.62.35。

（3）使用dhcpd命令检查DHCP主配置文件是否有误。

（4）修改防火墙设置，放行DHCP服务。

（5）启用DHCP服务。

（6）在Linux客户端上验证DHCP服务。

任务 7.2 部署 DNS 服务

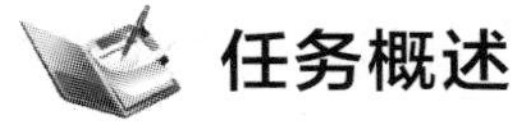

任务概述

域名系统（Domain Name System，DNS）服务是互联网中最重要的基础服务之一，主要作用是实现域名和 IP 地址的转换，也就是域名解析服务。有些人可能对 DNS 了解得很少，但其实人们基本上每天都在使用 DNS 提供的域名解析服务。本任务将从域名解析的历史讲起，详细介绍 DNS 的基本概念、分级结构、查询方式，以及 DNS 服务器的搭建和验证。

知识准备

7.2.1 DNS 服务概述

微课

V7-5 为什么需要 DNS

当人们浏览网页时，一般会在浏览器的地址栏中输入网站的统一资源定位符（Uniform Resource Locator，URL），如“http://www.siso.edu.cn”，浏览器在客户端主机和网站服务器之间通过建立连接进行通信。但在实际的 TCP/IP 网络中，IP 地址是定位主机的唯一标志，必须知道对方主机的 IP 地址才能相互通信。浏览器是如何根据人们输入的网址得到网站服务器的 IP 地址的？其实，浏览器使用了 DNS 提供的域名解析服务。在深入学习 DNS 的工作原理之前，有必要先了解关于主机域名的几个相关概念。

1. 域名解析的历史

IP 地址是连接到互联网的主机的“身份证号码”，但是对于人类来说，记住大量的诸如 192.168.62.213 的 IP 地址太难了。相比较而言，主机名一般具有一定的含义，比较容易记忆。因此，如果计算机能够提供某个工具，让人们可以方便地根据主机名获得 IP 地址，那么这个工具肯定会备受青睐。

在网络发展的早期，一种简单的实现方法就是把域名和 IP 地址的对应关系保存在一个文件中，计算机利用这个文件进行域名解析。在 Linux 操作系统中，这个文件就是/etc/hosts，其内容如例 7-7 所示。

例 7-7：/etc/hosts 文件的内容

```
[zys@uosv20 ~]$ cat /etc/hosts
127.0.0.1     localhost localhost.localdomain localhost4 localhost4.localdomain4
::1           localhost localhost.localdomain localhost6 localhost6.localdomain6
```

这种方式实现起来很简单，但是它有一个非常大的缺点，即内容更新不灵活。每台主机都要配置这样的文件，并及时更新内容，否则得不到最新的域名信息，因此它只适用于一些规模较小的网络。

微课

V7-6 什么是域名

随着网络规模的不断扩大，使用单一文件实现域名解析的方法显然不再适用，取而代之的是基于分布式数据库的 DNS 服务。DNS 服务将域名解析的功能分散到不同层级的 DNS 服务器中，这些 DNS 服务器协同工作，提供高可靠、灵活的域名解析服务。

2. 主机名和域名

DNS 的域名空间是分级的，其结构如图 7-2 所示。

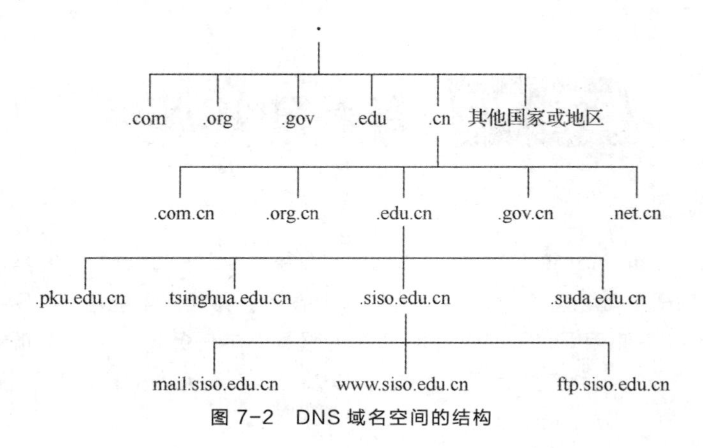

图 7-2 DNS 域名空间的结构

在 DNS 域名空间中，顶层被称为“根域”，用“.”表示。从根域开始向下依次划分为顶级域、二级域等各级子域，底层是主机。子域和主机的名称分别为域名和主机名。域名又有相对域名和绝对域名之分，就像 Linux 文件系统中的相对路径和绝对路径一样。如果从下向上将主机名及各级子域的所有绝对域名用“.”组合在一起，就构成了主机的全限定域名（Fully Qualified Domain Name，FQDN）。例如，尤博所在的 SISO 学院有一台 Web 服务器，主机名是“www”，域名是“siso.edu.cn”，那么其 FQDN 就是“www.siso.edu.cn”。通过 FQDN 可以唯一地确定互联网中的一台主机。

微课

V7-7 递归和迭代查询

3. DNS 服务器的类型

按照配置和功能的不同，DNS 服务器可分为不同的类型。常见的 DNS 服务器有以下 4 种类型。

（1）主 DNS 服务器。它对所管理区域的域名解析请求提供权威和精确的响应，是所管理区域域名信息的初始来源。搭建主 DNS 服务器需要准备全套的配置文件，包括主配置文件、正向解析区域文件、反向解析区域文件、高速缓存初始化文件和回送文件等。注意，正向解析是指从域名到 IP 地址的解析，反向解析正好相反。

（2）从 DNS 服务器。它从主 DNS 服务器中获得完整的域名信息备份，对外提供权威和精确的域名解析服务，这样可以减轻主 DNS 服务器的查询负载。从 DNS 服务器存储的域名信息和主 DNS 服务器的完全相同，它是主 DNS 服务器的备份，提供的是冗余的域名解析服务。

（3）高速缓存 DNS 服务器。它将从其他 DNS 服务器处获得的域名信息保存在自己的高速缓存中，并利用这些信息为用户提供域名解析服务。高速缓存 DNS 服务器的信息有时效性，过期之后便不再可用。高速缓存 DNS 服务器不是权威服务器。

（4）转发 DNS 服务器。它在对外提供域名解析服务时，优先在本地缓存中查找。如果本地缓存中没有匹配的数据，则会向其他 DNS 服务器转发域名解析请求，并将从其他 DNS 服务器中获得的结果保存在自己的缓存中。转发 DNS 服务器的特点是可以向其他 DNS 服务器转发自己无法完成的域名解析请求。

注意：与图 7-2 中的“根域”对应的 DNS 服务器被称为根域服务器，简称根服务器，相关信息保存在文件中/var/named/root.cache 中。根域服务器主要负责解析顶级域名，如.com 和.gov 等。全世界只有 13 台根域服务器。

7.2.2 DNS 服务配置

1. DNS 服务的安装与启停

实现 DNS 服务的软件不止一种，目前互联网中应用较多的是由美国加利福尼亚大学伯克利分校开发的一款开源软件——BIND。BIND 软件的安装如例 7-8 所示。

例 7-8：BIND 软件的安装

```
[root@uosv20 ~]# yum install bind -y
[root@uosv20 ~]# rpm -qa | grep bind
rpcbind-1.2.5-9.uelc20.2.x86_64
bind-9.11.36-5.uelc20.5.x86_64
bind-utils-9.11.36-5.uelc20.5.x86_64
```

BIND 软件的后台守护进程名为 named，启停 DNS 服务时，将 named 作为参数代替表 6-6 中的 *firewalld* 即可。例如，可以使用 systemctl restart named 命令重启 DNS 服务。

搭建主 DNS 服务器的过程很复杂。下面以搭建一台主 DNS 服务器为例，讲解配置文件的结构和作用。

微课

V7-8 DNS 配置文件

2. 全局配置文件

DNS 的全局配置文件是/etc/named.conf，其基本结构如例 7-9 所示。

例 7-9：/etc/named.conf 文件的基本结构

```
[root@uosv20 ~]# cat /etc/named.conf
options {
        listen-on port 53 { 127.0.0.1; };
        listen-on-v6 port 53 { ::1; };
        directory        "/var/named";
        allow-query      { localhost; };
        forward       ( first: only );
        forwarders   {ip_addr; };
};

logging {
        ......
};
zone "." IN {
        type hint;
        file "named.ca";
};

include "/etc/named.rfc1912.zones";        <== 指定主配置文件
include "/etc/named.root.key";
```

（1）options 配置段的配置项对整个 DNS 服务器有效，下面介绍其常用的配置项。

① listen-on port { }：指定 named 守护进程监听的端口和 IP 地址，默认的监听端口是 53 号端口。如果 DNS 服务器中有多个 IP 地址要监听，则可以在花括号中分别列出，各端口以分号分隔。

② directory：指定 DNS 守护进程的工作目录，默认的目录是/var/named。下面要讲解的正向和反向解析区域文件都要保存在这个目录下。

③ allow-query { }：指定允许哪些主机发起域名解析请求，默认只对本机开放服务。可以对某台主机或某个网段的主机开放服务，也可以使用关键字指定主机的范围。例如，any 表示匹配所有主机，none 表示不匹配任何主机，localhost 表示只匹配本机，localnets 表示匹配本机所在网络中的所有主机。

④ forward：有 only 和 first 两个值。值为 only 时表示将 DNS 服务器配置为高速缓存 DNS 服务器；值为 first 时表示先将域名解析请求转发给 forwarders 定义的转发 DNS 服务器，如果转发 DNS 服务器无法解析，则 DNS 服务器会尝试自己解析。

⑤ forwarders { }：指定转发 DNS 服务器，可以将域名解析请求转发给这些转发 DNS 服务器进行处理。

（2）zone 声明用来定义区域，其后面的“.”表示根域，一般在主配置文件中定义区域信息。这里保留默认值，不需要改动。

（3）include 指示符用来引入其他相关配置文件，这里通过 include 指定主配置文件的位置。

一般不使用默认的主配置文件/etc/named.rfc1912.zones，而是根据实际需要创建新的主配置文件。

3. 主配置文件

一般在主配置文件中通过 zone 声明设置区域相关信息，包括正向区域和反向区域。zone 声明的格式如例 7-10 所示。

例 7-10：zone 声明的格式

```
zone "区域名称" IN {
        type DNS 服务器类型;
        file "区域文件名";
        allow-update { none; };
        masters {主域名服务器地址;}
};
```

zone 声明定义了区域的几个关键属性，包括 DNS 服务器类型、区域文件名等。

（1）type：定义 DNS 服务器类型，可取 hint、master、slave 和 forward 等几个值，分别表示根域名服务器、主 DNS 服务器、从 DNS 服务器及转发 DNS 服务器。

（2）file：指定该区域的区域文件，区域文件包含区域的域名解析数据。

（3）allow-update：指定允许更新区域文件信息的从 DNS 服务器的地址。

（4）masters：指定主 DNS 服务器地址，当 type 的值取 slave 时有效。

正向和反向解析区域的 zone 声明格式相同，但对于反向解析的区域名称有特殊的约定。具体来说，如果需要反向解析的网段是“a.b.c”，那么对应的区域名称应设置为“c.b.a.in-addr.arpa”。

4. 区域文件

DNS 服务器提供域名解析服务的关键就是区域文件。区域文件和文件/etc/hosts 类似，记录了域名和 IP 地址的对应关系，但是区域文件的结构更复杂，功能也更强大。目录/var/named 下的 named.localhost 和 named.loopback 两个文件是正向解析区域文件和反向解析区域文件的配置模板。典型的区域文件如例 7-11 所示。

例 7-11：典型的区域文件

```
[root@uosv20 ~]# vim /var/named/named.localhost
$TTL 1D
@        IN SOA   @ rname.invalid. (
                                        0          ; serial
                                        1D         ; refresh
                                        1H         ; retry
                                        1W         ; expire
                                        3H )       ; minimum
        NS        @
        A         127.0.0.1
        AAAA      ::1
```

在区域文件中，域名和 IP 地址的对应关系由资源记录（Resource Record，RR）表示。资源记录的基本语法如下。

```
name      [TTL]      IN      RR_TYPE      value
```

其中，各字段的含义如下。

（1）name 表示当前的域名。

（2）TTL 表示资源记录的存活时间（Time to Live），即资源记录的有效期。

（3）IN 表示资源记录的网络类型是 Internet（互联网）。

（4）RR_TYPE 表示资源记录的类型。常见的资源记录类型有 SOA、NS、A、AAAA、CNAME、MX 和 PTR 等。

（5）*value* 表示资源记录的值，具体含义与资源记录类型有关。

下面分别介绍每种资源记录类型的含义。

（1）SOA 资源记录：区域文件的第一条有效资源记录是 SOA 资源记录。出现在 SOA 资源记录中的“@”符号表示当前域名，如“siso.edu.cn.”或“10.168.192. in-addr.arpa.”。SOA 资源记录的值由 3 部分组成：第一部分是当前域名，即 SOA 资源记录中的第二个“@”；第二部分是当前域名管理员的邮箱地址，但是邮箱地址中不能出现“@”，必须以“.”代替；第三部分则表示与资源记录有关的其他信息，如资源记录序列号（serial）、刷新时间（refresh）、重试时间间隔（retry）等。

（2）NS 资源记录：NS 资源记录表示该区域的 DNS 服务器地址，如例 7-12 所示，一个区域可以有多个 DNS 服务器。

例 7-12：NS 资源记录

```
@    IN      NS      ns.siso.edu.cn.
```

（3）A 和 AAAA 资源记录：表示域名到 IP 地址的对应关系。A 资源记录用于 IPv4 地址，而 AAAA 资源记录用于 IPv6 地址。A 资源记录示例如例 7-13 所示。

例 7-13：A 资源记录示例

```
ns          IN      A       192.168.62.213
www         IN      A       192.168.62.214
mail        IN      A       192.168.62.215
ftp         IN      A       192.168.62.216
```

（4）CNAME 资源记录：CNAME 资源记录是 A 资源记录的别名，如例 7-14 所示。

例 7-14：CNAME 资源记录

```
web         IN    CNAME       www.siso.edu.cn.
```

（5）MX 资源记录：定义本域的邮件服务器，如例 7-15 所示。

例 7-15：MX 资源记录

```
@    IN    MX      10      mail.siso.edu.cn.
```

需要特别注意的是，在添加资源记录时，以“.”结尾的域名表示绝对域名，如“www.siso.edu.cn.”，其他的域名表示相对域名，如“ns”“www”分别表示“ns.siso.edu.cn”“www.siso.edu.cn”。

（6）PTR 资源记录：也称为指针记录，表示 IP 地址到域名的对应关系，用于 DNS 反向解析，如例 7-16 所示。

例 7-16：PTR 资源记录

```
213         IN    PTR         www.siso.edu.cn.
```

这里的 213 是 IP 地址中的主机号，因此完整的记录名是 213.62.168.192.in-addr.arpa，表示 IP 地址是 192.168.62.213。

全局配置文件、主配置文件和区域文件对主 DNS 服务器而言是必不可少的，这些文件的关系如图 7-3 所示。

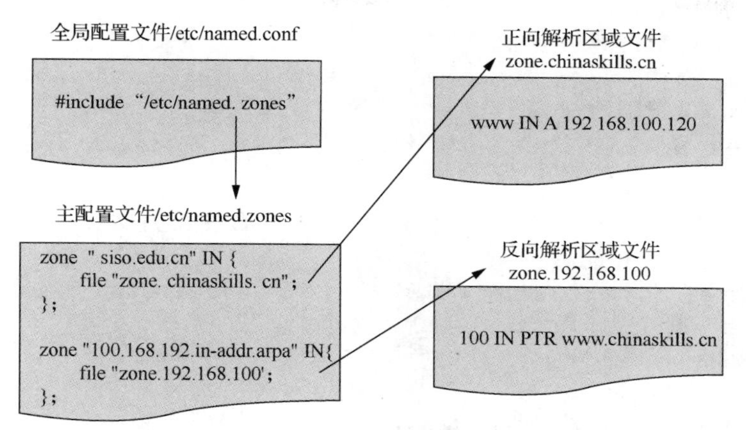

图 7-3　DNS 配置文件的关系

 任务实施

实验：搭建 DNS 服务器

前面的搭建 DHCP 服务器实验让尤博体验到了搭建网络服务器的乐趣。这一次，他主动向韩经理提出请求，希望能亲自“操刀”搭建一个简单的 DNS 服务器。对于尤博的学习热情，韩经理从来都是鼓励、支持的，于是他爽快地答应了尤博的请求。实验拓扑如图 6-14 所示，具体要求如下。

（1）在 appsrv 上搭建 DNS 服务器，为域名 chinaskills.cn 提供域名解析服务。

（2）将主配置文件设为 named.zones。

（3）创建正向解析区域文件 zone.chinaskills.cn 及反向解析区域文件 zone.192.168.100。

（4）在正向解析区域文件中添加以下资源记录。

① 1 条 SOA 资源记录，保留默认值。

② 1 条 MX 资源记录，主机名为“mail”。

③ 3 条 A 资源记录，主机名分别为“mail”“www”和“ftp”，IP 地址分别为 192.168.100.100、192.168.100.100 和 192.168.100.200。

④ 1 条 CNAME 资源记录，为主机名“www”设置别名“web”。

（5）在反向解析区域文件中添加与正向解析区域文件对应的 PTR 资源记录。

（6）在 insidecli 上验证 DNS 服务。

以下是尤博完成本实验的操作步骤。

第 1 步：登录 appsrv 服务器，打开一个终端窗口，切换为 root 用户。

第 2 步：安装 DNS 服务端软件，如例 7-17.1 所示。

微课

V7-9　搭建 DNS 服务器

例 7-17.1：搭建 DNS 服务器——安装 DNS 服务端软件

```
[root@appsrv ~]# yum install bind -y
```

第 3 步：打开 DNS 全局配置文件/etc/named.conf，修改涉及监听端口、允许进行查询的 DNS 客户端及主配置文件的相关内容，如例 7-17.2 所示。

例 7-17.2：搭建 DNS 服务器——修改 DNS 全局配置文件

```
[root@appsrv ~]# vim /etc/named.conf
options {
    listen-on port 53 { any; };         <== 修改为“any”
```

```
        allow-query       { any; };                <== 修改为 "any"
;
include   "/etc/named.zones";                      <== 修改 DNS 主配置文件
```

第 4 步：在/etc 目录下，根据/etc/named.rfc1912.zones 文件创建主配置文件/etc/named.zones 并修改其内容，如例 7-17.3 所示。

例 7-17.3：搭建 DNS 服务器——创建并修改 DNS 主配置文件

```
[root@appsrv ~]# cd /etc
[root@appsrv etc]# cp -p named.rfc1912.zones named.zones
[root@appsrv etc]# vim named.zones      // 添加以下内容
zone "chinaskills.cn" IN {
          type master;
          file "zone.chinaskills.cn";        <== 正向解析区域文件
          allow-update { none; };
};

zone "100.168.192.in-addr.arpa" IN {
          type master;
          file "zone.192.168.100";
          allow-update { none; };
};
```

第 5 步：在目录/var/named 下创建正向解析区域文件 zone.chinaskills.cn 和反向解析区域文件 zone.192.168.100，如例 7-17.4 所示。

例 7-17.4：搭建 DNS 服务器——创建区域文件

```
[root@appsrv etc]# cd /var/named
[root@appsrv named]# cp -p named.localhost zone.chinaskills.cn
[root@appsrv named]# cp -p named.loopback zone.192.168.100
[root@appsrv named]# ls -l zone*
-rw-r----- 1 root named 168   4 月  10   2023 zone.192.168.100
-rw-r----- 1 root named 152   4 月  10   2023 zone.chinaskills.cn
```

第 6 步：按照要求在正向解析区域文件添加相应的资源记录，如例 7-17.5 所示。

例 7-17.5：搭建 DNS 服务器——配置正向解析区域文件

```
[root@appsrv named]# vim zone.chinaskills.cn              // 添加以下内容
$TTL 1D
@    IN SOA   @ chinaskills.cn. (
                              0     ; serial
                              1D    ; refresh
                              1H    ; retry
                              1W    ; expire
                              3H ) ; minimum
                                    NS              @
                                    A               192.168.100.100
@           IN                      MX      10      mail
mail        IN                      A               192.168.100.100
www         IN                      A               192.168.100.100
ftp         IN                      A               192.168.100.200
web         IN                      CNAME           www
```

第 7 步：按照要求在反向解析区域文件中添加相应的 PTR 资源记录，如例 7-17.6 所示。

例 7-17.6：搭建 DNS 服务器——配置反向解析区域文件

```
[root@appsrv named]# vim zone.192.168.100        // 添加以下内容
$TTL 1D
@    IN SOA   @ chinaskills.cn. (
                              0    ; serial
                              1D   ; refresh
                              1H   ; retry
                              1W   ; expire
                              3H ) ; minimum
                                 NS               @
                                 A                192.168.100.100
100          IN                  PTR              mail.chinaskills.cn.
100          IN                  PTR              www.chinaskills.cn.
200          IN                  PTR              ftp.chinaskills.cn.
```

第 8 步：重启 DNS 服务，并将其设为开机自动启动，如例 7-17.7 所示。

例 7-17.7：搭建 DNS 服务器——重启 DNS 服务

```
[root@appsrv named]# systemctl restart named
[root@appsrv named]# systemctl enable named
[root@appsrv named]# systemctl list-unit-files | grep named
named.service                          enabled
```

第 9 步：修改 appsrv 防火墙，放行 DNS 服务，如例 7-17.8 所示。

例 7-17.8：搭建 DNS 服务器——在 appsrv 上放行 DNS 服务

```
[root@appsrv named]# firewall-cmd --permanent --add-service=dns
[root@appsrv named]# firewall-cmd --reload
[root@appsrv named]# firewall-cmd --list-services
cockpit dhcp dhcpv6-client dns ssh
```

第 10 步：登录 routersrv 服务器，打开一个终端窗口，切换为 root 用户。

第 11 步：修改 routersrv 防火墙，放行 DNS 服务，如例 7-17.9 所示。

例 7-17.9：搭建 DNS 服务器——在 routersrv 上放行 DNS 服务

```
[root@routersrv ~]# firewall-cmd --permanent --add-service=dns
[root@routersrv ~]# firewall-cmd --reload
[root@routersrv ~]# firewall-cmd --list-services
cockpit dhcp dhcpv6-client dns ssh
```

第 12 步：登录内网客户端 insidecli，打开一个终端窗口，切换为 root 用户。

第 13 步：查看 insidecli 网络配置信息，确保 DNS 服务器已设为 192.168.100.100，如例 7-17.10 所示。

例 7-17.10：搭建 DNS 服务器——确认 insidecli 网络配置信息

```
[skills@insidecli ~]$ cat /etc/resolv.conf
# Generated by NetworkManager
search chinaskills.cn
nameserver 192.168.100.100
```

第 14 步：使用 nslookup 命令验证 DNS 服务，如例 7-17.11 所示。nslookup 是常用的 DNS 客户端查询命令，支持正向查询和反向查询。

例 7-17.11：搭建 DNS 服务器——验证 DNS 服务

```
[skills@insidecli ~]$ nslookup www.chinaskills.cn
Server:          192.168.100.100
Address:          192.168.100.100#53          <== DNS 服务器
Name:     www.chinaskills.cn
Address: 192.168.100.100         <== 域名对应的 IP 地址
[skills@insidecli ~]$ nslookup ftp.chinaskills.cn
Name:     ftp.chinaskills.cn
Address: 192.168.100.200
[skills@insidecli ~]$ nslookup -q=MX chinaskills.cn                // 查询邮件服务器
Server:          192.168.100.100
Address:          192.168.100.100#53
chinaskills.cn    mail exchanger = 10 mail.chinaskills.cn.
[skills@insidecli ~]$ nslookup -q=CNAME web.chinaskills.cn        // 查询别名
Server:          192.168.100.100
Address:          192.168.100.100#53
web.chinaskills.cn         canonical name = www.chinaskills.cn.
[skills@insidecli ~]$ nslookup -q=PTR 192.168.100.100             // 反向解析
Server:          192.168.100.100
Address:          192.168.100.100#53
100.100.168.192.in-addr.arpa      name = mail.chinaskills.cn.
100.100.168.192.in-addr.arpa      name = www.chinaskills.cn.
```

实验顺利完成，尤博终于“松了一口气”。韩经理赞扬了尤博，同时告诉他 DHCP 和 DNS 是两种基础的网络服务。现在只是打好了网络的“地基”，离目标还有很远的路要走。尤博听懂了韩经理的忠告，他决定再接再厉，以更大的决心和毅力迎接未知的挑战。

知识拓展

使用 dig 和 host 命令进行域名解析

除了 nslookup 命令外，在 Linux 系统中还可以使用 dig 和 host 两个命令进行域名解析。下面以本小节任务实施中的实验为基础，演示这两个命令的用法。

1. dig 命令

dig 是一个方便、灵活的域名查询命令，通过“-t”选项可正向查询资源记录类型，通过“-x”选项可反向查询资源记录类型，如例 7-18 所示。

例 7-18：使用 dig 命令验证 DNS 服务

```
[skills@insidecli ~]$ dig -t A www.chinaskills.cn  // 正向查询 A 资源记录
;; ANSWER SECTION:
www.chinaskills.cn.  86400    IN       A         192.168.100.100
[skills@insidecli ~]$ dig -t MX chinaskills.cn        // 正向查询 MX 资源记录
;; ANSWER SECTION:
chinaskills.cn.          86400    IN       MX         10 mail.chinaskills.cn.
[skills@insidecli ~]$ dig -x 192.168.100.200        // 反向查询 PTR 资源记录
;; ANSWER SECTION:
```

```
200.100.168.192.in-addr.arpa. 86400 IN    PTR        ftp.chinaskills.cn.
```

2. host命令

host命令可以进行一些简单的主机名和IP地址的查询，如例7-19所示。

例7-19：使用host命令验证DNS服务

```
[skills@insidecli ~]$ host www.chinaskills.cn          // 正向查询A资源记录
www.chinaskills.cn has address 192.168.100.100
[skills@insidecli ~]$ host 192.168.100.200             // 反向查询PTR资源记录
200.100.168.192.in-addr.arpa domain name pointer ftp.chinaskills.cn.
[skills@insidecli ~]$ host -t MX chinaskills.cn        // 正向查询MX资源记录
chinaskills.cn mail is handled by 10 mail.chinaskills.cn.
[skills@insidecli ~]$ host -l chinaskills.cn           // 列出DNS服务器的资源记录
chinaskills.cn name server chinaskills.cn.
chinaskills.cn has address 192.168.100.100
ftp.chinaskills.cn has address 192.168.100.200
mail.chinaskills.cn has address 192.168.100.100
www.chinaskills.cn has address 192.168.100.100
```

任务实训

本实训的主要任务是在统信UOS中搭建主DNS服务器，并在Linux客户端上进行验证。请根据以下实训内容完成实训任务。

【实训内容】

（1）在DNS服务器上使用系统镜像文件搭建本地YUM源并安装DNS软件，配置DNS服务器和客户端的IP地址。

（2）修改全局配置文件，指定主配置文件为/etc/named.zones。

（3）创建主配置文件/etc/named.zones，为域名“ito.siso.com”创建正向解析区域文件/var/named/zone.ito.siso.com，为网段172.16.128.0/24创建反向解析区域文件/var/named/zone.172.16.128。

（4）在正向解析区域文件中添加以下资源记录。

① 1条SOA资源记录，保留默认值。

② 2条NS资源记录，主机名分别为“dns1”和“dns2”。

③ 1条MX资源记录，主机名为“mail”。

④ 4条A资源记录，主机名分别为“dns1”“dns2”“mail”“www”，IP地址分别为172.16.128.10、172.16.128.11、172.16.128.20和172.16.128.21。

⑤ 1条CNAME资源记录，为主机名“www”设置别名“web”。

（5）在反向解析区域文件中添加与正向解析区域文件对应的PTR资源记录。

（6）使用nslookup、dig和host命令分别验证DNS服务。

项目小结

本项目是实战篇的基础，通过两个任务分别介绍了两种基础的网络服务，即

DHCP服务和DNS服务。任务7.1介绍了DHCP服务的基本概念、功能和服务器配置方法，是后续所有网络服务的基础。DHCP服务在企业局域网中的应用广泛，解决了网络管理员手动分配IP地址时存在的低效、易错等问题。DHCP的配置与管理是网络管理员必须掌握的基本技能。任务7.2介绍了域名解析的历史、DNS服务器的类型，重点介绍了DNS配置文件的结构和功能。作为一项基础的网络服务，DNS服务在计算机网络中扮演着极其重要的角色。本书之后要介绍的FTP、Web和Mail等服务均依赖DNS服务完成域名解析。DNS服务涉及多个配置文件，难度相对较高，需要多加练习才能熟练掌握。

项目练习题

1．选择题

（1）DHCP 的交互过程为（　　）。

A．DHCP DISCOVER—Offer—Request—ACK

B．DHCP DISCOVER—ACK—Request—Offer

C．DHCP REQUEST—Offer—Discover—ACK

D．DHCP REQUEST—ACK—Discover—Offer

（2）创建保留 IP 地址时，主要绑定其（　　）。

A．MAC 地址　　B．IP 地址　　C．名称　　D．域名

（3）DHCP 使用（　　）端口来监听和接收客户请求消息。

A．TCP　　B．TCP/IP　　C．IP　　D．UDP

（4）为合理、有效地分配 IP 地址，减少网络管理员工作量，大型网络中一般要部署（　　）服务器。

A．DNS　　B．DHCP　　C．网络主机　　D．域名

（5）DHCP 意为（　　）。

A．静态主机配置协议　　B．动态主机配置协议

C．主机配置协议　　D．域名解析协议

（6）DHCP 可以为网络提供的服务不包括（　　）。

A．自动分配 IP 地址　　B．设置网关

C．设置 DNS　　D．将域名转换为 IP 地址

（7）DHCP 使用的端口号是（　　）。

A．80　　B．20 和 21　　C．67 和 68　　D．53

（8）通过 DHCP 服务器的 host 声明为特定主机分配保留 IP 地址时，使用（　　）关键字指定相应的 MAC 地址。

A．mac-address　　B．hardware-ethernet

C．fixed-address　　D．match-physical-address

（9）DNS 配置文件中的 A 资源记录表示（　　）。

A．域名到 IP 地址的映射　　B．IP 地址到域名的映射

C．官方 DNS　　D．邮件服务器

（10）在文件（　　）中可以修改使用的 DNS 服务器。

A. /etc/hosts.conf　　B. /etc/hosts
C. /etc/sysconfig/network　　D. /etc/resolv.conf

（11）在 Linux 操作系统中，使用 BIND 软件配置 DNS 服务器时，若需要设置 192.168.10.0/24 网段的反向区域，则（　　）是该反向域名的正确表示方式。

A. 192.168.10.in-addr.arpa　　B. 192.168.10.0.in-addr.arpa
C. 10.168.192.in-addr.arpa　　D. 0.10.168.192.in-addr.arpa

（12）在 Linux 操作系统中，使用 BIND 软件配置 DNS 服务器时，若需要在区域文件中指定该域的邮件服务器，则应该添加（　　）资源记录。

A. NS　　B. MX　　C. A　　D. PTR

（13）在 DNS 服务器的区域文件中，PTR 资源记录的作用是（　　）。

A. 定义主机的别名
B. 用于设置主机域名到 IP 地址的对应关系
C. 用于设置 IP 地址到主机域名的对应关系
D. 描述主机的操作系统信息

（14）关于 DNS 服务器，以下说法正确的是（　　）。

A. DNS 服务器不需要配置客户端
B. 建立某个区域的 DNS 服务器时，只需要建立一个主 DNS 服务器
C. 主 DNS 服务器需要启动 named 进程，而从 DNS 服务器不需要启动 named 进程
D. DNS 服务器的 root.cache 文件包含根名称服务器的有关信息

（15）在 DNS 配置文件中，用于表示某主机别名的是（　　）资源记录。

A. NS　　B. CNAME　　C. NAME　　D. CN

（16）可以完成域名与 IP 地址的正向解析和反向解析任务的命令是（　　）。

A. nslookup　　B. arp　　C. ifconfig　　D. ss

2. 填空题

（1）DHCP 是________的英文缩写，其作用是为网络中的主机分配 IP 地址。

（2）DHCP 工作过程中会产生________、________、________和________4 种报文。

（3）DHCP 客户端从 DHCP 服务器获取 IP 地址有________、________和________3 种方式。

（4）DHCP 采用了客户端/服务器模式，因此 DHCP 有两个端口号：服务器端端口号为__________，客户端端口号为__________。

（5）DHCP 采用________作为传输协议。

（6）DNS 实际上是分布在互联网中的主机信息的数据库，其作用是实现________和________之间的转换。

（7）当局域网中没有条件建立 DNS 服务器，但又想让局域网中的用户使用主机名互相访问时，应配置______文件。

（8）DNS 默认使用的端口号是______。

（9）DNS 的后台守护进程是______。

（10）在互联网中，计算机之间直接利用 IP 地址进行寻址，因而需要将用户提供的主

机名转换为 IP 地址，人们把这个过程称为______。

（11）______表示主机的资源记录，_______表示别名的资源记录。

（12）DNS 服务器有 4 类：_______、_______、_______和_______。

3. 简答题

（1）DHCP 分配 IP 地址有哪 3 种方式？

（2）DHCP 的选项有什么作用？其常用选项有哪些？

（3）动态分配 IP 地址有什么优缺点？简述 DHCP 的工作原理。

（4）DNS 服务器主要有哪几种配置文件？

（5）简述 SOA 和 NS 资源记录的主要作用。

（6）为什么要部署转发 DNS 服务器？

（7）为什么要部署从 DNS 服务器？它有什么特点？

项目8 部署文件共享服务

08

学习目标

知识目标

- 理解 Samba 服务的基本原理与文件结构。
- 理解 NFS 服务的基本原理与文件结构。
- 理解 FTP 服务的基本原理、工作模式和认证类型。

能力目标

- 熟练掌握 Samba 服务的配置和验证方法。
- 熟练掌握 NFS 服务的配置和验证方法。
- 熟练掌握 FTP 服务的配置和验证方法。

素质目标

- 配置 Samba 服务，了解企业生产环境中存在的异构系统集成问题，学会在工作、学习和生活中接受不同观念，求同存异，理解、包容。
- 配置 NFS 服务，理解通过网络共享等手段节省硬件成本并提高数据安全性。同时，增强通过技术创新解决现实问题的意识。
- 配置 3 种类型的用户登录 FTP 服务器，培养举一反三的思维习惯，练习触类旁通、知识迁移的方法。

项目引例

有了学习DHCP服务和DNS服务的经验，尤博现在对网络服务器有了更大的学习兴趣，信心也更足了。他主动找到韩经理，商量下一阶段的学习计划。韩经理仔细分析了网络系统管理赛项的考核内容，决定接下来将重点放在与文件共享有关的3种服务上，即Samba服务、NFS服务及FTP服务。韩经理告诉尤博，学习的最终目的是要将知识应用于实际工作中，而这3种服务都是企业网络服务器搭建的重要内容。尤博现在斗志满满，因为他知道，等到他把这3种服务“拿下”，距离比赛优秀选手的标准就更近了一些。

任务 8.1 部署 Samba 服务

任务概述

在实际的工作环境中，经常需要在 Windows 和 Linux 操作系统之间共享文件或打印机。虽然传统的 FTP 服务可以用来共享文件，但是它不能直接修改远程服务器中的文件。Linux 操作系统中有一款免费的 Samba 软件，可以完美地解决这个问题。下面介绍 Samba 服务的安装和配置。

知识准备

8.1.1 Samba 服务概述

微课

V8-1 认识 Samba 服务

Samba 主要用于实现在不同的操作系统间共享文件和打印机。在正式讲解 Samba 服务的配置之前，先介绍 Samba 的工作原理。

1. Samba 的工作原理

Samba 基于网络基本输入/输出系统（Network Basic Input/Output System，NetBIOS）协议实现。根据 NetBIOS 协议的规定，在一个局域网中进行通信的主机必须有一个唯一的名称，这个名称被称为 NetBIOS Name。在 NetBIOS 协议中，两台主机的通信一般要经历以下两个步骤。

（1）登录对方主机。要想登录对方主机，必须将对方主机和自己的主机加入相同的群组（Workgroup）中。在这个群组中，每台主机都有唯一的 NetBIOS Name，通过 NetBIOS Name 查找对方主机。

（2）访问共享资源。根据对方主机提供的权限访问共享资源。有时候，即使能够登录对方主机，也不代表可以访问其所有资源，这取决于对方主机开放了哪些资源及每种资源的访问权限。

Samba 服务通过以下两个后台守护进程来支持以下两个步骤。

（1）nmbd：用来处理与 NetBIOS Name 相关的名称解析服务及文件浏览服务。可以把它看作 Samba 服务自带的域名解析工具。默认情况下，nmbd 守护进程工作在 UDP 的 137 和 138 号端口上。

（2）smbd：提供文件和打印机共享服务，以及用户验证服务，这是 Samba 服务的核心功能。默认情况下，smbd 守护进程被绑定到 TCP 的 139 和 445 号端口上。

正常情况下，当启用 Samba 服务后，主机就会启用 137、138、139 和 445 号端口，并启用相应的 TCP/UDP 监听服务。

2. Samba 服务的配置步骤

微课

V8-2 Samba 如何工作

Samba 服务基于客户端/服务器模式运行。一般来说，配置 Samba 服务需要经过以下几个步骤。

（1）安装 Samba 软件。Samba 本身是一款免费软件，但并不是所有的 Linux 发行版都会提供完整的 Samba 软件套件，需要安装一些额外的 Samba 软件才能使用 Samba 服务。

（2）配置 Samba 服务器。Samba 主配置文件中有许多参数需要配置，包括全局参数与共享参数等。这是配置 Samba 服务的过程中关键的一步。

（3）创建共享目录。在 Samba 服务器创建共享目录，并设置适当的共享权限对外发布。

（4）添加 Samba 用户。Samba 用户不同于 Linux 用户，必须单独添加。注意，添加 Samba 用户前必须先创建同名的 Linux 用户。

（5）启用 Samba 服务。配置好 Samba 服务端后即可启动 Samba 服务，也可以将其设置为开机自动启动。

（6）在 Samba 客户端访问共享资源。可以通过 Windows 或 Linux 客户端访问 Samba 服务。为了提高系统安全性，一般要求在 Samba 服务端输入 Samba 用户名和密码。

8.1.2 Samba 服务配置

1. Samba 服务的安装与启停

统信 UOS 中默认安装了一些 Samba 软件，但是需要有其他软件才能使用 Samba 服务。安装 Samba 软件如例 8-1 所示。

例 8-1：安装 Samba 软件

```
[root@uosv20 ~]# yum install samba -y
[root@uosv20 ~]# rpm -qa | grep samba
samba-client-libs-4.16.4-4.0.1.uelc20.x86_64
samba-4.16.4-4.0.1.uelc20.x86_64
```

Samba 服务的启停非常简单。Samba 服务的后台守护进程名为 smb，启停 Samba 服务时，将 smb 作为参数代替表 6-6 中的 *firewalld* 即可。例如，使用 systemctl restart smb 命令可以重启 Samba 服务。

安装好 Samba 软件后，可以在目录/etc/samba 下看到 smb.conf 和 smb.conf.example 两个文件。smb.conf 是 Samba 主配置文件，而 smb.conf.example 中有关于各个配置项的详细解释，供用户参考使用。

2. Samba 主配置文件

文件 smb.conf 中包含 Samba 服务的大部分参数配置，其结构如例 8-2 所示。

微课

V8-3 Samba 主配置文件

例 8-2：smb.conf 文件结构

```
[global]
        workgroup = SAMBA
        security = user
[homes]
        comment = Home Directories
        valid users = %S, %D%w%S
[printers]
        comment = All Printers
        path = /var/tmp
```

Samba 服务参数分为全局参数和共享参数两类。相应地，文件 smb.conf 也分为全局参数配置和共享参数配置两大部分。参数配置的基本格式是“参数名=参数值”。smb.conf 中以“#”开头的行表示注释，以“;”开头的行表示 Samba 服务可以配置的参数，它们都起注释的作用，可以忽略。

（1）全局参数

全局参数的配置对整个 Samba 服务器有效。在文件 smb.conf 中，“[global]”之后的部分表示全局参数。根据全局参数的内在联系，可以进一步将其分为网络相关参数、日志相关参数、安全相关参数、名称解析相关参数、打印机相关参数、文件系统相关参数等。下面对一些经常使用的全局参数进行简单介绍。

① 网络相关参数。

网络参数有工作组名称、NetBIOS Name 等。其常用参数及含义如下。

➢ workgroup：设置局域网中的工作组名称，如 workgroup = MYGROUP，使用 Samba 服务的主机的工作组名称要相同。

➢ netbios name：同一工作组中的主机拥有唯一的 NetBIOS Name，如 netbios name=MYSERVER，这个名称不同于主机名。

➢ server string：默认显示 Samba 版本，如 server string = Samba Server Version %v。建议将其修改为具有实际意义的服务器描述信息。

➢ interfaces：如果服务器有多个网卡（网络接口），则可以指定 Samba 要监听的网卡。可以指定网卡名称，也可以指定网卡的 IP 地址，如 interfaces = lo eth0 192.168.12.2/24。

➢ hosts allow：设置主机“白名单”，白名单中的主机可以访问 Samba 服务器的资源。主机用其 IP 地址表示，多个 IP 地址之间用空格分隔。可以单独指定一个 IP 地址，也可以指定一个网段，如 hosts allow = 127. 192.168.12 192.168.62.213。

➢ hosts deny：设置主机“黑名单”，黑名单中的主机不能访问 Samba 服务器的资源。hosts deny 的配置方式和 hosts allow 的相同，如 hosts deny = 127.192.168.12 192.168.62.213。

② 日志相关参数。

日志参数用于设置日志文件的名称和大小。其常用参数及含义如下。

➢ log file：设置 Samba 服务器中日志文件的存储位置和日志文件的名称，如 log file = /var/log/samba/log.%m。

➢ max log size：设置日志文件的最大容量，以 KB 为单位，值为 0 时表示不做限制，如 max log size = 50。

③ 安全性相关参数。

安全性参数主要用来设置密码安全性级别。其常用参数及含义如下。

➢ security：此参数的设置会影响 Samba 客户端的身份验证方式，是 Samba 最重要的设置之一，如 security = user。可将 security 的值设置为 share、user、server 和 domain 等。其中，share 表示 Samba 客户端不需要提供账号和密码，安全性较低；user 使用得比较多，表示 Samba 客户端需要提供账号和密码，这些账号和密码保存在 Samba 服务器中并由 Samba 服务器负责验证账号和密码的合法性；server 表示账号和密码交由其他 Windows NT 或 Samba 服务器来验证，采用的是一种代理验证；domain 表示指定由主域控制器进行身份验证。需要说明的是，在 Samba 4.0 中，share 和 server 已被弃用。

➢ passdb backend：设置如何存储账号和密码，可选值有 smbpasswd、tdbsam 和 ldapsam 3 种，如 passdb backend = tdbsam。

➢ encrypt passwords：设置是否对账号的密码进行加密，一般启用此参数，即 encrypt passwords = yes。

（2）共享参数

共享参数用来设置共享域的各种属性。共享域是指在 Samba 服务器中共享给其他用户的文件或打印机资源。设置共享域的格式是“[共享名]”，共享名表示共享资源对外显示的名称。共享域的属性及说明如表 8-1 所示。

表 8-1 共享域的属性及说明

属性	说明
comment	共享目录的描述信息
path	共享目录的绝对路径
browseable	共享目录是否可以浏览
public	是否允许用户匿名访问共享目录
read only	共享目录是否只读，当与 writable 发生冲突时，以 writable 为准
writable	共享目录是否可写，当与 read only 发生冲突时，忽略 read only
valid users	允许访问 Samba 服务的用户和用户组，格式为 valid users=用户名 或 valid users=@用户组名
invalid users	禁止访问 Samba 服务的用户和用户组，格式同 valid users
read list	对共享目录只有读权限的用户和用户组
write list	可以在共享目录中进行写操作的用户和用户组
hosts allow	允许访问该 Samba 服务器的主机 IP 地址或网络
hosts deny	不允许访问该 Samba 服务器的主机 IP 地址或网络

“[homes]”“[printers]”是两个特殊的共享域。其中，[homes]表示共享用户的主目录，当使用者以 Samba 用户身份登录 Samba 服务器后，会看到自己的主目录，而且目录名和用户名相同；[printers]表示共享打印机。[homes]共享域配置示例如例 8-3 所示。

例 8-3：[homes]共享域配置示例

```
[homes]
        comment = Home Directory
        browseable = no
        writable = yes
        valid users = %S
```

还可以根据需要自定义共享域。例如，要共享 Samba 服务器中的目录/ito/pub，共享名是“ITO”，ito 用户组的所有用户都拥有其访问权限，但只有用户 ss 拥有其完全控制权限，如例 8-4 所示。

例 8-4：自定义共享域

```
[ITO]
        comment =ITO's Public Resource
        path = /ito/pub
        browseable = yes
        writable = no
        admin users = ss
        valid users = @ito
```

在例 8-4 中，虽然共享目录在服务器中的实际路径是/ito/pub，但是使用者看到的名称是 ITO。请读者思考：为什么要为共享资源设置一个不同的共享名？

（3）参数变量

在前面关于全局参数和共享参数的介绍中，使用了“%v”“%m”之类的写法。其实这是为简化 Samba 配置而使用的参数变量。在文件 smb.conf 中，参数变量就像是“占位符”，最终会被实际的参数值取代。

例如在例 8-3 中，[homes]共享域有一行配置是“valid users = %S”。其中，valid users 表示可以访问 Samba 服务的用户白名单，而%S 表示当前登录的用户，因此这一行配置表示能成功登录 Samba 服务器的用户都可以访问 Samba 服务。如果现在的登录用户是 siso，那么[homes]就会自动变为[siso]，用户 siso 能看到自己在 Samba 服务器中的主目录。

3. 管理 Samba 用户

为了提高 Samba 服务的安全性，一般要求使用者在 Samba 客户端以某个 Samba 用户的身份登录 Samba 服务器。Samba 用户必须对应一个同名的 Linux 用户，也就是说，创建 Samba 用户之前要先创建一个同名的 Linux 用户。

微课

V8-4 管理 Samba 用户

管理 Samba 用户的命令是 smbpasswd，其基本语法如下。

```
smbpasswd  [-axden]  [用户名]
```

如果现在要创建一个 Samba 用户 smbuser，那么可以按照例 8-5 所示的方法进行操作。注意，Samba 用户登录 Samba 服务器的密码与 Linux 用户登录系统的密码可以不同。安全起见，这两个密码最好不同。

例 8-5：创建 Samba 用户

```
[root@uosv20 ~]# useradd smbuser              // 先创建同名的 Linux 用户
[root@uosv20 ~]# passwd smbuser               // 设置 Linux 用户登录密码
新的 密码:                    <== 输入密码
重新输入新的 密码:            <== 再次输入密码
[root@uosv20 ~]# smbpasswd -a smbuser        // 创建 Samba 用户并设置密码
New SMB password:                    <== 输入密码
Retype new SMB password:             <== 再次输入密码
```

4. Samba 服务验证方法

在 Linux 客户端上可以使用 smbclient 命令验证 Samba 服务，它在 Linux 终端窗口中为用户提供了一种交互式工作环境，允许用户通过某些命令访问 Samba 共享资源。需要安装 samba-client 软件才能使用 smbclient 命令，具体方法如例 8-6 所示。

例 8-6：安装 smba-client 软件

```
[root@uosv20 ~]# yum install samba-client -y
[root@uosv20 ~]# rpm -qa | grep samba
samba-client-4.16.4-4.0.1.uelc20.x86_64
smbclient 命令的基本语法如下。
smbclient  [服务名]  [选项]  [参数]
```

其中，“服务名”就是要访问的 Samba 共享资源，格式为//*server*/*service*。*server* 代表 Samba 服务器的 NetBIOS Name 或 IP 地址，*service* 代表共享名，如//192.168.62.100/share。后文的实验会用到 smbclient 的“-L”和“-U”选项。“-L”选项可用于查询 Samba 的共享资源，“-U”选项则可以指定访问 Samba 服务的用户名和密码。另外，在 smbclient 的交互式工作环境中，可以使用很多命令直接管理 Samba 共享资源，如 ls、cd、lcd、get、mget、put、mput 等。关于这些命令的详细用法，大家可参阅其他相关书籍，这里不深入讨论。大家可以根据任务实施中的方法搭建一个 Samba 服务器，然后练习这些命令的用法。

任务实施

实验：搭建 Samba 服务器

韩经理继续使用之前的网络系统管理赛项样题向尤博演示 Samba 服务器的搭建过程。实验拓扑如图 6-14 所示，具体要求如下。

（1）在 storagesrv 上搭建 Samba 服务器。

（2）在 Samba 服务器中创建 Samba 共享目录，本地目录为/data/share，共享名为 docs；仅允许 zsuser 用户上传文件，其他用户只有读权限。

（3）在 Samba 服务器中创建 Samba 共享目录，本地目录为/data/public，共享名为 pubdoc；允许匿名访问；所有用户都能上传文件。

（4）分别在 Linux 客户端和 Windows 客户端上访问并验证 Samba 服务。Linux 客户端和 Windows 客户端分别是 insidecli 和物理机。

微课

V8-5 搭建 Samba 服务器

下面是韩经理完成本实验的主要步骤。

1. Samba 服务器的配置

第 1 步：登录 storagesrv 服务器，打开一个终端窗口，切换为 root 用户。

第 2 步：安装 Samba 服务端软件，如例 8-7.1 所示。

例 8-7.1：搭建 Samba 服务器——安装 Samba 服务端软件

```
[root@storagesrv ~]# yum install samba -y
[root@storagesrv ~]# rpm -qa | grep samba
samba-client-libs-4.16.4-4.0.1.uelc20.x86_64
samba-4.16.4-4.0.1.uelc20.x86_64
```

第 3 步：新建系统用户 zsuser，同时将原有的本地用户 skills 升级为 Samba 用户，如例 8-7.2 所示。

例 8-7.2：搭建 Samba 服务器——管理 Samba 用户

```
[root@storagesrv ~]# useradd zsuser
[root@storagesrv ~]# passwd zsuser
[root@storagesrv ~]# smbpasswd -a zsuser
[root@storagesrv ~]# smbpasswd -a skills
```

第 4 步：创建本地共享目录并设置其权限，如例 8-7.3 所示。

例 8-7.3：搭建 Samba 服务器——创建本地共享目录并设置其权限

```
[root@storagesrv ~]# mkdir -p /data/share /data/public
[root@storagesrv ~]# chown zsuser:zsuser /data/share
[root@storagesrv ~]# chmod 777 /data/public
[root@storagesrv ~]# ls -l /data
drwxrwxrwx   2    root    root          6    12 月   7 07:33    public
drwxr-xr-x   2    zsuser zsuser         6    12 月   7 07:33    share
```

第 5 步：根据要求添加共享域并设置相应参数，如例 8-7.4 所示。

例 8-7.4：搭建 Samba 服务器——添加共享域并设置相应参数

```
[root@storagesrv ~]# cd /etc/samba
[root@storagesrv samba]# vim smb.conf
[docs]
        path = /data/share
        browseable = Yes
        writable = yes
        valid users = zsuser
[pubdoc]
        path = /data/public
```

```
        writable = yes
        guest    ok = yes
```

第 6 步：重启 Samba 服务，并将其设为开机自动启动，如例 8-7.5 所示。

例 8-7.5：搭建 Samba 服务器——重启 Samba 服务

```
[root@storagesrv samba]# systemctl restart smb
[root@storagesrv samba]# systemctl enable smb
[root@storagesrv samba]# systemctl list-unit-files | grep smb
smb.service                       enabled
```

第 7 步：修改 storagesrv 防火墙，放行 Samba 服务，如例 8-7.6 所示。

例 8-7.6：搭建 Samba 服务器——在 storagesrv 上放行 Samba 服务

```
[root@storagesrv samba]# firewall-cmd --permanent --add-service=samba
[root@storagesrv samba]# firewall-cmd --reload
[root@storagesrv samba]# firewall-cmd --list-services
cockpit dhcpv6-client samba ssh
```

第 8 步：登录 routersrv 服务器，打开一个终端窗口，切换为 root 用户。

第 9 步：修改 routersrv 防火墙，放行 Samba 服务，如例 8-7.7 所示。

例 8-7.7：搭建 DNS 服务器——在 routersrv 上放行 Samba 服务

```
[root@routersrv ~]# firewall-cmd --permanent --add-service=samba
[root@routersrv ~]# firewall-cmd --reload
[root@routersrv ~]# firewall-cmd --list-services
cockpit dhcp dhcpv6-client dns samba ssh
```

至此，已完成 Samba 服务器的配置。接下来，在内网客户端 insidecli 上使用 smbclient 命令进行验证。

2. Linux 客户端验证

第 10 步：登录内网客户端 insidecli，打开一个终端窗口，切换为 root 用户，使用 ping 命令检查客户端和 Samba 服务器之间的网络联通性，如例 8-7.8 所示。

例 8-7.8：搭建 Samba 服务器——验证网络联通性

```
[root@insidecli ~]# ping -c 2 192.168.100.200
PING 192.168.100.200 (192.168.100.200) 56(84) bytes of data.
64 bytes from 192.168.100.200: icmp_seq=1 ttl=128 time=0.683 ms
64 bytes from 192.168.100.200: icmp_seq=2 ttl=128 time=0.487 ms
```

第 11 步：在 insidecli 上安装 samba-client 软件后退出 root 用户，如例 8-7.9 所示。

例 8-7.9：搭建 Samba 服务器——安装 samba-client 软件

```
[root@insidecli ~]# yum install samba-client -y
[root@insidecli ~]# rpm -qa | grep samba
samba-client-4.16.4-4.0.1.uelc20.x86_64
[root@insidecli ~]# exit
```

第 12 步：在 insidecli 上查询已发布的 Samba 共享目录，如例 8-7.10 所示。

例 8-7.10：搭建 Samba 服务器——查询 Samba 共享目录

```
[skills@insidecli ~]# smbclient -L //192.168.100.200 -U zsuser
Password for [SAMBA\zsuser]:        <== 注意：此处输入用户 zsuser 的 Samba 密码
Sharename           Type        Comment
    ---------       ----        -------
    print$          Disk        Printer Drivers
    docs            Disk
```

```
    pubdoc          Disk
    IPC$            IPC       IPC Service (Samba 4.16.4)
    zsuser          Disk      Home Directories
```

第13步：新建测试文件，以用户zsuser身份访问Samba服务器的共享目录docs，测试文件上传权限，如例8-7.11所示。可以看到，用户zsuser成功上传了测试文件file1，说明用户zsuser拥有共享目录docs的写权限。

例8-7.11：搭建Samba服务器——以用户zsuser身份访问docs共享目录

```
[skills@insidecli ~]$ cd /tmp
[skills@insidecli tmp]$ touch file1 file2 file3
[skills@insidecli tmp]$ smbclient //192.168.100.200/docs -U zsuser
Password for [SAMBA\zsuser]:                <== 输入用户 zsuser 的 Samba 密码
smb: \> ls file1
NT_STATUS_NO_SUCH_FILE listing \file1       <== 当前没有文件 file1
smb: \> put file1          <== 上传 file1
putting file file1 as \file1 (0.0 kb/s) (average 0.0 kb/s)
smb: \> ls file1
  file1                 A         0  Thu Dec  7 09:00:03 2023 <== file1 上传成功
smb: \> quit          <== 退出交互环境
```

第14步：以用户skills身份访问共享目录docs，测试文件上传权限，如例8-7.12所示。可以看到，用户skills上传测试文件file2时收到拒绝访问的错误提示，说明用户skills没有共享目录docs的写权限。

例8-7.12：搭建Samba服务器——以用户skills身份访问docs共享目录

```
[skills@insidecli tmp]$ smbclient //192.168.100.200/docs -U skills
Password for [SAMBA\skills]:          <== 输入用户 skills 的 Samba 密码
smb: \> put file2
NT_STATUS_ACCESS_DENIED opening remote file \file2          <== 拒绝访问
smb: \> quit
```

第15步：以skills用户身份访问共享目录pubdoc，测试文件上传权限，如例8-7.13所示。可以看到，用户skills成功上传了测试文件file2，说明用户skills拥有共享目录pubdoc的写权限。

例8-7.13：搭建Samba服务器——以用户skills身份访问pubdoc共享目录

```
[skills@insidecli tmp]$ smbclient //192.168.100.200/pubdoc -U skills
Password for [SAMBA\skills]:          <== 输入用户 skills 的 Samba 密码
smb: \> put file2
putting file file2 as \file2 (0.0 kb/s) (average 0.0 kb/s)
smb: \> ls file2
  file2                 A         0  Thu Dec  7 09:09:35 2023
smb: \> quit
```

第16步：以匿名用户身份访问共享目录pubdoc，测试文件上传权限，如例8-7.14所示。韩经理特别提醒尤博注意“-U”选项的用法。当“-U”选项后面没有用户名时，默认以当前用户身份登录。当系统提示输入密码时，直接按【Enter】键即可，不要输入任何密码，这样即表示以匿名用户身份登录。可以看到，匿名用户成功上传了测试文件file3，说明匿名用户也拥有共享目录pubdoc的写权限。

例8-7.14：搭建Samba服务器——以匿名用户身份访问pubdoc共享目录

```
[skills@insidecli tmp]$ smbclient //192.168.100.200/pubdoc -U
Password for [SAMBA\skills]:          <== 直接按【Enter】键
```

```
Anonymous login successful              <== 匿名用户登录成功
smb: \> put file3
putting file file3 as \file3 (0.0 kb/s) (average 0.0 kb/s)
smb: \> ls file3
  file3                                 A          0   Thu Dec   7 09:11:33 2023
smb: \> quit
```

这里，韩经理特别提醒尤博，上面仅仅测试了不同用户上传文件的权限，并没有验证这些用户是否有权限下载文件。韩经理让尤博自行验证，并记得和样题要求进行对比，以确保服务端配置满足题目要求。接下来，韩经理向尤博演示如何在 Windows 系统中使用 Samba 服务。

3. Windows 客户端验证

第 17 步：从 Windows 物理机上访问 storagesrv 上的 Samba 服务。当前使用的物理机安装了 Windows 7 操作系统。先使用 ping 命令测试物理机与 Samba 服务器之间的网络联通性，如例 8-7.15 所示。

例 8-7.15：搭建 Samba 服务器——测试物理机与 Samba 服务器之间的网络联通性

```
C:\Users\lenovo>ping 192.168.100.200
正在 Ping 192.168.100.200 具有 32 字节的数据:
来自 192.168.100.200 的回复: 字节=32 时间<1ms TTL=64
来自 192.168.100.200 的回复: 字节=32 时间<1ms TTL=64
来自 192.168.100.200 的回复: 字节=32 时间<1ms TTL=64
```

第 18 步：在物理机上依次选择【开始】→【附件】→【运行】选项，弹出【运行】对话框。在【运行】对话框中输入 Samba 服务器的访问路径“\\192.168.100.200”，如图 8-1（a）所示。单击【确定】按钮，弹出【Windows 安全】对话框，输入用户名 zsuser 及密码（注意，这里要输入 Samba 用户的密码，而不是 Linux 系统本地用户的密码），如图 8-1（b）所示。验证通过后可以看到 Samba 服务器的共享资源，如图 8-2 所示。

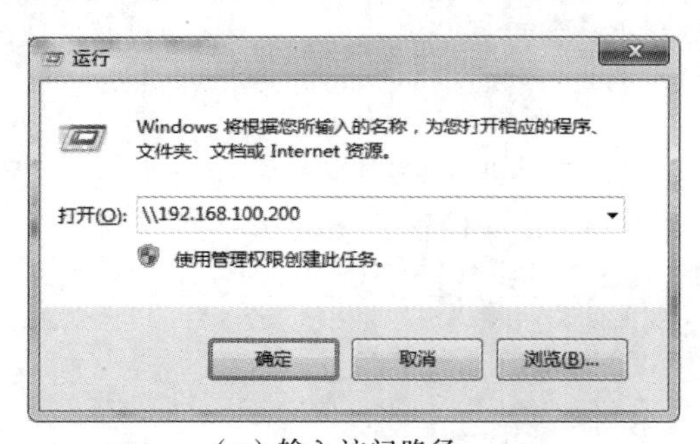

（a）输入访问路径

（b）输入 Samba 用户名及密码

图 8-1　输入 Samba 服务器的访问路径、Samba 用户名及密码

图 8-2　Samba 服务器的共享资源

第 19 步：分别通过双击进入共享目录 docs 和 pubdoc，并在其中新建文本文件 file4 和 file5，如图 8-3 所示。从实验结果看，各项配置与实验要求相符。

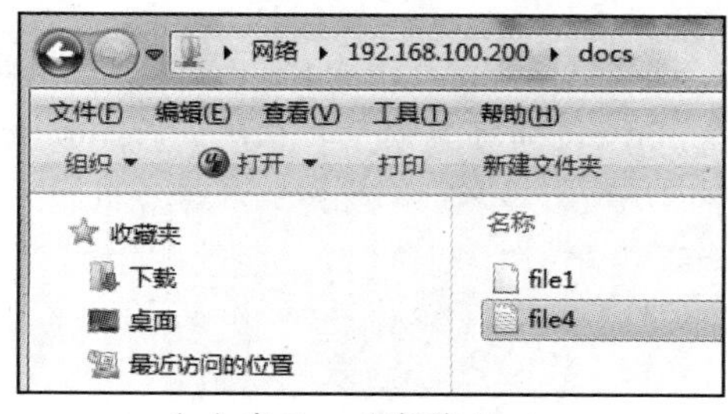

（a）在 docs 中新建 file4

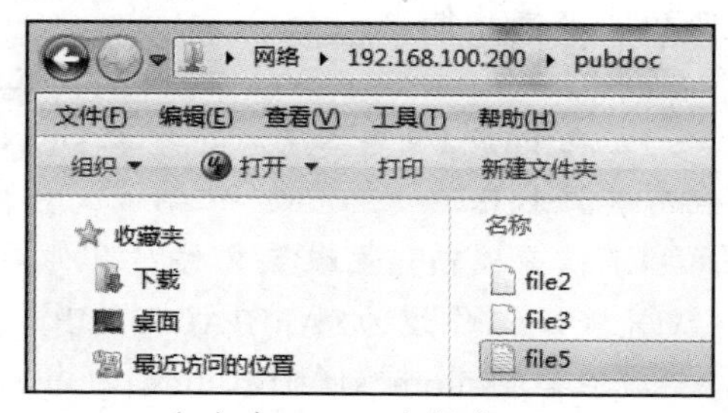

（b）在 pubdoc 中新建 file5

图 8-3 访问 Samba 共享目录并新建文本文件

知识拓展

通过映射网络驱动器访问 Samba 服务

在 Windows 物理机上，如果每次访问 Linux 服务器上的 Samba 共享资源都要手动输入资源路径，并提供用户名和密码，那么未免有些麻烦。其实，还可以通过映射网络驱动器的方式访问 Samba 共享资源。这样就可以像访问本机文件系统一样访问 Samba 共享资源。

右击桌面上的【计算机】图标，在弹出的快捷菜单中选择【映射网络驱动器】命令；或者双击【计算机】图标，选择【工具】→【映射网络驱动器】选项。在弹出的【映射网络驱动器】对话框中输入 Samba 服务器共享资源的路径，如图 8-4（a）所示。单击【完成】按钮，输入用户名和密码。验证成功后，计算机中会出现网络驱动器共享目录，如图 8-4（b）所示。这样就可以方便地访问 Samba 服务器的共享目录。

（a）输入 Samba 共享资源路径

（b）网络驱动器共享目录

图 8-4 【映射网络驱动器】对话框和网络驱动器共享目录

任务实训

本实训的主要任务是在统信UOS中搭建Samba服务器，并使用Windows和Linux客户端分别进行验证。请根据以下实训内容完成实训任务。

【实训内容】

在VMware中创建3台虚拟机，其中2台安装统信UOS，1台安装Windows 7操作系统。请按照以下步骤完成Samba服务器的搭建和验证。

（1）使用系统镜像文件搭建本地YUM源，安装Samba软件，包括Samba服务端软件和客户端软件。

（2）添加Linux用户smbuser1和smbuser2，并创建同名的两个Samba用户。

（3）在Samba服务器中新建目录/sie/pub，smbuser1拥有其读、写权限，而smbuser2只拥有其读权限。

（4）修改Samba主配置文件，具体要求如下。

① 修改工作组为SAMBAGROUP。

② 注释掉[homes]和[printers]的内容。

③ 设置共享目录为/sie/pub，共享名为siepub。

④ siepub可被浏览且可写，但禁止匿名访问。

⑤ 只有smbuser1和smbuser2可以登录Samba服务器。

（5）修改防火墙设置，放行Samba服务。

（6）修改SELinux安全策略为允许模式。

（7）启用Samba服务。

（8）在Windows客户端上验证Samba服务，分别以smbuser1和smbuser2用户身份登录系统并在/sie/pub下新建文件。观察这两个用户是否都有权限新建文件，如果没有权限新建文件，则查找问题原因并尝试解决。

（9）在Linux客户端上验证Samba服务。

任务 8.2 部署 NFS 服务

任务概述

除了前文介绍的 Samba 服务，NFS 服务也能实现异构系统之间的文件共享。NFS 服务采用了客户端/服务器模式。这种透明且高性能的文件共享方式使得 NFS 获得了广泛应用。本任务主要介绍 NFS 服务的特点和配置方法，最后通过实验演示 NFS 服务器的具体搭建。

知识准备

8.2.1 NFS 服务概述

网络文件系统（Network File System，NFS）是当前主流的异构平台共享文件系统，支持用户在不同的系统之间通过计算机网络共享文件。NFS 的异构特性支持 NFS 客户端和 NFS 服务器分属不同的计算机、操作系统或网络架构。NFS 服务器是文件资源的实际存放地，NFS 客户端能够像访问本地资源一样访问 NFS 服务器中的文件资源。NFS 具有以下 3 个优点。

（1）NFS 提供透明文件访问及文件传输服务。这里的“透明”是指对于 NFS 客户端来说，访问本地资源和访问 NFS 服务器中文件资源的方式是相同的。

（2）NFS 能发挥数据集中的优势，降低了 NFS 客户端的存储空间要求。NFS 服务端相当于文件的“蓄水池”，NFS 客户端根据需要从 NFS 服务器获取“水源”。在 NFS 服务器上扩充存储空间时，不需要改变 NFS 客户端的工作环境。

（3）NFS 配置灵活，性能优异。NFS 配置不算复杂，且能够根据不同的应用需要灵活调整。

需要注意的是，虽然 NFS 提供了文件网络共享和远程访问服务，但 NFS 本身并不具备文件传输功能。相反，NFS 使用远程过程调用（Remote Procedure Call，RPC）实现文件传输。RPC 定义了进程间通过网络进行交互的机制。简单来说，RPC 封装 NFS 请求，在 NFS 客户端和 NFS 服务器之间传输文件。

8.2.2 NFS 服务配置

1. NFS 服务的安装与启停

NFS 服务的软件包名为 nfs-utils。另外，NFS 服务的运行依赖于 RPC，因此需要安装 RPC 对应的软件包 rpcbind，如例 8-8 所示。

例 8-8：安装 NFS 相关软件

```
[root@uosv20 ~]# yum install rpcbind -y                // rpcbind 默认已安装
[root@uosv20 ~]# yum install nfs-utils -y
[root@uosv20 ~]# rpm -qa | grep nfs
libnfsidmap-2.5.1-8.up3.uelc20.04.x86_64
nfs-utils-2.5.1-8.up3.uelc20.04.x86_64
sssd-nfs-idmap-2.7.3-4.uelc20.2.x86_64
```

启停 NFS 服务时，将 nfs-server 作为参数替代表 6-6 中的 *firewalld* 即可。例如，使用 systemctl restart nfs-server 命令可以重启 NFS 服务。

微课

V8-6 NFS 主配置文件

2. NFS 主配置文件

NFS 主配置文件是/etc/exports，其中的每一行都代表一个共享目录。主配置文件的格式如下。

```
共享目录  客户端 1（选项 1） 客户端 2（选项 2 ） …  客户端 n（选项 n）
```

主配置文件的每一行都由 3 部分组成，每一部分的含义如下。

（1）共享目录

这一部分是用绝对路径表示的共享目录名。该共享目录按照不同的权限共享给不同的 NFS 客户端使用。

（2）客户端

这一部分表示 NFS 客户端，可以是一个，也可以是多个。客户端有多种表示方式，可以是单台主机的实际 IP 地址或 IP 地址网段，也可以是完整主机名或域名。其中，主机名还可以使用通配符。NFS 客户端表示方式及含义如表 8-2 所示。

表 8-2 NFS 客户端表示方式及含义

NFS 客户端表示方式	含义
192.168.62.200	指定 IP 地址对应的客户端
192.168.62.0/24	指定 IP 地址网段对应的所有客户端
siepub.siso.edu.cn	指定完整主机名对应的客户端
*.siso.edu.cn	指定域名对应的所有客户端

（3）选项

这一部分表示 NFS 服务器为 NFS 客户端提供的共享选项，指定允许客户端以何种方式使用共享目录，可设置客户端对共享目录的访问权限及用户映射等。从主配置文件的格式可以看出，对于同一共享目录，可以为不同的客户端设定不同的共享选项，具体的共享选项包含在紧跟该客户端的圆括号内。如果共享选项不止一个，则使用逗号分隔。NFS 共享选项的分类、表示方式及含义如表 8-3 所示。

表 8-3　NFS 共享选项的分类、表示方式及含义

分类	表示方式	含义
访问权限	ro	客户端以只读方式访问共享目录
	rw	客户端拥有共享目录的读、写权限，但能否真正执行写操作取决于共享目录实际的文件系统权限
用户映射	root_squash	如果以 root 用户身份访问 NFS 服务器，那么将该用户视为匿名用户，其 UID 和 GID 都会变为 nobody
	no_root_squash	客户端的 root 用户拥有 NFS 服务器的 root 权限，这是一种不安全的共享方式
	all_squash	客户端的所有用户都被映射到 nobody 用户/用户组
	no_all_squash	不把客户端的所有用户都映射到 nobody 用户/用户组
	anonuid	客户端用户被映射为匿名用户，同时被指定到特定的 NFS 服务器本地用户，即拥有该本地用户的权限
	anongid	客户端用户被映射为匿名用户，同时被指定到特定的 NFS 服务器本地用户组，即拥有该本地用户组的权限
常规	sync	数据同步时写入内存与磁盘
	async	数据暂时写入内存，而非直接写入磁盘
	subtree_check	如果共享目录是子目录，则 NFS 服务器将检查其父目录的权限
	no_subtree_check	如果共享目录是子目录，则 NFS 服务器将不检查其父目录的权限
	noaccess	禁止访问共享目录中的子目录
	link_relative	将共享文件中的绝对路径转换为相对路径
	link_absolute	不改变共享文件中符号链接的任何内容

例 8-9 展示了 NFS 主配置文件的实际内容。

例 8-9：NFS 主配置文件的实际内容

```
[root@uosv20 ~]# vim /etc/exports
/datashare    192.168.62.200(rw,sync,no_sub_tree)    192.168.62.0/24(ro)
```

3. NFS 相关命令

（1）exportfs

在 NFS 服务器中修改了主配置文件/etc/exports 后，可以使用 systemctl restart nfs-server 命令重启 NFS 服务以使新配置生效，也可以使用 exportfs 命令在不重启 NFS 服务的情况下应用新配置。exportfs 命令的基本语法如下。

```
exportfs    [-arvu]
```

常用的 exportfs 命令的选项及其功能说明如表 8-4 所示。

表 8-4　常用的 exportfs 命令的选项及其功能说明

选项	功能说明
-a	启用或取消所有目录共享
-r	重新读取文件/etc/exports 中的配置并使其立即生效
-v	当共享或者取消共享时显示详细信息
-u	取消一个或多个目录的共享

（2）showmount

showmount 命令主要用于显示 NFS 服务器文件系统的挂载信息，其基本语法如下。

```
showmount  [-ade]
```

常用的 showmount 命令的选项及其功能说明如表 8-5 所示。

表 8-5 常用的 showmount 命令的选项及其功能说明

选项	功能说明
-a	显示连接到某 NFS 服务器的客户端主机名和挂载点
-d	仅显示被客户端挂载的目录名
-e	显示 NFS 服务器的共享目录清单

任务实施

实验：搭建 NFS 服务器

在网络系统管理赛项中，NFS 服务主要用于在 storagesrv 和 appsrv 之间共享网络数据。常规的做法是在 storagesrv 上搭建 NFS 服务器以存储各类网络文件资源。appsrv 作为 NFS 客户端访问 storagesrv 上的共享资源。为了向尤博演示搭建 NFS 服务器的具体方法，韩经理从网络系统管理赛项的样题中抽取了和 NFS 相关的内容。实验拓扑如图 6-14 所示，具体要求如下。

（1）在 storagesrv 上新建共享目录/webdata，用于存储 appsrv 上的网络数据。

（2）仅允许 appsrv 主机访问该共享目录，可以进行读、写操作。

（3）出于考虑安全，不论 NFS 客户端用户身份是什么，都将其映射为匿名用户（nobody）。

以下是韩经理完成本实验的具体步骤。注意：第 1～7 步在 storagesrv 上操作。

第 1 步：登录 storagesrv 服务器，打开一个终端窗口，切换为 root 用户。

微课

V8-7　搭建 NFS 服务器

第 2 步：安装 NFS 服务端软件，如例 8-10.1 所示。

例 8-10.1：搭建 NFS 服务器——安装 NFS 服务端软件

```
[root@storagesrv ~]# yum install nfs-utils -y
[root@storagesrv ~]# rpm -qa | grep nfs
nfs-utils-2.5.1-8.up3.uelc20.04.x86_64
sssd-nfs-idmap-2.7.3-4.uelc20.2.x86_64
libnfsidmap-2.5.1-8.up3.uelc20.04.x86_64
```

第 3 步：在 storagesrv 上新建 NFS 共享目录，并设置目录权限，如例 8-10.2 所示。

例 8-10.2：搭建 NFS 服务器——新建 NFS 共享目录并设置目录权限

```
[root@storagesrv ~]# mkdir /webdata
[root@storagesrv ~]# chmod 777 /webdata
[root@storagesrv ~]# ls -ld /webdata
drwxrwxrwx  2   root   root    6    12月   7 13:47     /webdata
```

第 4 步：修改 NFS 主配置文件，设置共享目录选项，如例 8-10.3 所示。

例 8-10.3：搭建 NFS 服务器——修改 NFS 主配置文件

```
[root@storagesrv ~]# vim /etc/exports
/webdata   192.168.100.100(rw,sync,no_subtree_check)
```

第 5 步：重启 NFS 服务，并将其设为开机自动启动，如例 8-10.4 所示。

例 8-10.4：搭建 NFS 服务器——重启 NFS 服务

```
[root@storagesrv ~]# systemctl restart nfs-server
[root@storagesrv ~]# systemctl enable nfs-server
[root@storagesrv ~]# systemctl list-unit-files | grep nfs-server
nfs-server.service                    enabled
```

第 6 步：使用 showmount 命令查看 storagesrv 上的共享目录，如例 8-10.5 所示。

例 8-10.5：搭建 NFS 服务器——查看共享目录

```
[root@storagesrv ~]# showmount -e
Export list for storagesrv:
/webdata 192.168.100.100
```

第 7 步：修改 storagesrv 防火墙，放行 NFS 服务，如例 8-10.6 所示。

例 8-10.6：搭建 NFS 服务器——在 storagesrv 上放行 NFS 服务

```
[root@storagesrv ~]# firewall-cmd --permanent --add-service=nfs
[root@storagesrv ~]# firewall-cmd --reload
[root@storagesrv ~]# firewall-cmd --list-services
cockpit dhcpv6-client nfs samba ssh
```

注意：第 8～9 步在 routersrv 上操作。

第 8 步：登录 routersrv 服务器，打开一个终端窗口，切换为 root 用户。

第 9 步：修改 routersrv 防火墙，放行 NFS 服务，如例 8-10.7 所示。

例 8-10.7：搭建 NFS 服务器——在 routersrv 上放行 NFS 服务

```
[root@routersrv ~]# firewall-cmd --permanent --add-service=nfs
[root@routersrv ~]# firewall-cmd --reload
[root@routersrv ~]# firewall-cmd --list-services
```

注意：第 10～13 步在 appsrv 上操作。

第 10 步：登录 appsrv 服务器，打开一个终端窗口，切换为 root 用户。

第 11 步：在 appsrv 上安装 NFS 服务端软件以支持挂载 NFS 类型的文件系统，如例 8-10.8 所示。

例 8-10.8：搭建 NFS 服务器——在 appsrv 上安装 NFS 服务端软件

```
[root@appsrv ~]# yum install nfs-utils -y
[root@appsrv ~]# rpm -qa | grep   nfs
sssd-nfs-idmap-2.7.3-4.uelc20.2.x86_64
libnfsidmap-2.5.1-8.up3.uelc20.04.x86_64
nfs-utils-2.5.1-8.up3.uelc20.04.x86_64
```

第 12 步：在 appsrv 上新建挂载点，这里将其设为与 storagesrv 中的共享目录相同的目录名/webdata。使用 mount 命令将其挂载到 NFS 共享目录，并使用 df 命令查看挂载结果，如例 8-10.9 所示。这一步，韩经理提醒尤博注意两个/webdata 目录的关系。

例 8-10.9：搭建 NFS 服务器——挂载 NFS 共享目录

```
[root@appsrv ~]# mkdir /webdata
[root@appsrv ~]# mount -t nfs 192.168.100.200:/webdata /webdata
[root@appsrv ~]# df -hT
文件系统                      类型    容量   已用    可用   已用%  挂载点
192.168.100.200:/webdata     nfs4    20G    2.8G    18G    14%    /webdata
```

第 13 步：在目录/webdata 中新建测试文件 web.100 并查看详细信息，如例 8-10.10 所示。可以看到，虽然在 appsrv 上以 root 用户身份新建了测试文件，但实际的文件所有者和属组为 nobody。

例 8-10.10：搭建 NFS 服务器——新建测试文件 web.100 并查看详细信息

```
[root@appsrv ~]# cd /webdata/
[root@appsrv webdata]# touch web.100
[root@appsrv webdata]# ls -l
-rw-r--r--  1   nobody  nobody  0    12 月  7 14:16     file.100
```

实验做完了，尤博不是特别满意，他看不出 NFS 服务与其他网络服务有什么关系。韩经理叮嘱尤博不要急躁，并告诉尤博学习是一个不断积累的过程，有时当前学的内容看起来没有多少作用，但总有一天会发现，这些知识都是通向成功道路上不可或缺的“拼图”，“好戏”还在后头呢。

知识拓展

自动挂载 NFS 共享目录

除了使用手动挂载的方式挂载 NFS 共享目录外，还可以使用自动挂载的方式完成这一操作。具体来说，需要在文件/etc/fstab 中添加共享目录挂载信息，如例 8-11 所示。测试方法和前文的任务实施相同，这里不赘述。注意，自动挂载 NFS 共享目录时指定的文件系统类型是 nfs。

例 8-11：自动挂载 NFS 共享目录

```
[root@appsrv ~]# vim /etc/fstab
192.168.100.200:/webdata   /nfsdata   nfs   defaults   0   0          <-- 添加这一行内容
[root@appsrv ~]# mount -a                              // 测试挂载是否生效
```

任务实训

本实训的主要任务是在统信UOS中搭建NFS服务器，并使用Linux客户端进行验证。请根据以下实训内容完成实训任务。

【实训内容】

（1）使用系统镜像文件配置本地YUM源，安装NFS软件。

（2）创建NFS共享目录，将本地权限设为757。

（3）修改NFS主配置文件，增加一条共享目录信息。共享权限要求如下。

① 客户端拥有共享目录的读、写权限。

② 客户端的所有用户都被映射到nobody用户/用户组。

③ 数据同步时同时写入内存与磁盘。

④ 如果共享目录是子目录，则NFS服务器将不检查其父目录的权限。

（4）启用共享目录。

（5）在NFS客户端创建挂载点，设置自动挂载NFS共享目录。

（6）在挂载点下新建测试文件，在NFS客户端中查看文件所有者及属组信息。

任务 8.3 部署 FTP 服务

任务概述

FTP 历史悠久，是计算机网络领域中应用最广泛的应用层协议之一。FTP 基于 TCP 运行，是一种可靠的文件传输协议，具有跨平台、跨系统的特征。FTP 采用客户端/服务器模式，允许用户方便地上传和下载文件。对于每一个网络管理员来说，FTP 服务的配置和管理是必须掌握的基本技能。本任务从 FTP 的基本概念讲起，内容包括 FTP 的工作原理、用户分类，以及 FTP 服务器的搭建等。

知识准备

8.3.1 FTP 服务概述

FTP 服务的主要功能是实现 FTP 客户端和 FTP 服务器之间的文件共享。用户可以在客户端上使用 FTP 命令连接 FTP 服务器来上传和下载文件，也可以借助一些专门的 FTP 客户端软件，如 FileZilla，更加方便地进行文件传输。下面讲解 FTP 的工作原理。

1. FTP 的工作原理

FTP 服务基于客户端/服务器模式运行，FTP 客户端和 FTP 服务器在建立 TCP 连接后才能进行文件传输。根据建立连接方式的不同，FTP 的工作模式可分为主动模式和被动模式两种，如图 8-5 所示。

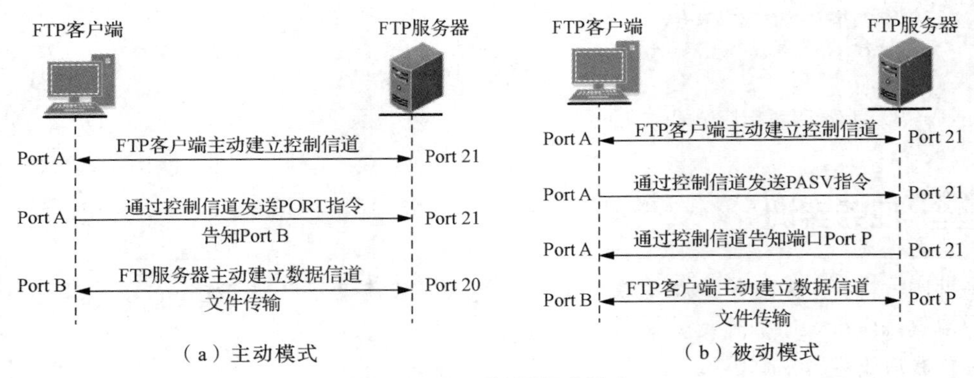

图 8-5 FTP 的两种工作模式

（1）主动模式

FTP 客户端随机选择一个端口（一般端口号大于 1024，这里假设为 Port A）与 FTP 服务器的 21 号端口（Port 21）建立 TCP 连接，这条 TCP 连接被称为控制信道。FTP 客户端通过控制信道向 FTP 服务器发送指令，如查询、上传或下载等。

V8-8 FTP 工作模式

当 FTP 客户端需要数据时，先随机启用另一个端口（一般端口号大于 1024，假设为 Port B），再通过控制信道向 FTP 服务器发送 PORT 指令，通知 FTP 服务器采用主动模式传输数据，以及客户端接收数据的端口为 Port B。最后，FTP 服务器使用 20 号端口（Prot 20）与 FTP 客户端的 Port B 端口建立 TCP 连接，这条连接被称为数据信道。FTP 服务器和 FTP 客户端使用数据信道进行实际的文件传输。

在主动模式下，控制信道的发起方是 FTP 客户端，而数据信道的发起方是 FTP 服务器。如果 FTP 客户端有防火墙限制，或者使用了 NAT 服务，那么 FTP 服务器很可能无法与 FTP 客户端建立数据信道。

（2）被动模式

在被动模式下，控制信道的建立和主动模式下的完全相同，这里假设 FTP 客户端仍然使用 Port A 端口。当需要数据时，FTP 客户端通过控制信道向 FTP 服务器发送 PASV 指令，通知 FTP 服务器采用被动模式传输数据。FTP 服务器收到 FTP 客户端的被动联机请求后，随机启用一个端口（一般端口号大于 1024，假设为 Port P），并通过控制信道将这个端口告知 FTP 客户端。最后，FTP 客户端随机使用一个端口（一般端口号大于 1024，假设为 Port B）与 FTP 服务器的 Port P 建立 TCP 连接，这条连接就是数据信道。

在被动模式下，数据信道的发起方是 FTP 客户端。服务器的安全访问控制一般比较严格，因此 FTP 客户端很可能无法使用被动模式与位于防火墙后方或内部网络的 FTP 服务器建立数据连接。

不管是主动模式还是被动模式，为了完成文件传输，FTP 客户端和 FTP 服务器之间都必须建立控制信道和数据信道这两条 TCP 连接。控制信道在整个 FTP 会话过程中始终保持打开状态，数据信道只有在传输文件时才建立。数据传输完毕，先关闭数据信道，再关闭控制信道。FTP 的控制信息是通过独立于数据信道的控制信道传输的，这种方式被称为“带外传输”，也是 FTP 区别于其他网络协议的显著特征。

2. FTP 的用户分类

一般来说，管理员会根据资源的重要性向不同的用户开放访问权限。FTP 有以下 3 种类型的用户。

（1）匿名用户

如果想在 FTP 服务器中共享一些公开的、没有版权和保密性要求的文件，那么可以允许匿名用户访问。匿名用户在 FTP 服务器中没有对应的系统账户。如果对匿名用户的权限不加限制，则很可能给 FTP 服务器带来严重的安全隐患。关于匿名用户的配置和管理详见本项目的实验 1。

（2）本地用户

本地用户又称实体用户，即实际存在的操作系统用户。以本地用户身份登录 FTP 服务器时，默认目录就是系统用户的主目录，但是本地用户可以切换到其他目录。本地用户能执行的 FTP 操作主要取决于用户在文件系统中的权限。另外，泄露了 FTP 用户的账号和密码，就相当于将操作系统的账号和密码暴露在外，安全风险非常高。因此，既要对本地用户的权限加以控制，又要妥善管理本地用户的账号和密码。

（3）虚拟用户

虚拟用户也称访客用户，是指只能使用 FTP 服务但不能登录操作系统的特殊用户。虚拟用户并不是真实的操作系统用户，因此不能登录操作系统。一般要严格限制虚拟用户的访问权限，如为每个虚拟用户设置不同的主目录，只允许用户访问自己的主目录而不能访问其他系统资源。

8.3.2 FTP 服务配置

1. FTP 服务的安装与启停

vsftpd 是一款非常受欢迎的 FTP 软件，特别强调 FTP 的安全性，着力于构建安全、可靠的 FTP 服务器。vsftpd 软件的安装如例 8-12 所示。

例 8-12：vsftpd 软件的安装

```
[root@uosv20 ~]# yum install vsftpd -y
[root@uosv20 ~]# rpm -qa | grep vsftpd
vsftpd-3.0.3-35.0.1.uelc20.x86_64
```

FTP 服务的后台守护进程名为 vsftpd。启停 FTP 服务时，将 vsftpd 作为参数代替表 6-6 中的 *firewalld* 即可。例如，使用 systemctl restart vsftpd 命令可以重启 FTP 服务。

另外，验证 FTP 服务时需要在 FTP 客户端上安装客户端软件，这样即可在 FTP 客户端上通过 ftp 命令访问 FTP 服务，如例 8-13 所示。

例 8-13：安装 FTP 客户端软件

```
[root@uosv20 ~]# yum install ftp -y          // 客户端软件名为“ftp”
```

FTP 服务的用户分为 3 种，每种用户的配置方法各不相同。除了主配置文件外，FTP 服务的运行还涉及其他配置文件。下面先介绍 FTP 主配置文件。对于其他配置文件，在用到的时候再详细说明。

2. FTP 主配置文件

FTP 主配置文件是/etc/vsftpd/vsftpd.conf。由于主配置文件的内容大多是以“#”开头的注释信息，所以这里仍然先对文件进行备份，再过滤掉其中所有的注释行，如例 8-14 所示。

例 8-14：过滤掉 vsftpd.conf 的所有注释行

```
[root@uosv20 ~]# cd /etc/vsftpd
[root@uosv20 vsftpd]# mv vsftpd.conf vsftpd.conf.bak
[root@uosv20 vsftpd]# grep -v '^#' vsftpd.conf.bak >vsftpd.conf
[root@uosv20 vsftpd]# vim vsftpd.conf
anonymous_enable=NO
local_enable=YES
write_enable=YES
```

FTP 主配置文件的结构相对比较简单，以“#”开头的是注释行，其他内容是具体的配置参数，格式为“参数名=参数值”，注意，“=”前后不能有空格。FTP 的参数中有一些是全局参数，这些参数对 3 种类型的 FTP 用户都适用，还有一些是与实际的 FTP 用户相关的参数。表 8-6 列出了 FTP 主配置文件中常用的全局参数。

表 8-6　FTP 主配置文件中常用的全局参数

参数	功能说明
listen	指定 FTP 服务是否以独立方式运行，默认值为 NO
listen_address	指定独立方式下 FTP 服务的监听地址
listen_port	指定独立方式下 FTP 服务的监听端口，默认是 21 号端口
max_clients	指定最大的客户端连接数量，值为 0 时表示不限制客户端连接数量
max_per_ip	指定同一 IP 地址可以发起的连接的最大数量，值为 0 时表示不限制连接数量
port_enable	指定是否允许主动模式，默认值为 YES
pasv_enable	指定是否允许被动模式，默认值为 YES
write_enable	指定是否允许用户进行上传文件、新建目录、删除文件和目录等操作，默认值为 NO
download_enable	指定是否允许用户下载文件，默认值为 YES
vsftpd_log_file	指定 vsftpd 进程的日志文件，默认值是/var/log/vsftpd.log
userlist_enable userlist_deny userlist_file	3 个参数结合使用可以允许或禁止某些用户使用 FTP 服务

（1）匿名用户相关参数

表 8-7 列出了与匿名用户相关的参数。

表 8-7　与匿名用户相关的参数

参数	功能说明
anonymous_enable	是否允许匿名用户登录，默认值为 YES
anon_root	指定匿名用户登录后使用的根目录。这里的根目录是指匿名用户的主目录，而不是文件系统的根目录“/”
ftp_username	指定匿名用户登录后具有哪个用户的权限，即匿名用户以哪个用户的身份登录，默认是 ftp 用户
no_anon_password	如果值为 YES，那么 FTP 服务不会向匿名用户询问密码，默认值为 NO
anon_upload_enable	是否允许匿名用户上传文件，默认值为 NO。必须启用 write_enable 参数才能使 anon_upload_enable 生效
anon_mkdir_write_enable	是否允许匿名用户创建目录，默认值为 NO。必须启用 write_enable 参数才能使 anon_mkdir_write_enable 生效
anon_umask	指定匿名用户上传文件时使用的 umask 值，默认值为 077
anon_other_write_enable	是否允许匿名用户执行除上传文件和创建目录之外的写操作，如删除和重命名，默认值为 NO
anon_max_rate	指定匿名用户的最大传输速率，单位是 bit/s，值为 0 时表示不限制传输速率，默认值为 0

（2）本地用户相关参数

表 8-8 列出了与本地用户相关的参数。

表 8-8　与本地用户相关的参数

参数	功能说明
local_enable	是否允许本地用户登录 FTP 服务器，默认值为 NO
local_max_rate	指定本地用户的最大传输速率，单位是 bit/s，值为 0 时表示不限制传输速率，默认值为 0
local_umask	指定本地用户上传文件时使用的 umask 值，默认值为 077
local_root	指定本地用户登录后使用的根目录
chroot_local_user	是否将用户锁定在根目录中，默认值为 NO
chroot_list_enable	指定是否使用 chroot 用户列表文件，默认值为 NO
chroot_list_file	指定用户列表文件。根据 chroot_list_enable 的设置，文件中的用户可能被锁定目录（chroot），也可能不被锁定目录

在配置本地用户登录 FTP 服务器时，有一个比较容易出错的地方，即 chroot。如果一个用户被锁定目录（chroot），那么该用户登录 FTP 服务器后将被锁定在自己的根目录中，只能在根目录及其子目录中进行操作，无法切换到根目录以外的其他目录。FTP 配置文件中与 chroot 相关的参数有 3 个，分别是 chroot_local_user、chroot_list_enable 和 chroot_list_file。其中，chroot_local_user 用来设置是否将用户锁定在根目录中，默认值为 NO，表示不锁定；如果值为 YES，则表示把所有用户都锁定在根目录中。还可以通过 chroot_list_enable 和 chroot_list_file 两个参数指定一个文件，该文件包含一些用户名，这些用户的 chroot 属性与 chroot_local_user 的设置正好相反。也就是说，如果默认设置是锁定所有用户的根目录，那么文件中的用户将不被锁定。chroot_list_file 用于定义具体的文件名，而 chroot_list_enable 用于指定是否启用例外用户。

chroot 相关的 3 个参数的具体关系如表 8-9 所示。

表 8-9　chroot 相关的 3 个参数的具体关系

	chroot_local_user	
chroot_list_enable	chroot_local_user=NO	chroot_local_user=YES
chroot_list_enable=NO	所有用户都不被锁定目录（chroot）	所有用户都被锁定目录（chroot）
chroot_list_enable=YES	所有用户都不被锁定目录（chroot）。chroot_list_file 文件指定的用户例外，被锁定目录（chroot）	所有用户都被锁定目录（chroot）。chroot_list_file 文件指定的用户例外，不被锁定目录（chroot）

（3）虚拟用户相关参数

表 8-10 列出了与虚拟用户相关的参数。虚拟用户不是真实的操作系统用户，只能使用 FTP 服务，无法访问其他系统资源。使用虚拟用户可以对 FTP 服务器中的文件资源进行更精细的安全管理，还可以防止由于本地用户密码泄露带来的系统安全风险。

使用虚拟用户登录 FTP 服务器时，虚拟用户会被映射为一个本地用户。默认情况下，虚拟用户和匿名用户具有相同的权限，尤其是在写权限方面，一般倾向于对虚拟用户进行更加严格的访问控制。

可以为每个虚拟用户指定不同的自定义配置文件，并将其放在 user_config_dir 参数指定的目录下，文件名为虚拟用户的名称。自定义配置文件中的设置具有更高的优先级，因此 vsftpd 将优先使用这些设置。如果某个用户没有自定义配置文件，则直接使用 FTP 主配置文件 vsftpd.conf 中的设置。

表 8-10　与虚拟用户相关的参数

参数	**功能说明**
local_enable	启用虚拟用户时要将此参数的值设为 YES，默认值为 NO
guest_enable	是否启用虚拟账户功能，默认值为 NO
guest_username	指定虚拟账户对应的本地用户
user_config_dir	指定用户自定义配置文件所在目录
virtual_use_local_privs	指定虚拟账户是否和本地用户具有相同的权限，默认值为 NO
anon_upload_enable	允许虚拟用户上传文件时将此参数的值设为 YES，默认值为 NO
pam_service_name	指定 vsftpd 使用的可插拔认证模块（Pluggable Authentication Module，PAM）的名称

 任务实施

FTP 服务是网络系统管理赛项的重点内容，也是企业最常使用的网络服务之一。考虑到搭建 FTP 服务器的难度相对较高，韩经理决定把整个过程拆分成 3 个实验，分别演示如何配置以匿名用户、本地用户和虚拟用户身份登录 FTP 服务器。3 个实验的拓扑相同，均如图 6-14 所示。

实验 1：搭建 FTP 服务器——匿名用户

对于匿名用户登录 FTP 服务器的情况，韩经理特别强调要注意控制匿名用户的访问权限和根目录，这可以通过设置 FTP 主配置文件中与匿名用户相关的参数来实现。这个实验的具体要求如下。

（1）在 storagesrv 上搭建 FTP 服务器，允许匿名用户登录。

（2）匿名用户的根目录是/var/anon_ftp。

（3）匿名用户只能下载文件，不可以上传文件、创建目录、删除文件和重命名文件等。

（4）在 appsrv 上配置 DNS 服务，将 ftp.chinaskills.cn 解析为 storagesrv 服务器 IP 地址。

（5）在 insidecli 上通过域名 ftp.chinaskills.cn 访问 FTP 服务器，以匿名用户的身份登录并验证匿名用户权限。

微课

V8-9 配置匿名 FTP 用户

以下是韩经理完成本实验的具体步骤。注意：第 1～6 步在 storagesrv 上操作。

第 1 步：登录 storagesrv 服务器，打开一个终端窗口，切换为 root 用户。

第 2 步：安装 FTP 服务端软件，如例 8-15.1 所示。

例 8-15.1：搭建 FTP 服务器——安装 FTP 服务端软件

```
[root@storagesrv ~]# yum install vsftpd -y
[root@storagesrv ~]# rpm -qa | grep vsftpd
vsftpd-3.0.3-35.0.1.uelc20.x86_64
```

第 3 步：在 storagesrv 上创建匿名用户根目录，并在根目录中创建测试文件 file1.200，如例 8-15.2 所示。注意，本实验使用扩展名“.200”表示在 FTP 服务端创建的文件。

例 8-15.2：配置匿名用户登录——创建根目录和测试文件

```
[root@storagesrv ~]# mkdir -p /var/anon_ftp
[root@storagesrv ~]# ls -ld /var/anon_ftp
drwxr-xr-x   2   root   root   6   12月  7 20:28   /var/anon_ftp
[root@storagesrv ~]# touch /var/anon_ftp/file1.200
```

第 4 步：修改 FTP 主配置文件，添加以下内容，如例 8-15.3 所示。

例 8-15.3：配置匿名用户登录——修改 FTP 主配置文件

```
[root@storagesrv ~]# cd /etc/vsftpd
[root@storagesrv vsftpd]# vim vsftpd.conf        // 添加以下内容
anonymous_enable=YES                             <== 允许匿名用户登录
anon_root=/var/anon_ftp                          <== 设置匿名用户根目录
write_enable=NO                                  <== 全局参数，不允许写操作
```

第 5 步：重启 FTP 服务，并将其设为开机自动启动，如例 8-15.4 所示。

例 8-15.4：配置匿名用户登录——重启 FTP 服务

```
[root@storagesrv vsftpd]# systemctl restart vsftpd
[root@storagesrv vsftpd]# systemctl enable vsftpd
[root@storagesrv vsftpd]# systemctl list-unit-files | grep vsftpd
vsftpd.service                          enabled
```

第 6 步：修改 storagesrv 防火墙，放行 FTP 服务，如例 8-15.5 所示。

例 8-15.5：配置匿名用户登录——在 storagesrv 上放行 FTP 服务

```
[root@storagesrv vsftpd]# firewall-cmd --permanent --add-service=ftp
[root@storagesrv vsftpd]# firewall-cmd --reload
[root@storagesrv vsftpd]# firewall-cmd --list-services
cockpit dhcpv6-client ftp nfs samba ssh
```

注意：第 7、8 步在 routersrv 上操作。

第 7 步：登录 routersrv 服务器，打开一个终端窗口，切换为 root 用户。

第 8 步：修改 routersrv 防火墙，放行 FTP 服务，如例 8-15.6 所示。

例 8-15.6：配置匿名用户登录——在 routersrv 上放行 FTP 服务

```
[root@routersrv ~]# firewall-cmd --permanent --add-service=ftp
[root@routersrv ~]# firewall-cmd --reload
[root@routersrv ~]# firewall-cmd --list-services
cockpit dhcp dhcpv6-client dns ftp nfs samba ssh
```

注意，下面几步在 FTP 客户端上操作。

第 9 步：登录 insidecli，打开一个终端窗口，使用 nslookup 命令验证 DNS 服务是否可用，如例 8-15.7 所示。如果当前无法解析 ftp.chinaskills.cn，则可参考任务 7.2 中的搭建 DNS 服务器实验。

例 8-15.7：配置匿名用户登录——在 insidecli 上验证 DNS 服务

```
[skills@insidecli ~]$ nslookup ftp.chinaskills.cn
Server:   192.168.100.100
Address:192.168.100.100#53

Name:    ftp.chinaskills.cn
Address: 192.168.100.200
```

第 10 步：切换为 root 用户，安装 FTP 客户端软件后退出 root 用户，如例 8-15.8 所示。

例 8-15.8：配置匿名用户登录——在 insidecli 上安装 FTP 客户端软件

```
[root@insidecli ~]# yum install ftp -y
[root@insidecli ~]# rpm -qa | grep ftp
ftp-0.17-79.uelc20.2.x86_64
[root@insidecli ~]# exit
```

第 11 步：在目录/tmp 下新建测试文件 file1.190，扩展名“.190”表示其为 FTP 客户端的文件，如例 8-15.9 所示。

例 8-15.9：配置匿名用户登录——新建客户端测试文件

```
[skills@insidecli ~]$ cd /tmp
[skills@insidecli tmp]$ touch file1.190
```

第 12 步：使用 ftp 命令连接 FTP 服务器，如例 8-15.10 所示。ftp 命令后跟 FTP 服务器的 IP 地址（或域名），执行命令后进入交互模式。首先需要输入登录用户名。这里直接输入“ftp”，表示以匿名用户身份登录 FTP 服务器。系统随后提示输入密码，可以直接按【Enter】键。

例 8-15.10：配置匿名用户登录——连接 FTP 服务器

```
[skills@insidecli tmp]$ ftp ftp.chinaskills.cn
Connected to ftp.chinaskills.cn (192.168.100.200).
Name (ftp.chinaskills.cn:skills): ftp          <== 输入“ftp”，表示匿名用户
Password:                          <== 提示输入密码，这里直接按【Enter】键即可
230 Login successful.              <== 登录成功
ftp>
```

第 13 步：查看匿名用户的根目录，如例 8-15.11 所示。这一步，韩经理跟尤博特别说明，pwd 命令的执行结果中出现的“/”并不是 FTP 服务器文件系统的根目录，而是在 FTP 主配置文件中通过 anon_root 参数设置的匿名用户的工作目录，即/var/anon_ftp。

例 8-15.11：配置匿名用户登录——查看匿名用户的根目录

```
ftp> pwd        <== 查看当前工作目录
257 "/" is the current directory
ftp> ls         <== 使用 ls 命令查看目录内容
-rw-r--r--    1 0       0       0 Dec 07 12:28      file1.200
```

```
ftp>
```

第 14 步：测试匿名用户的上传和下载文件的权限。韩经理成功地从 FTP 服务器中下载了文件 file1.200，但在上传本地文件 file1.190 时却收到提示“550 Permission denied.”，即没有权限执行上传操作，如例 8-15.12 所示。实验结果表明，FTP 配置符合实验要求。

例 8-15.12：配置匿名用户登录——测试匿名用户的文件上传和下载权限

```
ftp> get file1.200
226 Transfer complete.        <== 文件下载成功
ftp> put file1.190
550 Permission denied.        <== 文件上传失败
ftp> quit        <== 退出 FTP
[skills@insidecli tmp]$ ls  -l  file1.200
-rw-rw-r-- 1 skills skills 0 12 月  7 22:06 file1.200<== 文件已下载至本地
```

实验 2：搭建 FTP 服务器——本地用户

接下来，韩经理准备向尤博演示配置本地用户登录 FTP 服务器的方法。韩经理为本次实验确定了以下几个目标。

（1）在 storagesrv 上搭建 FTP 服务器，允许本地用户登录。

（2）本地用户的根目录是/local_ftp。

（3）用户 skills 作为 FTP 服务器的管理员，拥有目录全部的读、写权限，且不被锁定目录（chroot）。

（4）其他普通用户可以执行文件上传及下载等操作，但是要被锁定目录（chroot）。

（5）在 insidecli 上通过域名 ftp.chinaskills.cn 访问 FTP 服务器，以本地用户的身份登录并验证用户权限。

尤博在预习这部分内容的时候，被锁定目录（chroot）难住了。既然韩经理提到了这一点，就想看看韩经理是怎么解决的。以下是韩经理完成本实验的具体步骤。注意：第 1～6 步在 storagesrv 上操作。

微课

V8-10　配置本地 FTP 用户

第 1 步：登录 storagesrv 服务器，打开一个终端窗口，切换为 root 用户。

第 2 步：新建测试用户 lsuser，作为普通用户登录 FTP 服务器，如例 8-16.1 所示。

例 8-16.1：配置本地用户登录——新建测试用户

```
[root@storagesrv ~]# useradd lsuser
[root@storagesrv ~]# passwd lsuser
```

第 3 步：在 FTP 服务器中新建目录/local_ftp 及两个测试文件，如例 8-16.2 所示。

例 8-16.2：配置本地用户登录——新建目录及测试文件

```
[root@storagesrv ~]# mkdir /local_ftp
[root@storagesrv ~]# ls -ld /local_ftp
drwxr-xr-x   2   root  root   6   12 月  8 15:19     /local_ftp
[root@storagesrv ~]# cd /local_ftp
[root@storagesrv local_ftp]# touch file2.200 file3.200
```

第 4 步：修改 FTP 主配置文件，添加以下内容，如例 8-16.3 所示。

例 8-16.3：配置本地用户登录——修改 FTP 主配置文件

```
[root@storagesrv local_ftp]# cd /etc/vsftpd
[root@storagesrv vsftpd]# vim vsftpd.conf        // 添加以下内容
write_enable=YES                                 <== 允许用户写入
```

```
download_enable=YES                          <== 允许用户下载
local_enable=YES                             <== 允许本地用户登录 FTP 服务器
local_root=/local_ftp                        <== 本地用户根目录
chroot_local_user=YES                        <== 所有用户默认被锁定目录（chroot）
chroot_list_enable=YES                       <== 启用例外用户
chroot_list_file=/etc/vsftpd/chroot_list     <== 例外用户列表文件
```

第 5 步：新建例外用户列表文件/etc/vsftpd/chroot_list，在其中添加用户 skills，如例 8-16.4 所示。

例 8-16.4：配置本地用户登录——添加例外用户

```
[root@storagesrv vsftpd]# touch chroot_list
[root@storagesrv vsftpd]# echo skills >chroot_list
[root@storagesrv vsftpd]# cat chroot_list
skills          <== 只添加用户 skills
```

第 6 步：重启 FTP 服务，如例 8-16.5 所示。

例 8-16.5：配置本地用户登录——重启 FTP 服务

```
[root@storagesrv vsftpd]# systemctl restart vsftpd
```

注意，接下来几步在 FTP 客户端上操作。

第 7 步：登录 insidecli，打开一个终端窗口，在/tmp 目录下新建测试文件 file2.190 和 file3.190，如例 8-16.6 所示。

例 8-16.6：配置本地用户登录——新建客户端测试文件

```
[skills@insidecli ~]$ cd /tmp
[skills@insidecli tmp]$ touch file2.190 file3.190
[skills@insidecli tmp]$ ls *190
file1.190   file2.190   file3.190
```

第 8 步：在 FTP 客户端上以用户 lsuser 的身份登录 FTP 服务器，测试能否更改目录，如例 8-16.7 所示。

例 8-16.7：配置本地用户登录——测试用户 lsuser 能否更改目录

```
[skills@insidecli tmp]$ ftp ftp.chinaskills.cn
Name (ftp.chinaskills.cn:skills): lsuser        <== 输入用户名 lsuser
Password:                           <== 输入用户 lsuser 的密码
230 Login successful.               <== 登录成功
ftp> pwd                            <== 查看当前目录
257 "/" is the current directory    <== 即/local_ftp
ftp> cd /tmp                        <== 更改目录
550 Failed to change directory.     <== 更改目录失败
ftp> ls          <== 查看目录内容
-rw-r--r--    1 0          0          0 Dec 08 07:20  file2.200
-rw-r--r--    1 0          0          0 Dec 08 07:20  file3.200
ftp>
```

更改目录时出现错误提示“550 Failed to change directory.”，说明用户 lsuser 被锁定在根目录中，无法更改目录。

第 9 步：测试下载和上传操作，如例 8-16.8 所示。

例 8-16.8：配置本地用户登录——测试下载和上传操作

```
ftp> get file2.200             <== 下载文件
226 Transfer complete.         <== 下载文件成功
```

```
ftp> put file2.190              <== 上传文件
553 Could not create file.      <== 上传文件失败
ftp> quit
```

用户 lsuser 可以下载文件，但是上传文件时系统提示“553 Could not create file.”，即无权限创建文件。遇到这样的问题可以从以下两个方面进行排查。一是检查 FTP 主配置文件中是否开放了相应的权限。在例 8-16.3 中，已经设置了允许本地用户上传文件，说明不是这方面出现了问题。二是检查本地用户在 FTP 服务器的文件系统中是否有相应的写权限。具体而言，要检查用户 lsuser 是否拥有目录/local_ftp 的写权限。在例 8-16.2 中，/local_ftp 目录的权限是“rwxr-xr-x”，所有者和属组都是 root，且没有对用户 lsuser 开放写权限。对于这种情况，可以直接赋予用户 lsuser 写权限，也可以修改目录/local_ftp 的所有者和属组，如例 8-16.9 所示。注意，这一步在 storagesrv 上操作。

例 8-16.9：配置本地用户登录——修改根目录的权限

```
[root@storagesrv vsftpd]# chmod o+w /local_ftp
[root@storagesrv vsftpd]# ls -ld /local_ftp
drwxr-xrwx   2   root   root    40   12月   8 15:30    /local_ftp
```

第 10 步：修改完成后回到 FTP 客户端，再次登录 FTP 服务器。奇怪的是，这次登录时出现了一个新错误，如例 8-16.10 所示。

例 8-16.10：配置本地用户登录——再次登录 FTP 服务器

```
[skills@insidecli tmp]$ ftp ftp.chinaskills.cn
Name (ftp.chinaskills.cn:skills): lsuser
Password:                  <== 输入用户 lsuser 的密码
500 OOPS: vsftpd: refusing to run with writable root inside chroot()
Login failed.
421 Service not available, remote server has closed connection
ftp> quit
```

出现这个错误的原因是 vsftpd 在 2.3.5 版本之后增强了安全限制。具体来说，如果用户被锁定在根目录中，那么该用户就不能拥有根目录的写权限。如果登录时发现还有写权限，则会出现例 8-16.10 所示的错误提示。要解决这个问题，可以在 FTP 主配置文件中设置 allow_writeable_chroot 参数，并重启 FTP 服务，如例 8-16.11 所示。

例 8-16.11：配置本地用户登录——设置 allow_writeable_chroot 参数

```
[root@storagesrv vsftpd]# vim vsftpd.conf
allow_writeable_chroot=YES              <== 增加这一行，允许对主目录进入写操作
[root@storagesrv vsftpd]# systemctl restart vsftpd
```

第 11 步：回到 FTP 客户端，重新登录 FTP 服务器，并再次尝试上传客户端测试文件，发现文件上传成功，如例 8-16.12 所示。

例 8-16.12：配置本地用户登录——再次上传客户端测试文件

```
[skills@insidecli tmp]$ ftp ftp.chinaskills.cn
Name (ftp.chinaskills.cn:skills): lsuser
Password:
230 Login successful.            <==登录成功
ftp> put file2.190
226 Transfer complete.           <== 文件上传成功
ftp> ls
-rw-r--r--     1 1002     1002     0    Dec 08 07:54          file2.190
```

```
-rw-r--r--    1 0       0       0  Dec 08 07:20    file2.200
-rw-r--r--    1 0       0       0  Dec 08 07:20    file3.200
ftp> quit
```

第 12 步：在 FTP 客户端上以用户 skills 身份进行测试，如例 8-16.13 所示。可以看到，用户 skills 可以上传和下载文件，也可以更改目录，符合实验要求。

例 8-16.13：配置本地用户登录——测试用户 skills 能否上传和下载文件

```
[skills@insidecli tmp]$ ftp ftp.chinaskills.cn
Name (ftp.chinaskills.cn:skills): skills      <== 输入用户名 skills
Password:            <== 输入用户 skills 的密码
230 Login successful.
ftp> pwd             <== 查看当前工作目录
257 "/local_ftp" is the current directory
ftp> cd /tmp         <== 更改目录
250 Directory successfully changed. <== 提示目录更改成功
ftp> pwd             <== 确认目录是否更改
257 "/tmp" is the current directory     <== 目录已更改
ftp> cd /local_ftp   <== 返回根目录
ftp> get file3.200   <== 下载文件
226 Transfer complete.         <== 下载文件成功
ftp> put file3.190             <== 上传文件
226 Transfer complete.         <== 上传文件成功
ftp> ls
-rw-r--r--    1 1002    1002    0   Dec 08 07:54    file2.190
-rw-r--r--    1 0       0       0   Dec 08 07:20    file2.200
-rw-r--r--    1 1000    1000    0   Dec 08 07:57    file3.190
-rw-r--r--    1 0       0       0   Dec 08 07:20    file3.200
ftp> quit
```

这个实验做完后，尤博关于 chroot 的疑问也消除了。他没有想到 chroot 与本地用户的根目录权限竟然存在关系。其实他本可以自己查找资料解决这个问题，但时不时出现的懒惰让他错失了一次自我提升的机会。韩经理并没有责怪尤博。相反地，韩经理鼓励尤博从错误中汲取经验教训，努力让自己变得更好。带着韩经理的鼓励，尤博精神抖擞地投入下一个实验中。

实验 3：搭建 FTP 服务器——虚拟用户

在最后一个实验里，韩经理继续向尤博演示配置虚拟用户登录 FTP 服务器的方法。这次实验的具体要求如下。

（1）在 storagesrv 上搭建 FTP 服务器，允许虚拟用户登录。

（2）创建两个虚拟用户 vuser1 和 vuser2，将其分别映射到本地用户 skills 和 ftp。

（3）vuser1 根目录为/virtual_ftp/docs，可以上传和下载文件。

（4）vuser2 根目录为/virtual_ftp/public，只能下载文件。

（5）在 insidecli 上通过域名 ftp.chinaskills.cn 访问 FTP 服务器，以虚拟用户的身份登录并验证用户权限。

微课

V8-11 配置虚拟 FTP 用户

下面是配置的具体操作步骤。注意，第 1～8 步在 storagesrv 上操作。

第 1 步：登录 storagesrv 服务器，打开一个终端窗口，切换为 root 用户。

第 2 步：在 FTP 主配置文件所在目录下创建一个文件 vuser_list，用于保存虚拟用户的用户名和密码。在这个文件中，奇数行显示用户名，偶数行显示密码。然后使用 db_load 命令生成本地账号数据库文件 vuser.db，如例 8-17.1 所示。

例 8-17.1：配置虚拟用户登录——生成本地账号数据库文件

```
[root@storagesrv ~]# cd /etc/vsftpd
[root@storagesrv vsftpd]# vim vuser_list
vuser1              <== 奇数行显示用户名
123456              <== 偶数行显示密码
vuser2
abcdef
[root@storagesrv vsftpd]# db_load -T -t hash -f vuser_list vuser.db
[root@storagesrv vsftpd]# chmod 700 vuser.db
[root@storagesrv vsftpd]# ls -l vuser.db
-rwx------ 1   root  root    12288    12月   9 10:29    vuser.db
```

第 3 步：为了使用第 2 步生成的数据库文件 vuser.db 对虚拟用户进行验证，需要利用操作系统中的 PAM 验证机制。具体来说，修改 vsftpd 对应的 PAM 配置文件/etc/pam.d/vsftpd，将默认配置全部注释掉（在行首添加“#”），并新增以下内容，如例 8-17.2 所示。

例 8-17.2：配置虚拟用户登录——修改 PAM 配置文件

```
[root@storagesrv vsftpd]# vim /etc/pam.d/vsftpd
#session    optional     pam_keyinit.so    force revoke        <== 将原内容全部注释
auth        required     pam_userdb.so     db=/etc/vsftpd/vuser  <== 增加这两行
account     required     pam_userdb.so     db=/etc/vsftpd/vuser
```

第 4 步：创建 vuser1 的根目录并修改其权限，同时创建一个测试文件 file4.200，如例 8-17.3 所示。

例 8-17.3：配置虚拟用户登录——创建 vuser1 的根目录和测试文件，并修改根目录权限

```
[root@storagesrv vsftpd]# mkdir -p /virtual_ftp/docs
[root@storagesrv vsftpd]# chmod o+w /virtual_ftp/docs
[root@storagesrv vsftpd]# ls -ld /virtual_ftp/docs
drwxr-xrwx   2   root   root   6    12月   9 10:54    /virtual_ftp/docs
[root@storagesrv vsftpd]# touch /virtual_ftp/docs/file4.200
```

第 5 步：创建 vuser2 的根目录并修改其权限，同时创建一个测试文件 file5.200，如例 8-17.4 所示。

例 8-17.4：配置虚拟用户登录——创建 vuser2 的根目录和测试文件，并修改根目录权限

```
[root@storagesrv vsftpd]# mkdir -p /virtual_ftp/public
[root@storagesrv vsftpd]# chmod o+w /virtual_ftp/public
[root@storagesrv vsftpd]# ls -ld /virtual_ftp/public
drwxr-xrwx   2   root   root   6    12月   9 10:58    /virtual_ftp/public
[root@storagesrv vsftpd]# touch /virtual_ftp/public/file5.200
```

第 6 步：修改 FTP 主配置文件，添加以下内容。通过 user_config_dir 参数指定保存用户自定义配置文件的目录，如例 8-17.5 所示。

例 8-17.5：配置虚拟用户登录——修改 FTP 主配置文件

```
[root@storagesrv vsftpd]# vim vsftpd.conf            // 添加以下内容
```

```
anonymous_enable=NO
local_enable=YES
guest_enable=YES
anon_upload_enable=NO
allow_writeable_chroot=YES
user_config_dir=/etc/vsftpd/user_config_dir        <== 此目录要手动创建
pam_service_name=vsftpd
```

第 7 步：创建第 6 步中通过 user_config_dir 参数指定的目录，同时为两个虚拟用户添加自定义配置文件，文件名和虚拟用户名相同，如例 8-17.6 所示。

例 8-17.6：配置虚拟用户登录——添加自定义配置文件

```
[root@storagesrv vsftpd]# mkdir user_config_dir
[root@storagesrv vsftpd]# cd user_config_dir
[root@storagesrv user_config_dir]# vim vuser1        // 文件名和虚拟用户名相同
guest_username=skills
write_enable=YES
anon_upload_enable=YES
local_root=/virtual_ftp/docs
[root@storagesrv user_config_dir]# vim vuser2        // vuser2 的配置文件
guest_username=ftp
write_enable=NO
local_root=/virtual_ftp/public
```

第 8 步：重启 FTP 服务，如例 8-17.7 所示。

例 8-17.7：配置虚拟用户登录——重启 FTP 服务

```
[root@storagesrv user_config_dir]# systemctl restart vsftpd
```

注意，下面几步在 FTP 客户端上操作。

第 9 步：登录 insidecli，打开一个终端窗口，在目录/tmp 下创建测试文件 file4.190 和 file5.190，如例 8-17.8 所示。

例 8-17.8：配置虚拟用户登录——在 FTP 客户端上创建测试文件

```
[skills@insidecli ~]$ cd /tmp
[skills@insidecli tmp]$ touch file4.190 file5.190
```

第 10 步：在 FTP 客户端上以虚拟用户 vuser1 身份登录 FTP 服务器，并测试下载和上传操作，如例 8-17.9 所示。可以看到，虚拟用户 vuser1 可以下载和上传文件。

例 8-17.9：配置虚拟用户登录——验证 vuser1 权限

```
[skills@insidecli tmp]$ ftp ftp.chinaskills.cn
Name (ftp.chinaskills.cn:skills): vuser1        <== 输入用户名 vuser1
Password:                        <== 输入虚拟用户 vuser1 的密码 123456
230 Login successful.            <== 登录成功
ftp> ls
-rw-r--r--    1 0        0        Dec 09 02:55      file4.200
ftp> get file4.200               <== 下载文件
226 Transfer complete.           <== 下载文件成功
ftp> put file4.190               <== 上传文件
226 Transfer complete.           <== 上传文件成功
ftp> quit
[skills@insidecli tmp]$ ls file4.200
file4.200        <== 文件已下载至本地
```

第 11 步：在 FTP 客户端上以虚拟用户 vuser2 身份登录 FTP 服务器，并测试下载和上传操作，如例 8-17.10 所示。可以看到，虚拟用户 vuser2 只能下载文件而不能上传文件。

例 8-17.10：配置虚拟用户登录——验证 vuser2 权限

```
[skills@insidecli tmp]$ ftp ftp.chinaskills.cn
Name (ftp.chinaskills.cn:skills): vuser2          <== 输入用户名 vuser2
Password:                          <== 输入虚拟用户 vuser2 的密码 abcdef
230 Login successful.              <== 登录成功
ftp> ls
-rw-r--r--    1 0          0                  0 Dec 09 02:59 file5.200
ftp> get file5.200                 <== 下载文件
226 Transfer complete.             <== 下载文件成功
ftp> put file5.190                 <== 上传文件
550 Permission denied.             <== 没有文件上传权限
ftp> quit
[skills@insidecli tmp]$ ls file5.200
file5.200        <== 文件已下载至本地
```

最后，韩经理提醒尤博，虽然 FTP 服务有 3 种用户，但是他们本身并无优劣之分。在实际工作中，需要根据具体需求选择开放不同的用户。系统管理员应该通过合理的配置精准控制不同用户的权限，这样才能保证系统的安全性。能力的获得没有捷径，只有通过反复的练习才能提高。不过当务之急是要把剩下的 Web 服务和 Mail 服务尽快“拿下”，毕竟比赛的日子越来越近了。

知识拓展

常用的 FTP 命令

通过前面介绍的内容可以发现，在 FTP 命令交互模式中使用的命令和之前学过的 Linux 命令相同或类似。常用的 FTP 命令及其功能如表 8-11 所示。在 Windows 和 Linux 操作系统中都可以使用这些 FTP 命令。熟练掌握这些常用命令，可以提高工作效率，达到事半功倍的效果。

表 8-11　常用的 FTP 命令及其功能

FTP 命令	功能	FTP 命令	功能
ascii	使用 ASCII 传输模式	binary	使用二进制传输模式
cd	切换远程 FTP 服务器目录	dir	显示远程 FTP 服务器中的目录内容
chmod	修改远程 FTP 服务器中的文件权限	prompt	设置多个文件传输时的交互提示
delete	删除远程 FTP 服务器中的文件	mdelete	批量删除远程 FTP 服务器中的文件
get	下载文件	mget	批量下载文件
put	上传文件	mput	批量上传文件
lcd	切换 FTP 客户端本地目录	ls	功能同 dir 命令
mkdir	在远程 FTP 服务器中创建目录	rmdir	删除远程 FTP 服务器中的目录
bye	退出 FTP 命令交互模式	quit	功能同 bye 命令

任务实训

本实训的主要任务是在统信UOS中搭建FTP服务器，练习配置匿名用户、本地用户和虚拟用户登录FTP服务器的方法。请根据以下实训内容完成实训任务。

【实训内容】

（1）在FTP服务器中使用系统镜像文件搭建本地YUM源并安装vsftpd软件，配置FTP服务器和客户端的IP地址。

（2）在FTP客户端上使用本地YUM源安装FTP软件。

（3）备份vsftpd主配置文件，过滤掉以“#”开头的注释行。

（4）配置匿名用户登录FTP服务器并进行验证，具体要求如下。

① 启用匿名用户登录功能。

② 匿名用户根目录是/var/anon_ftp。

③ 匿名用户只能下载文件，不能对FTP服务器进行任何写操作。

④ 匿名用户的最大数据传输速率是500bit/s。

（5）配置本地用户登录FTP服务器并进行验证，具体要求如下。

① 启用本地用户登录功能。

② 本地用户根目录是/var/local_ftp。

③ 新建两个本地用户local_user1和local_user2。

④ 两个用户都可以下载和上传文件、创建目录等。

⑤ local_user1被锁定在根目录中，local_user2可以更改目录。

（6）配置虚拟用户登录FTP服务器并进行验证，具体要求如下。

① 启用虚拟用户登录功能。

② 新建两个虚拟用户vir_user1和vir_user2，密码均为123456。

③ 使用db_load命令生成数据库文件，修改PAM相关文件。

④ vir_user1具有自定义配置文件，可以下载和上传文件，不被锁定在根目录中。

⑤ vir_user2没有自定义配置文件，可以下载但不能上传文件，被锁定在根目录中。

项目小结

对大多数企业而言，文件共享是不可或缺的网络服务。本项目介绍了3种共享文件的方式。任务8.1主要介绍了搭建Samba服务器的方法。Samba服务可以在不同的操作系统间提供文件和打印机共享服务，而且支持在本地修改Samba服务器中的文件。任务8.2主要介绍了如何搭建NFS服务器。NFS是一种异构平台共享文件系统，允许用户通过网络在异构平台间共享文件。NFS显著的特点是支持文件的透明访问，即NFS客户端访问远程文件资源时，可以按照与访问本地资源相同的方式进行。另外，NFS服务器的存储空间扩充或架构调整对NFS客户端也是透明的。任务8.3介绍了FTP服务的基本概念和配置3种类型的用户登录FTP服务器的方法。FTP服务是计算机网络中历史最悠久、应用最广泛的服务之一。在搭建FTP服务器时，应重点考虑文件系统的安全性，根据应用场景的实际需求选择合适的配置参数。

项目练习题

1. 选择题

（1）（　　）命令允许 198.168.100.0/24 访问 Samba 服务器。

A. hosts enable=198 168.100.　　B. hosts allow=198.168.100.

C. hosts accept=198.168.100.　　D. hosts accept=198.168.100.0/24

（2）启用 Samba 服务时，（　　）是必须运行的端口监控程序。

A. nmbd　　B. lmbd　　C. mmbd　　D. smbd

（3）Samba 主配置文件是（　　）。

A. httpd.conf　　B. inetd.conf　　C. rc.samba　　D. smb.conf

（4）在 Linux 中搭建 Samba 服务器时，可以使（　　）。

A. Windows 访问 Linux 中 Samba 服务器共享的资源

B. Linux 访问 Windows 主机上的共享资源

C. Windows 主机访问 Windows 服务器共享的资源

D. Windows 访问 Linux 中的域名解析服务

（5）关于 Linux 用户与 Samba 用户的关系，以下说法正确的是（　　）。

A. 如果没有建立对应的 Linux 用户，则无法添加或使用 Samba 用户

B. Samba 用户与同名的 Linux 用户的登录密码必须相同

C. 与 Samba 用户同名的 Linux 用户必须能够登录 Shell

D. 使用 smbpasswd 命令可以添加 Samba 用户及与其同名的 Linux 用户

（6）下列不属于 NFS 特点的是（　　）。

A. NFS 提供透明的文件传输服务　　B. NFS 能发挥数据集中的优势

C. NFS 配置灵活，性能优异　　D. NFS 不能跨平台使用

（7）NFS 能提供透明的文件传输，这里的“透明”是指（　　）。

A. NFS 服务器能够同时为多个 NFS 客户端提供服务

B. NFS 服务器可以灵活地增加存储空间

C. NFS 客户端访问本地资源和远程文件的方式是相同的

D. NFS 客户端和 NFS 服务器可以安装不同的操作系统

（8）NFS 使用的文件传输机制是（　　）。

A. Samba　　B. RPC　　C. Web　　D. FTP

（9）NFS 主配置文件是（　　）。

A. /etc/fstab　　B. /etc/aliases

C. /etc/exports　　D. /etc/yum.conf

（10）允许某一网段的所有主机使用 NFS 服务，可以将客户端配置为（　　）。

A. 172.16.1.3　　B. 172.16.1.0/24

C. mail.chinaskills.cn　　D. *.chinaskills.cn

（11）允许 NFS 客户端拥有共享目录的读、写权限，需要指定的共享项为（　　）。

A. ro　　B. rw　　C. sync　　D. noaccess

（12）FTP 服务使用的端口号是（　　）。

A．21　　B．23　　C．25　　D．53

（13）可以一次下载多个文件的命令为（　　）。

A．mget　　B．get　　C．put　　D．mput

（14）（　　）不是 FTP 用户类型。

A．本地用户　　B．匿名用户　　C．虚拟用户　　D．普通用户

（15）修改配置文件 vsftpd.conf 的（　　）参数可以实现独立启动。

A．listen=YES　　B．listen=NO

C．boot=standalone　　D．boot=xinetd

（16）在配置文件 vsftpd.conf 中，如果设置 userlist_enable=YES、userlist_deny=NO，则参数 userlist_file 指定的文件中所列的用户（　　）。

A．可以访问 FTP 服务　　B．不能访问 FTP 服务

C．可以读、写 FTP 服务器中的文件　　D．不可以读、写 FTP 服务器中的文件

（17）在配置文件 vsftpd.conf 中，允许匿名用户删除文件的权限由（　　）参数提供。

A．anonymous_enable　　B．anon_mkdir_write_enable

C．anon_other_write_enable　　D．anon_root

（18）在 vsftpd.conf 文件中增加以下内容，表示对（　　）用户进行设置。

write_enable=YES
anon_world_readable_only=NO
anon_upload_enable=YES
anon_mkdir_write_enable=YES

A．匿名　　B．本地　　C．虚拟　　D．普通

（19）命令　rpm　-qa | grep　vsftpd 的功能是（　　）。

A．安装 vsftpd 软件　　B．启动 vsftpd 软件

C．检查系统是否已安装 vsftpd 软件　　D．运行 vsftpd 软件

（20）在 TCP/IP 模型中，应用层包含所有的高层协议，在下列应用层协议中，（　　）是实现本地与远程主机之间文件传输的协议。

A．Telnet　　B．FTP　　C．SNMP　　D．NFS

（21）在 Linux 操作系统中，小张使用系统默认的 vsftpd 架设了 FTP 服务器，他新建了一个名为 gtuser 的用户，并修改了/etc/vsftpd/vsftpd.conf 文件，加入了以下两行内容，并把用户 gtuser 加入/etc/vsftpd/user_list 文件中，则用户 gtuser 在客户端登录时会被（　　）。

userlist_enable=YES
userlist_deny=NO

A．允许登录　　B．拒绝登录　　C．不确定　　D．以上都对

（22）在 Linux 操作系统中搭建 FTP 服务器时，若需要限制本地用户的最大传输速率为 200kbit/s，则可以在配置文件中设置（　　）。

A．max_clients=20　　B．max_per_ip=20

C．local_max_rate=200000　　D．local_max_rate=200

（23）在 Linux 操作系统中配置 FTP 服务器时，若需要限制最多允许 50 个客户端同时连接，则应该在 vsftpd.conf 文件中设置（　　）。

A．max_clients=50　　B．max_per_ip=50

C．local_max_rate=50　　D．anon_max_rate=50

2．填空题

（1）启用 Samba 服务的命令是________。

（2）设置 Samba 服务开机自动启动的命令是________。

（3）Samba 用户的用户名和密码保存在________文件中。

（4）Samba 服务的两个后台守护进程是________和________。

（5）NFS 采用典型的________模式，支持跨平台、跨系统的文件共享。

（6）NFS 能发挥________的优势，降低 NFS 客户端的存储空间要求。

（7）NFS 使用________实现文件传输。

（8）NFS 主配置文件是________。

（9）启用 FTP 服务的命令是________。

（10）登录 FTP 服务器的匿名用户的用户名是________。

（11）FTP 服务用于完成文件下载和上传，FTP 的英文全称是________。

（12）FTP 服务中匿名用户的用户名一般是________，使用该用户名访问 FTP 服务器时不用输入密码，即可方便地从服务器中下载文件。

（13）FTP 的工作模式主要有两种：________和________。

（14）FTP 使用________和________号端口工作。

（15）在 FTP 客户端上一次上传多个文件的命令是________。

3．简答题

（1）简述 Samba 服务的工作原理。

（2）简述 Samba 服务器的搭建流程。

（3）简述 NFS 服务的主要特点。

（4）简述 NFS 服务器的搭建流程。

（5）FTP 服务器有哪两种工作模式？它们的基本原理是什么？

（6）如何配置匿名用户登录 FTP 服务器？

（7）如何配置本地用户登录 FTP 服务器？

（8）如何配置虚拟用户登录 FTP 服务器？

项目9 部署Web与Mail服务

09

学习目标

知识目标

- 理解 Web 服务的基本概念与工作过程。
- 理解 Mail 服务的基本概念与工作过程。

能力目标

- 熟练掌握 Web 服务的配置方法。
- 熟练掌握 Mail 服务的配置方法。

素质目标

- 配置 Web 服务，感受基础网络服务的作用，理解知识之间的递进和依赖关系，增强对“基础不牢，地动山摇”这一俗语的理解。同时，学会脚踏实地、一步一个脚印地学习，避免好高骛远，眼高手低。
- 配置 Mail 服务，感受企业真实工作场景中员工沟通和信息分享的渠道和原则，理解和尊重企业文化，学会与他人建立良好的人际关系。

项目引例

暑假进入尾声，兼职工作也即将结束。此时的尤博既开心又有些紧张。开心的是过去一段时间他收获了很多，紧张的是不确定自己能不能在暑假期间把全部内容学完。善解人意的韩经理看出了尤博的心思，他鼓励尤博要一鼓作气，只要再坚持一下就能收获满意的结果。从网络系统管理赛项的考核内容看，现在还剩下Web和Mail两种网络服务。虽然有一定难度，但是韩经理对尤博的学习能力有充分的信心。尤博也暗自告诉自己，过去这段时间的学习经历让自己比从前坚韧许多，再坚持一下吧，马上就是收获的时刻！

任务 9.1 部署 Web 服务

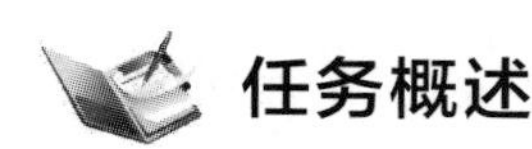

任务概述

随着互联网的不断发展和普及，Web 服务早已成为人们日常生活和学习中必不可少的组成部分。只要在浏览器中轻松单击一下，就能在浩瀚的网络世界中自由“冲浪”。不夸张地说，互联网几乎可以提供我们想要的所有资源。在本任务中，我们将在统信 UOS 中搭建简单的 Web 服务器，并通过浏览器验证 Web 服务。

知识准备

9.1.1 Web 服务概述

在信息技术快速发展的今天，人们获取和传播信息的主要方式之一就是使用 Web 服务。Web 服务已经成为人们工作、学习、娱乐和社交等活动的重要工具。对于绝大多数的普通用户而言，万维网（World Wide Web，WWW）几乎就是 Web 服务的代名词。Web 服务提供的资源多种多样，可能是简单的文本，也可能是图片、音频和视频等。在互联网发展的早期，人们一般是通过计算机浏览器访问 Web 服务的，浏览器有很多种，如谷歌公司的 Chrome、微软公司的 Edge，以及 Mozilla 基金会的 Firefox 等。而随着移动互联网的迅猛发展，智能手机逐渐成为人们访问 Web 服务的入口。不管是计算机还是智能手机，Web 服务的工作原理都是相同的。下面就从 Web 服务的工作原理开始，慢慢走进丰富多彩的“Web 世界”。

1. Web 服务的工作原理

和前面介绍的网络服务一样，Web 服务也采用典型的客户端/服务器模式。Web 服务运行于 TCP 之上。每个网站都对应一台（或多台）Web 服务器，Web 服务器中有各种资源，客户端就是用户使用的浏览器。Web 服务的工作原理并不复杂，一般可分为 4 个过程，即连接过程、请求过程、应答过程及关闭连接过程。Web 服务的交互过程如图 9-1 所示。

微课

V9-1 认识 Web 服务

连接过程就是浏览器和 Web 服务器之间建立 TCP 连接的过程。

请求过程就是浏览器向 Web 服务器发出资源查询请求的过程。在浏览器中输入的 URL 表示资源在 Web 服务器中的具体位置。

应答过程就是 Web 服务器根据 URL 将相应的资源返回给浏览器，浏览器则以网页的形式把资源展示给用户的过程。

关闭连接过程就是在应答过程完成以后，浏览器和 Web 服务器之间断开 TCP 连接的过程。

浏览器和 Web 服务器之间的一次交互也被称为一次“会话”。

浏览器
Web服务器
连接过程：建立TCP连接
请求过程：发出资源查询请求
应答过程：返回资源
关闭连接过程：断开TCP连接

图 9-1 Web 服务的交互过程

2. Web 服务相关概念

（1）超文本传送协议（Hypertext Transfer Protocol，HTTP）是浏览器和 Web 服务器通信时所使用的应用层协议，运行在 TCP 之上。HTTP 规定了浏览器和 Web 服务器之间可以发送的消息的类型、每种消息的语法和语义、收发消息的顺序等。

HTTP 是一种无状态协议，即 Web 服务器不会保留与浏览器之间的会话状态。这种设计可以减轻 Web 服务器的处理负担，加快响应速度。

HTTP 定义了 9 种请求方法，每种请求方法都规定了浏览器和服务器之间不同的信息交换方式，常用的请求方法是 GET 和 POST。

（2）超文本标记语言（Hypertext Markup Language，HTML）是由一系列标签组成的一种描述性语言，主要用来描述网页的内容和格式。网页中的不同内容，如文字、图形、动画、声音、表格、超链接等，都可以使用 HTML 标签来表示。

"超文本"是一种组织和管理信息的方式，它通过超链接将文本中的文字、图表等与其他信息关联起来。这些相互关联的信息可能在 Web 服务器的同一个文件中，也可能在不同的文件中，甚至有可能位于两台不同的 Web 服务器中。通过超文本这种方式可以将分散的资源整合在一起，以方便用户浏览和检索信息。

微课

V9-2　了解HTML

9.1.2　Web 服务配置

1. Web 服务的安装与启停

本书使用的 Web 服务器软件是 Apache。Apache 是目前最流行的 Web 服务器软件之一，具有出色的安全性和跨平台特性，在常见的计算机平台上几乎都能使用。Apache 的安装如例 9-1 所示。

例 9-1：安装 Apache 软件

```
[root@uosv20 ~]# yum install httpd -y            // 安装 Apache 软件
[root@uosv20 ~]# rpm -qa | grep   httpd
httpd-2.4.37-51.module+uelc20+1066+a235c2b1.2.x86_64
```

Web 服务的后台守护进程名为 httpd，启停 Web 服务时，将 httpd 作为参数代替表 6-6 中的 *firewalld* 即可。例如，使用 systemctl restart httpd 命令可以重启 Web 服务。

Web 服务的主配置文件是/etc/httpd/conf/httpd.conf。除了主配置文件外，Web 服务的正常运行还需要几个相关的辅助文件等。下面介绍 Web 主配置文件的结构和基本用法。

2. Web 主配置文件

与 FTP 服务类似，安装 Apache 软件后自动生成的 httpd.conf 文件大部分是以"#"开头的注释行或空行。为了保持主配置文件的简洁，降低初学者的学习难度，需要先对此文件进行备份，再过滤掉所有的注释行，只保留有效的行，如例 9-2 所示。

例 9-2：过滤 httpd.conf 文件的注释行

```
[root@uosv20 ~]# cd /etc/httpd/conf
[root@uosv20 conf]# mv httpd.conf httpd.conf.bak
[root@uosv20 conf]# grep -v '^#' httpd.conf.bak >httpd.conf
[root@uosv20 conf]# cat httpd.conf
ServerRoot "/etc/httpd"              <== 单行指令
Listen 80
<Directory />                        <== 配置段
    AllowOverride none
    Require all denied
```

```
</Directory>
...
DocumentRoot "/var/www/html"
```

httpd.conf 文件中包含一些单行指令和配置段。指令的基本语法是“参数名 参数值”，配置段是用一对标签表示的配置选项。下面介绍其常用参数。

（1）ServerRoot：设置 Apache 的服务目录，即 httpd 守护进程的工作目录，默认值是/etc/httpd。这个目录保存了 Apache 的配置文件、日志文件和错误文件等。主配置文件中以相对路径表示的文件都是相对于该目录而言的。

（2）DocumentRoot：网站数据的根目录。一般来说，除了虚拟目录外，Web 服务器中存储的网站资源都在这个目录中，其默认值是/var/www/html。

（3）Listen：指定 Apache 的监听 IP 地址和端口。Web 服务的默认工作端口是 TCP 的 80 号端口。

（4）User 和 Group：指定运行 Web 服务的用户和用户组，默认值都是 apache。

（5）ServerAdmin：指定网站管理员的电子邮箱。当网站出现异常状况时，系统会向管理员的电子邮箱发送错误信息。

（6）ServerName：指定 Web 服务器的主机名，要保证这个主机名能够被 DNS 服务器解析，或者可以在文件/etc/hosts 中找到相关记录。

（7）Directory：设置 Web 服务器中资源目录的路径、权限及其他相关属性。

（8）DirectoryIndex：指定网站的首页，默认的首页文件是 index.html。

微课

V9-3 Directory 选项

3. 虚拟目录

有时候，用户希望在网站根目录之外的地方存放网站资源。用户访问这些资源的方式和访问根目录内部资源的方式完全相同，能够实现这种功能的技术称为虚拟目录。虚拟目录有两个显著的优点：一是可以为不同的虚拟目录设置不同的访问权限，实现对网站资源的灵活管理；二是可以隐藏网站资源的真实路径，用户在浏览器中只能看到虚拟目录的名称，可以在一定程度上提高服务器的安全性。

每个虚拟目录都对应 Web 服务器中的一个真实的物理目录，从这个意义上来说，虚拟目录其实就是物理目录的“别名”。创建虚拟目录时，需要先创建物理目录并指定物理目录的权限，然后指定虚拟目录的首页和别名等信息。

4. 虚拟主机

虚拟主机是一种在一台物理主机上搭建多个网站的技术，也称为虚拟站点。使用虚拟主机技术可以减少搭建 Web 服务器的硬件投入，降低网站维护成本。Web 服务支持 3 种类型的虚拟主机，分别是基于 IP 地址、基于域名和基于端口号的虚拟主机。

（1）基于 IP 地址的虚拟主机

基于 IP 地址的虚拟主机是指先为一台 Web 服务器设置多个 IP 地址，再把每个网站绑定到不同的 IP 地址上，通过 IP 地址访问网站。

（2）基于域名的虚拟主机

基于域名的虚拟主机是指只要为 Web 服务器分配一个 IP 地址即可。各虚拟主机之间共享物理主机的 IP 地址，通过不同的域名进行区分。因此，创建基于域名的虚拟主机时需要在 DNS 服务器中添加多条记录，使不同的域名对应同一个 IP 地址。

（3）基于端口号的虚拟主机

基于端口号的虚拟主机和基于域名的虚拟主机类似，是指为物理主机分配一个 IP 地址即可，区别是各虚拟主机之间通过不同的端口号进行区分，而不是域名。配置基于端口号的虚拟主机需要在 Web 主配置文件中通过 Listen 指令启用多个监听端口。

任务实施

实验 1：搭建简单 Web 服务器

Web 服务的内容比较多，韩经理打算带着尤博先搭建一个简单的 Web 服务器，让尤博明白 Web 服务器的搭建流程和注意事项。实验拓扑如图 6-14 所示，具体要求如下。

（1）在 appsrv 上搭建 Web 服务器。

（2）网站根目录为/webdata。该目录作为挂载点，通过 NFS 服务连接 storagesrv 中的共享目录/webdata。

（3）网站首页为 default.html。在首页中添加内容"This is just a testing page..."。

（4）在目录/webdata 下创建子目录 pubdoc，并将其以虚拟目录/doc 的形式发布出去。

（5）在 pubdoc 下新建文件 index.html，内容设为"This is a page in pubdoc..."。

（6）在 insidecli 上通过 www.chinaskills.cn 访问 Web 服务器，验证网站首页及虚拟目录。

下面是韩经理的操作步骤。注意，第 1～6 步在 appsrv 上操作。

微课

V9-4 搭建简单 Web 服务器

第 1 步：登录 appsrv 服务器，打开一个终端窗口，切换为 root 用户。

第 2 步：安装 Web 服务器软件，如例 9-3.1 所示。

例 9-3.1：搭建简单 Web 服务器——安装 Web 服务器软件

```
[root@appsrv ~]# yum install httpd -y
[root@appsrv ~]# rpm -qa | grep httpd
httpd-2.4.37-51.module+uelc20+1066+a235c2b1.2.x86_64
```

第 3 步：确认网站根目录已挂载成功，在其中创建首页文件并添加相应内容，如例 9-3.2 所示。

例 9-3.2：搭建简单 Web 服务器——创建首页文件

```
[root@appsrv ~]# df -hT /webdata
文件系统                        类型    容量    已用    可用    已用%   挂载点
192.168.100.200:/webdata nfs4    20G     2.8G    18G     14%     /webdata
[root@appsrv ~]# cd /webdata
[root@appsrv webdata]# touch default.html
[root@appsrv webdata]# vim default.html
This is just a testing page...   <== 添加这一行
[root@appsrv webdata]# ls -l default.html
-rw-r--r--   1   nobody  nobody  31   12月   9 19:00    default.html
```

第 4 步：在 Web 主配置文件中修改 DocumentRoot 和 DirectoryIndex 参数，并将默认的 Directory 配置段中的路径修改为/webdata，如例 9-3.3 所示。

例 9-3.3：搭建简单 Web 服务器——修改 Web 主配置文件

```
[root@appsrv webdata]# cd /etc/httpd/conf
[root@appsrv conf]# vim httpd.conf
#DocumentRoot "/var/www/html"           <== 将这一行注释掉
DocumentRoot "/webdata"         <== 添加这一行
```

```
#<Directory "/var/www/html">          <== 将这一行注释掉
<Directory "/webdata">        <== 添加这一行
</Directory>

<IfModule dir_module>
    DirectoryIndex   default.html   index.html            <== 默认只有 index.html
</IfModule>
```

第 5 步：重启 Web 服务，并将其设为开机自动启动，如例 9-3.4 所示。

例 9-3.4：搭建简单 Web 服务器——重启 Web 服务

```
[root@appsrv conf]# systemctl restart httpd
[root@appsrv conf]# systemctl enable httpd
[root@appsrv conf]# systemctl list-unit-files | grep httpd
httpd.service                    enabled
```

第 6 步：修改 appsrv 防火墙，放行 Web 服务，如例 9-3.5 所示。

例 9-3.5：搭建简单 Web 服务器——在 appsrv 上放行 Web 服务

```
[root@appsrv conf]# firewall-cmd --permanent --add-service=http
[root@appsrv conf]# firewall-cmd --reload
[root@appsrv conf]# firewall-cmd --list-services
cockpit dhcp dhcpv6-client dns http ssh
```

注意：第 7、8 步在 routersrv 上操作。

第 7 步：登录 routersrv 服务器，打开一个终端窗口，切换为 root 用户。

第 8 步：修改 routersrv 防火墙，放行 Web 服务，如例 9-3.6 所示。

例 9-3.6：搭建简单 Web 服务器——在 routersrv 上放行 Web 服务

```
[root@routersrv ~]# firewall-cmd --permanent --add-service=http
[root@routersrv ~]# firewall-cmd --reload
[root@routersrv ~]# firewall-cmd --list-services
cockpit dhcp dhcpv6-client dns ftp http nfs samba ssh
```

注意，第 9～11 步在 Web 客户端上操作。

第 9 步：登录 insidecli，打开一个终端窗口，使用 host 命令验证 DNS 服务是否可用，如例 9-3.7 所示。正常情况下，www.chinaskills.cn 应当被解析为 appsrv 的 IP 地址，具体方法可参考任务 7.2。

例 9-3.7：搭建简单 Web 服务器——在 insidecli 上验证 DNS 服务

```
[skills@insidecli ~]$ host www.chinaskills.cn
www.chinaskills.cn has address 192.168.100.100
```

第 10 步：打开统信 UOS 自带的浏览器，在地址栏中输入 http://www.chinaskills.cn/default.html 或 http://www.chinaskills.cn 进行测试，如图 9-2 所示。

图 9-2　使用浏览器访问网站首页

第 11 步：韩经理告诉尤博还有一种更简单的测试方法，也就是在终端窗口中使用 curl 命令进行测试，如例 9-3.8 所示。但是为了更直观地显示网页内容，在后面的实验中韩经理是在浏览器中进行测试的。

例 9-3.8：搭建简单 Web 服务器——在终端窗口中访问网站首页

```
[skills@insidecli ~]$ curl http://www.chinaskills.cn
This is just a testing page...        <== 网站首页的内容
```

接下来，韩经理向尤博演示如何设置 Web 虚拟目录。注意，第 12～14 步在 appsrv 上操作。

第 12 步：在/webdata 下创建子目录 pubdoc，在其中创建首页文件并添加相应内容，如例 9-3.9 所示。

例 9-3.9：搭建简单 Web 服务器——创建物理目录和首页文件

```
[root@appsrv ~]# cd /webdata
[root@appsrv webdata]# mkdir pubdoc
[root@appsrv webdata]# cd pubdoc
[root@appsrv pubdoc]# touch index.html
[root@appsrv pubdoc]# vim index.html
This is a page in pubdoc...
```

第 13 步：修改 Web 主配置文件，在其中为目录 pubdoc 指定别名 doc 并设置虚拟目录的访问权限，如例 9-3.10 所示。

例 9-3.10：搭建简单 Web 服务器——配置虚拟目录

```
[root@appsrv pubdoc]# cd /etc/httpd/conf
[root@appsrv conf]# vim httpd.conf
Alias   /doc   "/webdata/pubdoc"                  // 虚拟目录名称
<Directory   "/webdata/pubdoc">                   // 物理目录的真实路径
    AllowOverride none
    Require all granted
</Directory>
```

第 14 步：重启 Web 服务，如例 9-3.11 所示。

例 9-3.11：搭建简单 Web 服务器——重启 Web 服务

```
[root@appsrv conf]# systemctl restart httpd
```

第 15 步：测试虚拟目录。在浏览器的地址栏中输入 http://www.chinaskills.cn/doc/index.html 并按【Enter】键，出现图 9-3 所示的页面。可以看到，地址栏中只有虚拟目录的名称，没有实际的物理目录。

图 9-3　测试虚拟目录的页面

实验 2：搭建基于 IP 地址的虚拟主机

有了实验 1 的基础，配置 Web 虚拟主机就相对简单了。韩经理首先向尤博介绍基于 IP 地址的虚拟主机，然后进行实验，具体要求如下。

（1）在 appsrv 上搭建两个基于 IP 地址的虚拟主机。为 ens33 网卡配置两个 IP 地址，分别为 192.168.100.100 和 192.168.100.111。

（2）虚拟主机 1 的 IP 地址为 192.168.100.100，网站根目录为/webdata/www_100，网站首页为 index.html，具体内容为“This is the homepage of 100.”。

（3）虚拟主机 2 的 IP 地址为 192.168.100.111，网站根目录为/webdata/www_111，网站首页为 index.html，具体内容为“This is the homepage of 111.”。

（4）在 insidecli 上通过 IP 地址访问两个 Web 虚拟主机。

微课

V9-5 搭建基于 IP 地址的虚拟主机

下面是韩经理的操作步骤。注意，第 1～5 步在 appsrv 上操作。

第 1 步：登录 appsrv 服务器，打开一个终端窗口，切换为 root 用户。

第 2 步：使用 nmtui 工具为 ens33 网卡配置两个 IP 地址，如图 9-4 所示。

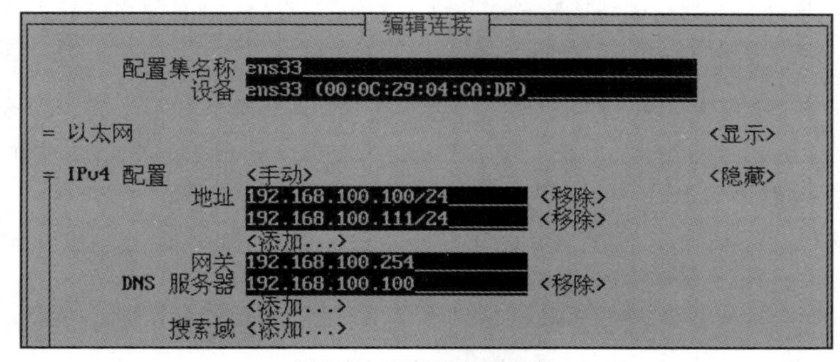

图 9-4 配置两个 IP 地址

第 3 步：为两个虚拟主机分别创建网站根目录和首页文件，如例 9-4.1 所示。

例 9-4.1：搭建基于 IP 地址的虚拟主机——创建网站根目录和首页文件

```
[root@appsrv ~]# cd /webdata
[root@appsrv webdata]# mkdir www_100 www_111
[root@appsrv webdata]# echo "This is the homepage of 100." >www_100/index.html
[root@appsrv webdata]# echo "This is the homepage of 111." >www_111/index.html
```

第 4 步：在目录/etc/httpd/conf.d 中新建虚拟主机配置文件 vhost.conf，并添加以下内容，如例 9-4.2 所示。

例 9-4.2：搭建基于 IP 地址的虚拟主机——配置虚拟主机信息

```
[root@appsrv webdata]# cd /etc/httpd/conf.d
[root@appsrv conf.d]# touch vhost.conf
[root@appsrv conf.d]# vim vhost.conf
<Virtualhost 192.168.100.100>
        DocumentRoot /webdata/www_100
</Virtualhost>

<Virtualhost 192.168.100.111>
        DocumentRoot /webdata/www_111
</Virtualhost>
```

第 5 步：重启 Web 服务，如例 9-4.3 所示。

例 9-4.3：搭建基于 IP 地址的虚拟主机——重启 Web 服务

```
[root@appsrv conf.d]# systemctl restart httpd
```

第 6 步：在浏览器的地址栏中分别输入 http://192.168.100.100/index.html 和 http://192.168.100.111/index.html 并按【Enter】键，可以看到两个虚拟主机的首页，如图 9-5 所示。

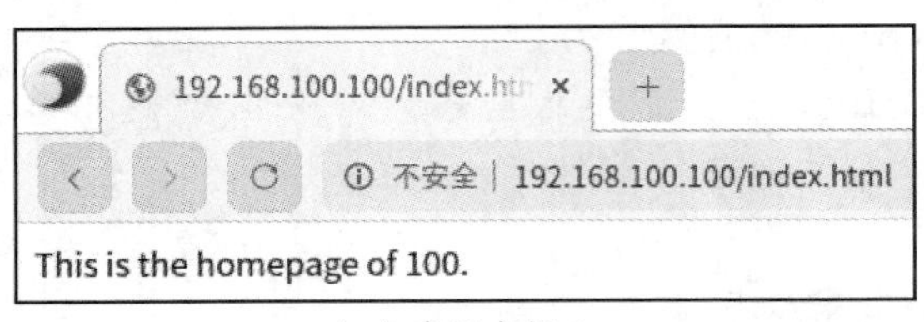

（a）虚拟主机 1

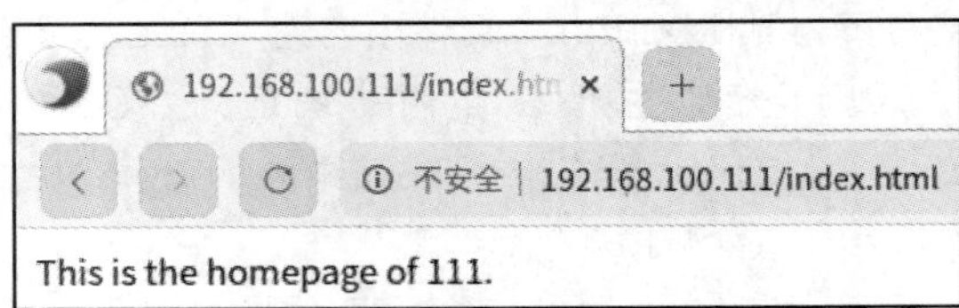

（b）虚拟主机 2

图 9-5　基于 IP 地址的虚拟主机

最后，作为实验的收尾工作，韩经理让尤博移除新添加的 IP 地址，以免影响后续的实验。这个小任务当然难不倒尤博，他现在已经能熟练地使用各种命令配置网络信息了。

实验 3：搭建基于域名的虚拟主机

韩经理接下来要演示的是搭建基于域名的虚拟主机，具体要求如下。

（1）在 appsrv 上搭建两个基于域名的虚拟主机，分别为 myweb.chinaskills.cn 和 yourweb.chinaskills.cn。

（2）虚拟主机 1 的域名为 myweb.chinaskills.cn，网站根目录为/webdata/www_myweb，网站首页为 index.html，具体内容为“Hi, this is myweb.”。

（3）虚拟主机 2 的域名为 yourweb.chinaskills.cn，网站根目录为/webdata/www_yourweb，网站首页为 index.html，具体内容为“Hi, this is yourweb.”。

（4）在 insidecli 上通过域名访问两个 Web 虚拟主机。

下面是韩经理的操作步骤。注意，第 1～5 步在 appsrv 上操作。

第 1 步：登录 appsrv 服务器，打开一个终端窗口，切换为 root 用户。

第 2 步：修改 DNS 服务的正向解析区域文件，在其中添加两条域名信息，如例 9-5.1 所示。修改完成后重启 DNS 服务。

微课

V9-6　搭建基于域名的虚拟主机

例 9-5.1：搭建基于域名的虚拟主机——添加域名信息

```
[root@appsrv ~]# cd /var/named
[root@appsrv named]# vim zone.chinaskills.cn
myweb           IN      A       192.168.100.100
yourweb         IN      A       192.168.100.100
[root@appsrv named]# systemctl restart named
```

第 3 步：为两个虚拟主机分别创建网站根目录和首页文件，如例 9-5.2 所示。

例 9-5.2：搭建基于域名的虚拟主机——创建网站根目录和首页文件

```
[root@appsrv named]# cd /webdata
[root@appsrv webdata]# mkdir www_myweb www_yourweb
[root@appsrv webdata]# echo "Hi,this is myweb." >www_myweb/index.html
[root@appsrv webdata]# echo "Hi,this is yourweb." >www_yourweb/index.html
```

第 4 步：修改 vhost.conf 文件，设置两个虚拟主机的网站根目录和域名，如例 9-5.3 所示。

例 9-5.3：搭建基于域名的虚拟主机——修改虚拟主机配置文件

```
[root@appsrv webdata]# cd /etc/httpd/conf.d
[root@appsrv conf.d]# vim vhost.conf
<Virtualhost 192.168.100.100>
        DocumentRoot /webdata/www_myweb
        ServerName myweb.chinaskills.cn
</Virtualhost>

<Virtualhost 192.168.100.100>
        DocumentRoot /webdata/www_yourweb
        Servername yourweb.chinaskills.cn
</Virtualhost>
```

第 5 步：重启 Web 服务，如例 9-5.4 所示。

例 9-5.4：搭建基于域名的虚拟主机——重启 Web 服务

```
[root@appsrv conf.d]# systemctl  restart  httpd
```

第 6 步：在浏览器的地址栏中分别输入 http://myweb.chinaskills.cn/index.html 和 http://yourweb.chinaskills.cn/index.html 并按【Enter】键，可以看到两台虚拟主机的首页，如图 9-6 所示。

（a）虚拟主机 1

（b）虚拟主机 2

图 9-6　基于域名的虚拟主机

实验 4：搭建基于端口的虚拟主机

最后，韩经理准备演示搭建基于端口的虚拟主机，具体要求如下。

（1）在 appsrv 上搭建两个基于端口的虚拟主机，两个虚拟主机的域名均为 www.chinaskills.cn。

（2）虚拟主机 1 的端口号为 8080，网站根目录为/webdata/www_8080，网站首页为 index.html，具体内容为“The port of this website is 8080.”。

（3）虚拟主机 2 的端口号为 8090，网站根目录为/webdata/www_8090，网站首页为 index.html，具体内容为“The port of this website is 8090.”。

（4）在 insidecli 上以“域名:端口”的形式访问两个 Web 虚拟主机。

下面是韩经理的操作步骤。注意，第 1～5 步在 appsrv 上操作。

微课

V9-7　搭建基于端口的虚拟主机

第 1 步：登录 appsrv 服务器，打开一个终端窗口，切换为 root 用户。

第 2 步：为两台虚拟主机分别创建网站根目录和首页文件，如例 9-6.1 所示。

例 9-6.1：搭建基于端口的虚拟主机——创建网站根目录和首页文件

```
[root@appsrv ~]# cd /webdata
[root@appsrv webdata]# mkdir www_8080 www_8090
[root@appsrv webdata]# echo "The port of this website is 8080." >www_8080/index.html
```

```
[root@appsrv webdata]# echo "The port of this website is 8090." >www_8090/index.html
```

第 3 步：修改 Web 主配置文件 httpd.conf，在其中启用 8080 号端口和 8090 号端口这两个监听端口，如例 9-6.2 所示。

例 9-6.2：搭建基于端口的虚拟主机——启用监听端口

```
[root@appsrv webdata]# cd /etc/httpd/conf
[root@appsrv conf]# vim httpd.conf
Listen 8080
Listen 8090
```

第 4 步：修改虚拟主机配置文件 vhost.conf，配置虚拟主机信息，如例 9-6.3 所示。

例 9-6.3：搭建基于端口的虚拟主机——修改虚拟主机配置文件

```
[root@appsrv conf]# cd /etc/httpd/conf.d
[root@appsrv conf.d]# vim vhost.conf
<Virtualhost 192.168.100.100:8080>
        DocumentRoot /webdata/www_8080
</Virtualhost>

<Virtualhost 192.168.100.100:8090>
        DocumentRoot /webdata/www_8090
</Virtualhost>
```

第 5 步：重启 Web 服务，如例 9-6.4 所示。

例 9-6.4：搭建基于端口的虚拟主机——重启 Web 服务

```
[root@appsrv conf.d]# systemctl restart httpd
```

第 6 步：在浏览器的地址栏中分别输入 http://www.chinaskills.cn:8080/index.html 和 http://www.chinaskills.cn:8090/index.html 并按【Enter】键，可以看到两个虚拟主机的首页，如图 9-7 所示。

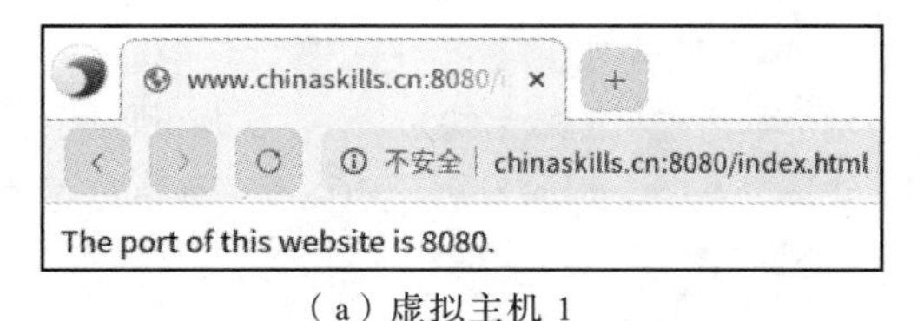

（a）虚拟主机 1

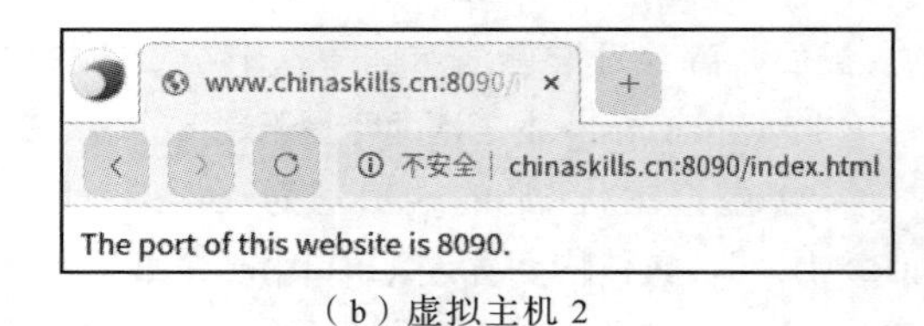

（b）虚拟主机 2

图 9-7　基于端口的虚拟主机

知识拓展

搭建用户个人主页

很多网站向用户提供了“个人主页”的功能，允许用户在权限范围内管理自己的主页空间。使用 Apache 软件搭建的 Web 服务器也能够实现个人主页的功能，而且步骤比较简单。用户在浏览器中访问个人主页空间时输入地址的格式如下。

```
http://Web 服务器域名/~ username
```

“～”符号后面的 *username* 就是用户在 Linux 操作系统中的用户名。因此，要想为一个用户设置个人主页，必须先在系统中建立相应的本地用户。

下面演示在 appsrv 中设置个人主页的方法。假设现在要为 skills 用户设置个人主页，skills 用户的主目录是/home/skills，在主目录中新建子目录 www 来作为个人主页空间的根目录，首页文件是 default.html。

第 1 步：新建个人主页空间根目录和首页文件，并合理设置目录和文件的权限，如例 9-7.1 所示。

例 9-7.1：搭建用户个人主页——新建目录和文件并设置权限

```
[skills@appsrv ~]$ chmod o+rx /home/skills
[skills@appsrv ~]$ ls -ld /home/skills
drwx---r-x    4    skills   skills   122         12月 17 21:37   /home/skills
[skills@appsrv ~]$ mkdir www
[skills@appsrv ~]$ cd www
[skills@appsrv www]$ vim default.html          // 添加下面一行内容
Hi, this is skills' homepage...
```

第 2 步：个人主页功能在默认情况下是禁用的，因此首先要启用此功能。方法是在/etc/httpd/conf.d/userdir.conf 文件中把含有“UserDir disabled”的那一行注释掉。个人主页空间的默认根目录是 public_html，所以要把 UserDir 参数和 Directory 配置段的路径设为 www，如例 9-7.2 所示。

例 9-7.2：搭建用户个人主页——启用个人主页功能

```
[skills@appsrv www]$ su - root
[root@appsrv ~]# cd /etc/httpd/conf.d
[root@appsrv conf.d]# vim userdir.conf
<IfModule mod_userdir.c>
    #UserDir disabled                    <== 将这一行注释掉
    UserDir www                          <== 设置个人主页空间根目录
</IfModule>
<Directory "/home/*/www">                <== 设置根目录相关权限
    ...
</Directory>
```

第 3 步：在主配置文件/etc/httpd/conf/httpd.conf 中把 default.html 追加到参数 DirectoryIndex 之后，如例 9-7.3 所示。

例 9-7.3：搭建用户个人主页——修改个人主页默认文件

```
[root@appsrv conf.d]# cd ../conf
[root@appsrv conf]# vim httpd.conf
<IfModule dir_module>
    DirectoryIndex   default.html   index.html
</IfModule>
```

第 4 步：重启 Web 服务，如例 9-7.4 所示。

例 9-7.4：搭建用户个人主页——重启 Web 服务

```
[root@appsrv conf]# systemctl restart httpd
```

第 5 步：在浏览器的地址栏中输入 http://www.chinaskills.cn/～skills 并按【Enter】键，可以看到用户 skills 的个人主页，如图 9-8 所示。

图 9-8　用户 skills 的个人主页

任务实训

本实训的主要任务是在统信UOS中搭建Web服务器，练习网站根目录、首页文件、用户个人主页和虚拟主机等的配置，并完成相关访问控制规则的配置。请根据以下实训内容完成实训任务。

【实训内容】

（1）在Web服务器中使用系统镜像文件搭建本地YUM源并安装Apache软件，配置Web服务器和客户端的IP地址。

（2）搭建一个简单的Web网站，将网站根目录设置为/siso/web，默认首页文件为default.html，内容为“Welcome to SISO!”。

（3）搭建基于IP地址的虚拟主机。

（4）搭建基于域名的虚拟主机。

（5）搭建基于端口的虚拟主机。

任务 9.2　部署 Mail 服务

任务概述

Mail 服务是互联网中使用最多的网络服务之一，Mail 服务的出现极大地改变了人们工作和生活中的沟通方式。借助 Mail 服务，人们可以随时随地接收来自同事、家人或朋友的电子邮件，就像一个隐形的“邮递员”整日奔波于互联网中不知疲倦地收信和送信一样。Mail 服务具体是如何工作的？Mail 服务涉及哪些网络协议？在统信 UOS 中如何搭建邮件服务器？这些问题将在本任务中一一得到解答。

知识准备

9.2.1　Mail 服务概述

1. Mail 服务的工作过程

微课

V9-8　Mail 服务工作过程

Mail 服务运行过程中涉及多个参与方。这些参与方按照邮件协议的规定相互协作，共同完成邮件的收发操作。Mail 服务的工作过程如图 9-9 所示。下面结合图 9-9 详细介绍在邮件的传输过程中各个参与方的角色和职责。

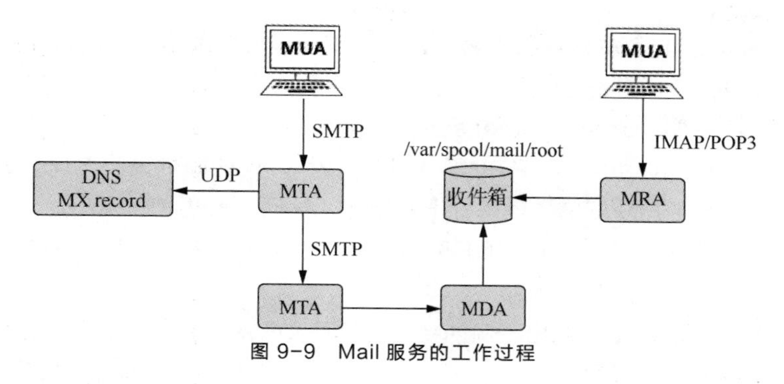

图 9-9 Mail 服务的工作过程

2. Mail 服务相关概念

（1）MUA

邮件用户代理（Mail User Agent，MUA）即通常所说的邮件客户端，也就是安装在用户主机中的邮件客户端软件。常用的 MUA 有 Foxmail、Thunderbird 及 Outlook Express 等。用户通过 MUA 从邮件服务器接收邮件，并在 MUA 提供的界面中浏览、编写和发送邮件。

（2）MTA

邮件传送代理（Mail Transfer Agent，MTA）主要负责收信与寄信。简单地说，我们可以认为 MTA 管理了一个域名下的多个邮件账号。用户在 MUA 中创建的邮件会被发送至发件人邮件账号对应的 MTA。MTA 收到邮件后首先检查收件人信息。如果 MTA 发现收件人邮件账号对应的 MTA 不是自己，则将邮件转发给下一个 MTA（可能是最终的 MTA，也可能是另一个 MTA），这就是 MTA 的邮件转发或中继（Relay）功能。因此，MTA 收到的邮件可能来自用户主机，也可能来自其他 MTA。常用的 MTA 软件有 Sendmail、Postfix 等。

（3）MDA

不管是否涉及邮件转发，最终总会有一个 MTA 接管这些邮件。MTA 将邮件交给邮件投递代理（Mail Deliver Agent，MDA），MDA 负责把邮件保存到收件人的收件箱中。收件箱其实是邮件服务器中的一个或多个文件。例如，保存 root 用户邮件的文件通常是/var/spool/mail/root。另外，MDA 除了负责把邮件保存到邮件服务器本地文件外，还可以执行其他一些管理功能，如邮件过滤。常用的 MDA 软件有 Procmail、Maildrop 等。

（4）MRA

邮件接收代理（Mail Receive Agent，MRA）与 MUA 交互，帮助收件人从其收件箱中收取邮件。常用的 MRA 软件有 Dovecot 等。

3. Mail 服务相关协议

从图 9-9 中可以看出，邮件收发时还涉及多个邮件协议，这些协议规定了邮件的格式以及邮件收发参与方应该如何协作。限于篇幅，下面仅简单介绍常见邮件协议的主要特点。

（1）SMTP

简单邮件传送协议（Simple Mail Transfer Protocol，SMTP）是一种可靠邮件传输协议，使用 TCP 的 25 号端口，是发送邮件时使用的标准协议。SMTP 定义了从发件人（源地址）到收件人（目的地址）传输邮件的规则，以及邮件在传输过程中的中转方式。从图 9-9 中可以看出，MUA 向 MTA 发送邮件以及一个 MTA 向另一个 MTA 转发邮件时均使用 SMTP。

SMTP 的重要特性之一是可以跨越网络传输，即 SMTP 邮件中继。使用 SMTP，可以实现同一网络内部主机之间的邮件传输，也可以通过中继器或网关实现不同网络之间的邮件传输。

SMTP 服务器是遵循 SMTP 的发送邮件服务器，用来发送或转发用户发出的邮件。

（2）IMAP 和 POP3

因特网信息访问协议（Internet Message Access Protocol，IMAP）和邮局协议第三版（Post Office Protocol-Version 3，POP3）是目前使用广泛的邮件接收协议。邮件客户端可以通过这些协议从邮件服务器获取邮件信息并下载邮件。从图 9-9 中可以看出，MUA 与 MRA 交互时使用 IMAP 或 POP3。IMAP 和 POP3 均运行于 TCP/IP 之上，使用的端口号分别是 143 和 110。

IMAP 和 POP3 在功能上体现出不同的特性。下面仅简单列举两者的几个区别，感兴趣的读者可以参考其他资料自行深入学习。

- IMAP 支持用户根据实际需要从邮件服务器下载邮件，而不是下载全部邮件。POP3 允许用户从邮件服务器下载所有未阅读的邮件，并在将邮件下载到本地的同时删除邮件服务器中的邮件。
- IMAP 支持邮件客户端和 WebMail（通过浏览器登录邮箱）的邮件状态同步。用户在邮件客户端上的操作（如浏览、删除、移动邮件）会更新到 WebMail 中，而用户在 WebMail 上对邮件进行的操作也会反映到邮件客户端上。因此，用户通过邮件客户端和 WebMail 看到的邮件状态是一致的。如果使用 POP3，那么用户在邮件客户端上的操作将不会更新到 WebMail。
- IMAP 弥补了 POP3 的不足，它提供的摘要浏览功能使用户可以查阅邮件的到达时间、主题、发件人、大小等信息，并决定是否收取、删除和检索邮件的特定部分，还可以在邮件服务器中创建或更改文件夹。
- POP3 假定邮箱当前的连接是唯一的。IMAP 允许多个用户同时访问邮箱，并提供了一种机制使这些用户相互知道对方对邮件所做的操作。IMAP 的这个特性非常适用于经常从多个终端设备（如手机、笔记本计算机、平板计算机等）访问邮箱的用户，便于其随时随地查阅邮件。

9.2.2 Mail 服务配置

1. Mail 服务的安装与启停

本任务需要在邮件服务器中安装两款软件，即 Postfix 和 Dovecot，分别负责邮件的发送和接收。Postfix 是由任职于 IBM 华生研究中心的一位荷兰籍研究员为改良 Sendmail 邮件服务器而开发的 MTA 软件。Postfix 的设计目标是更快、更容易管理、更安全，同时与 Sendmail 保持足够的兼容性。Dovecot 是一款开源的 IMAP 和 POP3 邮件接收代理软件。其开发人员将安全性放在第一位，所以 Dovecot 在安全性方面表现出色。另外，Dovecot 支持多种认证方式，在功能方面能够满足一般应用。本小节使用的邮件客户端软件是 Thunderbird。Thunderbird 的功能强大，支持 IMAP 和 POP 两种邮件协议及 HTML 邮件格式，具有快速搜索、自动拼写检查等功能。Thunderbird 具有较好的安全性，不仅提供垃圾邮件过滤、反“钓鱼”欺诈等功能，还为政府和企业应用场景提供更强的安全策略，包括数字签名和信息加密等。

这 3 款软件的安装过程如例 9-8 所示。

例 9-8：安装邮件相关软件

```
[root@uosv20 ~]# yum install postfix   -y
[root@uosv20 ~]# yum install dovecot   -y
[root@uosv20 ~]# yum install thunderbird   -y
[root@uosv20 ~]# rpm -qa | grep -E   'postfix|dovecot|thunderbird'
```

```
postfix-3.5.8-4.uelc20.04.x86_64
dovecot-2.3.16-3.uelc20.x86_64
thunderbird-102.10.0-2.uelc20.03.x86_64
```

Postfix 和 Dovecot 的后台守护进程分别为 postfix 和 dovecot，启停方法与前面介绍的几种服务的类似，具体可以参考表 6-6，这里不赘述。

选择【启动器】→【邮件客户端】选项，或者在终端窗口中直接执行 thunderbird 命令，即可打开 Thunderbird 主窗口，如图 9-10 所示。

一般来说，可以按照以下流程搭建 Linux 邮件服务器。

（1）配置 Postfix 服务器。

（2）配置 Dovecot 服务器。

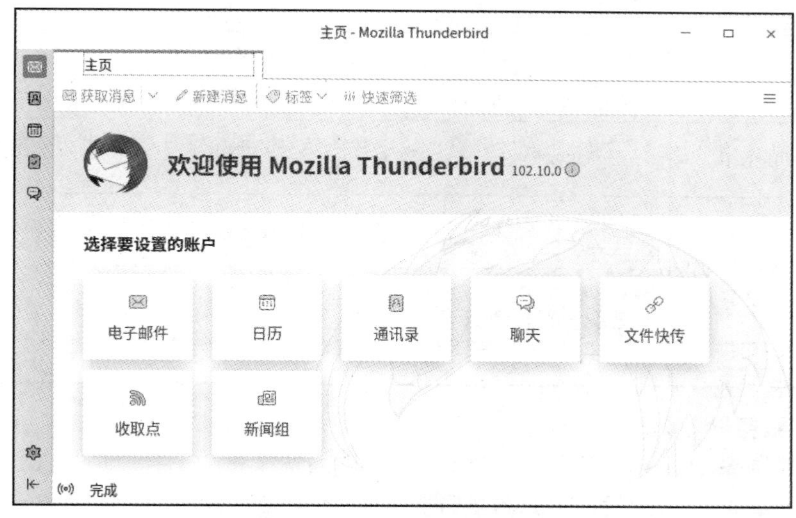

图 9-10　Thunderbird 主窗口

（3）进行邮件服务器本地配置，如新建本地邮件用户、设置本机域名等。

（4）在邮件客户端上添加邮箱账号。

2. Postfix 配置要点

Postfix 的主配置文件是/etc/postfix/main.cf，配置格式是“参数名=参数值”。配置文件中以“#”开头的是注释行。常用 Postfix 配置参数及其含义如表 9-1 所示。

表 9-1　常用 Postfix 配置参数及其含义

参数	含义
myhostname	邮件服务器所在主机的名称，采用 FQDN 的形式，如 mail.siso.edu.cn
mydomain	邮件服务器管理的域名，即发件人的邮箱域名，如 siso.edu.cn
myorigin	发件人邮箱对应的域名，默认为 mydomain 参数的值
mydestination	邮件服务器能够接收的收件人邮箱域名，有多个域名时，各域名间以逗号分隔
mynetworks	受信任的网络范围，来自该网络的邮件可以经此邮件服务器中继。有多个网络时，各网络间以逗号或空格分隔
inet_interfaces	Postfix 监听的网络接口，即 Postfix 接收邮件的网卡，默认为所有接口
home_mailbox	邮件的存储位置，这是相对于邮件用户本地主目录的存储位置

3. Dovecot 配置要点

Dovecot 的主配置文件是/etc/dovecot/dovecot.conf，也采用“参数名=参数值”的语法格式。Dovecot 还有若干辅助的配置文件被部署在/etc/dovecot/conf.d 子目录中。常用 Devecot 配置参数及其含义如表 9-2 所示。

表 9-2 常用 Dovecot 配置参数及其含义

配置文件	参数	含义
dovecot.conf	protocols	Dovecot 支持的协议，如 IMAP、POP3 等，各协议名间以空格分隔
	listen	Dovecot 监听的端口，“*”“::”分别表示监听所有的 IPv4 和 IPv6 端口
conf.d/10-auth.conf	disable_plaintext_auth	是否允许明文密码验证
	auth_mechanisms	Dovecot 的认证机制
conf.d/10-mail.conf	mail_location	邮件存储格式及位置，要与 Postfix 接收邮件的方式相同
conf.d/10-master.conf	service imap-login 配置区段下的 port 参数	IMAP 的服务端口
	service pop3-login 配置区段下的 port 参数	POP3 的服务端口
conf.d/10-ssl.conf	ssl	是否启用安全邮件协议，如 IMAPS/POP3S

4. 邮件服务器本地配置

邮件客户端通过 Dovecot 从邮件服务器获取邮件列表并下载邮件，Dovecot 同时也负责验证用户身份。可以将用户信息存储在邮件服务器本地，将其视为操作系统用户，检查/etc/passwd 文件。也可以将用户信息存储在数据库中，与数据库服务器建立连接后验证用户身份。本任务后续实验将采用前一种方式，因此需要在邮件服务器中新建本地用户作为邮箱账号。另外，需要设置邮件服务器的主机名和域名，并根据需要设置邮箱账号别名。具体设置方法详见后文的任务实施部分。

5. 邮件客户端配置

邮件服务器配置完成之后，需要在邮件客户端上添加邮箱账号进行测试。本任务使用 Thunderbird 作为邮件客户端，具体设置方法详见后文的任务实施部分。

任务实施

实验：搭建 Mail 服务器

这是韩经理给尤博演示的最后一个实验，也是难度最大的几个实验之一。韩经理要求尤博做好实验规划，明确实验思路，留意其中的重点步骤。实验拓扑如图 6-14 所示，具体要求如下。

（1）在 appsrv 上安装并配置 Postfix 和 Dovecot，启用 SMTP 和 IMAP。

（2）在 appsrv 上创建测试用户 mailuser1 和 mailuser2，用户邮件均被存储到用户主目录的 Maildir 中。

（3）在 appsrv 上添加广播邮箱地址 all@chinaskills.cn。当该邮箱收到邮件时，所有用户都能在自己的邮箱中查看邮件。

（4）在 insidecli 上使用 mailuser1@chinaskills.cn 向 mailuser2@chinaskills.cn 发送一封测试邮件，邮件标题为“just test mail from mailuser1”，邮件内容为“hello, mailuser2”。

（5）在 insidecli 上使用 mailuser2@chinaskills.cn 向 mailuser1@chinaskills.cn 发送一封测试邮件，邮件标题为“just test mail from mailuser2”，邮件内容为“hello, mailuser1”。

（6）在 insidecli 上使用 mailuser1@chinaskills.cn 向 all@chinaskills.cn 发送一封测试邮件，邮件标题为“just test mail from mailuser1 to all”，邮件内容为“hello, all”。

以下是韩经理完成本实验的操作步骤。注意，第 1～10 步在 appsrv 上操作。

第 1 步：登录 appsrv 服务器，打开一个终端窗口，切换为 root 用户。

微课

V9-9 搭建 Mail 服务器

第 2 步：安装 Mail 服务端软件，如例 9-9.1 所示。

例 9-9.1：搭建 Mail 服务器——安装 Mail 服务端软件

```
[root@appsrv ~]# yum install postfix -y
[root@appsrv ~]# yum install dovecot -y
[root@appsrv ~]# rpm -qa | grep -E 'postfix|dovecot'
dovecot-2.3.16-3.uelc20.x86_64
postfix-3.5.8-4.uelc20.04.x86_64
```

第 3 步：修改 Postfix 主配置文件 main.cf，配置邮件服务器域名、邮件接收网络接口等参数，如例 9-9.2 所示。

例 9-9.2：搭建 Mail 服务器——修改 Postfix 主配置文件 main.cf

```
[root@appsrv ~]# cd /etc/postfix
[root@appsrv postfix]# vim main.cf
myhostname = mail.chinaskills.cn
mydomain = chinaskills.cn
myorigin = $mydomain
inet_interfaces = all
mydestination = $myhostname, localhost.$mydomain, localhost, $mydomain
mynetworks = 0.0.0.0/0
home_mailbox = Maildir/
```

第 4 步：重启 Postfix 服务，并将其设为开机自动启动，如例 9-9.3 所示。

例 9-9.3：搭建 Mail 服务器——重启 Postfix 服务

```
[root@appsrv postfix]# systemctl restart postfix
[root@appsrv postfix]# systemctl enable postfix
[root@appsrv postfix]# systemctl list-unit-files | grep postfix
postfix.service                              enabled
```

第 5 步：修改 Dovecot 主配置文件 dovecot.conf，启用 IMAP 服务，且只在 IPv4 端口上进行监听，如例 9-9.4 所示。

例 9-9.4：搭建 Mail 服务器——修改 Dovecot 主配置文件 dovecot.conf

```
[root@appsrv postfix]# cd /etc/dovecot
[root@appsrv dovecot]# vim dovecot.conf
protocols = imap
listen = *              <== 只在 IPv4 端口上监听
```

第 6 步：修改 Dovecot 辅助配置文件 conf.d/10-auth.conf，如例 9-9.5 所示。

例 9-9.5：搭建 Mail 服务器——修改 Dovecot 辅助配置文件 10-auth.conf

```
[root@appsrv dovecot]# cd conf.d
```

```
[root@appsrv conf.d]# vim 10-auth.conf
disable_plaintext_auth = no
auth_mechanisms = plain login
```

第 7 步：修改 Dovecot 辅助配置文件 conf.d/10-mail.conf，如例 9-9.6 所示。

例 9-9.6：搭建 Mail 服务器——修改 Dovecot 辅助配置文件 10-mail.conf

```
[root@appsrv conf.d]# vim 10-mail.conf
mail_location = maildir:~/Maildir
```

第 8 步：修改 Dovecot 辅助配置文件 conf.d/10-ssl.conf，禁用 SSL（安全套接字层）协议，如例 9-9.7 所示。

例 9-9.7：搭建 Mail 服务器——修改 Dovecot 辅助配置文件 10-ssl.conf

```
[root@appsrv ~]# vim /etc/dovecot/conf.d/10-ssl.conf
ssl = no
```

第 9 步：重启 Dovecot 服务，并将其设为开机自动启动，如例 9-9.8 所示。

例 9-9.8：搭建 Mail 服务器——重启 Dovecot 服务

```
[root@appsrv conf.d]# systemctl restart dovecot
[root@appsrv conf.d]# systemctl enable dovecot
[root@appsrv conf.d]# systemctl list-unit-files | grep dovecot
dovecot.service                              enabled
```

第 10 步：修改 appsrv 防火墙，放行 Mail 服务，如例 9-9.9 所示。

例 9-9.9：搭建 Mail 服务器——在 appsrv 上放行 Mail 服务

```
[root@appsrv conf.d]# firewall-cmd --permanent --add-service=imap
[root@appsrv conf.d]# firewall-cmd --permanent --add-service=smtp
[root@appsrv conf.d]# firewall-cmd --reload
[root@appsrv conf.d]# firewall-cmd --list-services
cockpit dhcp dhcpv6-client dns http imap smtp ssh
```

注意：第 11、12 步在 routersrv 上操作。

第 11 步：登录 routersrv 服务器，打开一个终端窗口，切换为 root 用户。

第 12 步：修改 routersrv 防火墙，放行 Mail 服务，如例 9-9.10 所示。

例 9-9.10：搭建 Mail 服务器——在 routersrv 上放行 Mail 服务

```
[root@routersrv ~]# firewall-cmd --permanent --add-service=imap
[root@routersrv ~]# firewall-cmd --permanent --add-service=smtp
[root@routersrv ~]# firewall-cmd --reload
[root@routersrv ~]# firewall-cmd --list-services
cockpit dhcp dhcpv6-client dns ftp http imap nfs samba smtp ssh
```

注意：第 13、14 步在 appsrv 上操作。

第 13 步：在邮件服务器上新建本地用户，如例 9-9.11 所示。

例 9-9.11：搭建 Mail 服务器——新建本地用户

```
[root@appsrv conf.d]# useradd mailuser1
[root@appsrv conf.d]# useradd mailuser2
[root@appsrv conf.d]# passwd mailuser1
[root@appsrv conf.d]# passwd mailuser2
```

第 14 步：在邮件服务器上新建邮箱别名。具体方法是在/etc/aliases 文件中添加一行别名记录，并执行 newaliases 命令，如例 9-9.12 所示。

例 9-9.12：搭建 Mail 服务器——新建邮箱别名

```
[root@appsrv conf.d]# vim /etc/aliases
all: mailuser1,mailuser2
[root@appsrv conf.d]# newaliases
```

注意：第 15～18 步在邮件客户端上操作。

第 15 步：登录 insidecli，打开一个终端窗口，切换为 root 用户。

第 16 步：安装 Mail 客户端软件 Thunderbird，如例 9-9.13 所示。

例 9-9.13：搭建 Mail 服务器——安装 Mail 客户端软件

```
[root@insidecli ~]# yum install thunderbird -y
[root@insidecli ~]# rpm -qa | grep thunderbird
thunderbird-102.10.0-2.uelc20.03.x86_64
```

第 17 步：打开 Thunderbird 软件。首次使用 Thunderbird 时，系统会自动打开【账户设置】窗口，在其中输入账户名、电子邮件地址和密码后单击【手动配置】按钮，如图 9-11 所示。在服务器设置选项组中分别设置收件服务器（IMAP 或 POP3 服务器）及发件服务器（SMTP 服务器）的具体参数，如图 9-12 所示。单击【重新测试】按钮，测试服务器联通性并验证邮件账户合法性。如果测试通过，则单击【完成】按钮结束邮件账号添加操作。采用同样的方式添加邮件账号 mailuser2。添加完成后，在 Thunderbird 主窗口左侧即可看到两个邮件账号，如图 9-13 所示。

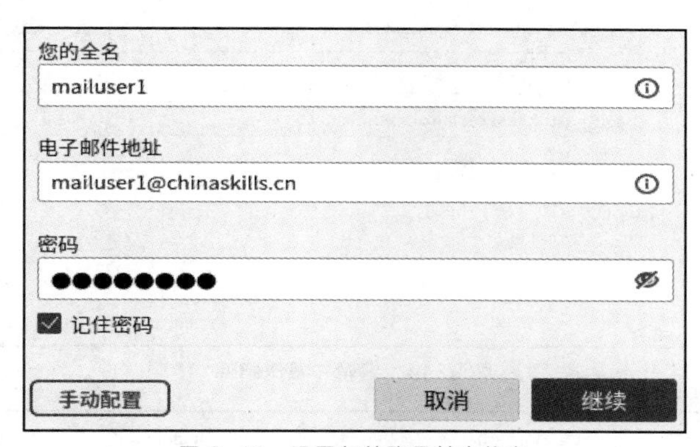

图 9-11 设置邮件账号基本信息

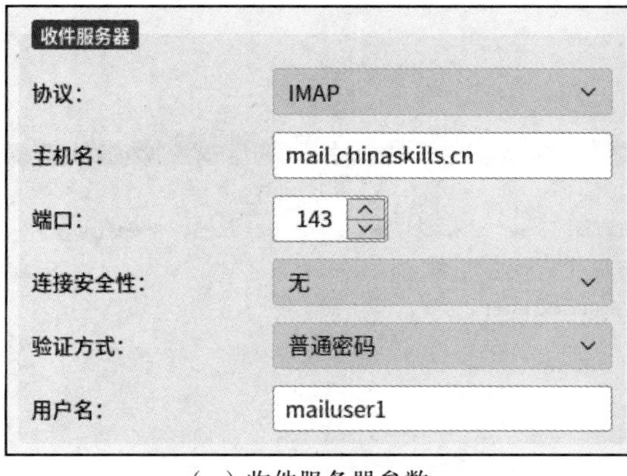

（a）收件服务器参数

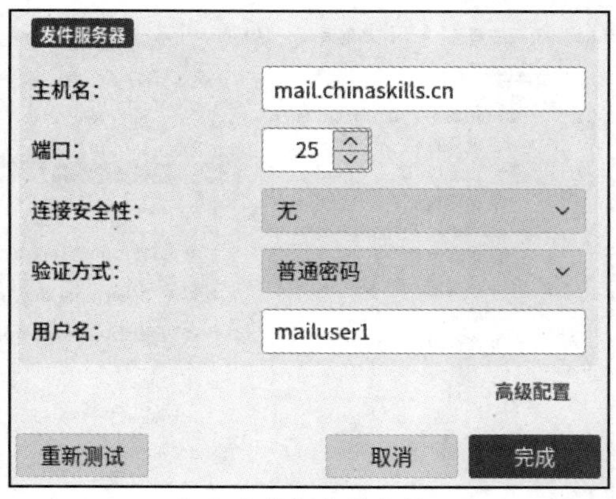

（b）发件服务器参数

图 9-12 设置收件服务器和发件服务器

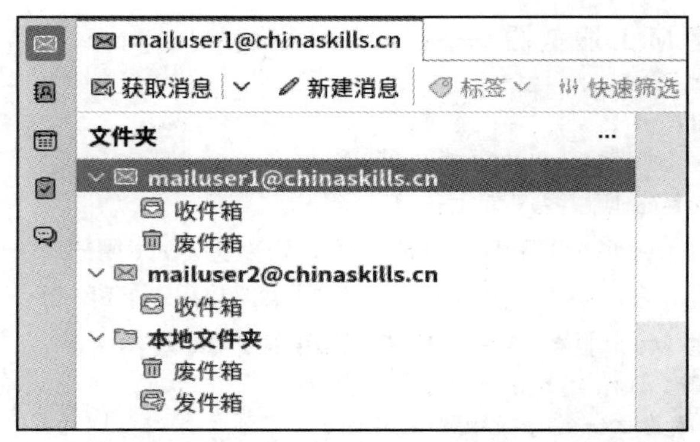

图 9-13　邮件账号添加成功

第 18 步：添加完两个邮件账号后，按照要求编辑并发送邮件，如图 9-14 所示。如果要发送广播邮件，则只需在收件人处填写 all@chinaskills.cn 即可。图 9-15 和图 9-16 分别展示了 mailuser1 的已发送消息界面和 mailuser2 的收件箱界面。

图 9-14　编辑并发送邮件

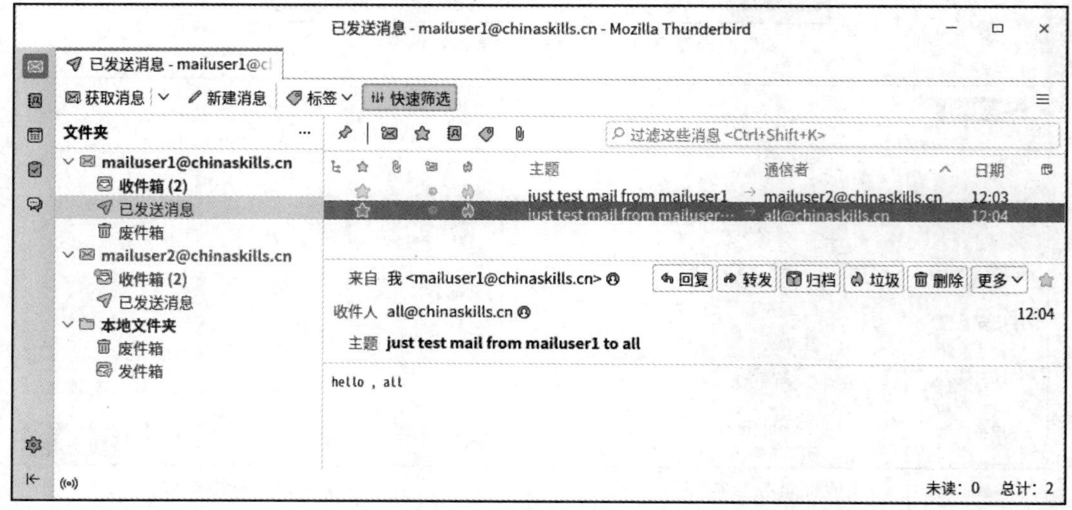

图 9-15　mailuser1 的已发送消息界面

图 9-16 mailuser2 的收件箱界面

邮件服务器实验做完了，韩经理和尤博不约而同地“长舒了一口气”。韩经理很开心能收到这样一位爱学习、肯吃苦的“徒弟”，祝愿他在以后的学习中再接再厉，不断取得新的成绩。尤博非常感谢韩经理这段时间的指导。尤博现在对“世上无难事，只要肯登攀”这句话有了更深刻的认识，对未来充满了信心。

知识拓展

搭建安全的邮件服务器

本任务的任务实施部分搭建的邮件服务器采用明文传输邮件账号及密码，这是一种不安全的通信方式。现在比较普遍的做法是使用 SSL 对 IMAP 和 POP3 进行加密，提高邮件传输的安全性。由于配置比较复杂，下面仅列出与 SSL 相关的配置命令。

第 1 步：生成邮件根证书、服务器证书和密钥，如例 9-10.1 所示。

例 9-10.1：搭建安全的邮件服务器——生成证书和密钥

```
mkdir /csk-rootca
cd /csk-rootca
openssl genrsa -out private/cakey.pem
openssl req -new -x509 -key private/cakey.pem -out csk-ca.pem
openssl genrsa -out server.key
openssl req -new -key server.key -out server.csr
openssl ca -in server.csr -out server.crt
```

第 2 步：将服务器证书和密钥放在指定目录，如例 9-10.2 所示。

例 9-10.2：搭建安全的邮件服务器——保存证书和密钥至指定目录

```
cp server.crt   /etc/pki/tls/certs/server.crt
cp server.key /etc/pki/tls/certs/server.key
```

第 3 步：在 Postfix 主配置文件/etc/postfix/main.cf 中配置参数，如例 9-10.3 所示。

例 9-10.3：搭建安全的邮件服务器——在 main.cf 文件中配置参数

```
smtpd_use_tls = yes
smtpd_tls_cert_file = /etc/pki/tls/certs/server.crt
smtpd_tls_key_file = /etc/pki/tls/certs/server.key
```

第 4 步：在 Postfix 配置文件/etc/postfix/master.cf 中配置参数，如例 9-10.4 所示。

例 9-10.4：搭建安全的邮件服务器——在 master.cf 文件中配置参数

```
#smtp     inetn   -   n   -   -   smtpd          # 将这一行注释掉
smtps     inetn   -   n   -   -   smtpd          # 取消注释
    -o smtpd_tls_wrappermode=yes
```

第 5 步：在 Dovecot 主配置文件/etc/dovecot/dovecot.conf 中配置参数，如例 9-10.5 所示。

例 9-10.5：搭建安全的邮件服务器——在 dovecot.conf 文件中配置参数

```
protocols = imaps/pop3s
listen = *
```

第 6 步：在 Dovecot 配置文件/etc/dovecot/10-master.conf 中配置参数，如例 9-10.6 所示。

例 9-10.6：搭建安全的邮件服务器——在 10-master.conf 文件中配置参数

```
service imap-login {
  inet_listener imap {
        #port = 143          # 将这一行注释掉，禁用不安全的 Mail 服务
        }
}
```

第 7 步：在 Dovecot 配置文件/etc/dovecot/10-ssl.conf 中配置参数，如例 9-10.7 所示。

例 9-10.7：搭建安全的邮件服务器——在 10-ssl.conf 文件中配置参数

```
ssl = required
ssl_cert = </etc/pki/tls/certs/server.crt
ssl_key = </etc/pki/tls/certs/server.key
```

第 8 步：在邮件客户端导入根证书。打开 Thunderbird 软件，依次单击【首选项】→【隐私与安全】→【证书】→【管理证书】→【证书颁发机构】→【导入】，如图 9-17 所示。

图 9-17　在邮件客户端导入根证书

任务实训

本实训的主要任务是在统信UOS中搭建邮件服务器，练习Postfix和Dovecot的配置方法。请根据以下实训内容完成实训任务。

【实训内容】

（1）在邮件服务器上安装Postfix和Dovecot软件，在邮件客户端上安装Thunderbird，配置邮件服务器和邮件客户端的IP地址。

（2）在邮件服务器上配置DNS服务，添加MX资源记录指定邮件服务器，域名为chinaskills.cn。

（3）设置邮件服务器的主机名和域名，分别为mailsrv和mail.chinaskills.cn。

（4）配置Postfix服务器和Dovecot服务器，启用SMTP和IMAP。

（5）创建测试用户zxy和xxt，用户邮件均被存储到用户主目录下的Maildir中。

（6）添加广播邮箱地址all@chinaskills.cn，当该邮箱收到邮件时，所有用户都能在自己的邮箱中查看该邮件。

（7）使用zxy@chinaskills.cn向xxt@chinaskills.cn发送一封测试邮件，邮件标题为“mail from zxy”，邮件内容为“hello, xxt”。

（8）使用xxt@chinaskills.cn向zxy@chinaskills.cn发送一封测试邮件，邮件标题为“mail from xxt”，邮件内容为“hello, zxy”。

（9）使用zxy@chinaskills.cn向all@chinaskills.cn发送一封测试邮件，邮件标题为“mail from zxy to all”，邮件内容为“hello, all”。

项目小结

本项目包含两个任务，主要介绍了Web服务和Mail服务的配置。任务9.1介绍了Web服务的工作原理和相关概念，并以Apache软件为例介绍了Web主配置文件的结构和语法。Apache是目前流行的搭建Web服务器的软件之一，具有出色的安全性和跨平台特性。任务9.2介绍了Mail服务的基本概念、工作过程和相关协议。Mail服务的运行涉及MUA、MTA、MDA和MRA等参与方，常使用的协议包括POP3、IMAP和SMTP等。任务9.2基于Postfix和Dovecot介绍了Mail服务的配置，Mail客户端则使用流行的Thunderbird。由于涉及多个配置文件，Mail服务器的搭建相对比较复杂，也更容易出错，所以需要反复练习以提高熟练度。

项目练习题

1. 选择题

（1）通过调整 httpd.conf 文件的（　　）配置参数，可以更改 Web 站点默认的首页文件。

A．DocumentRoot　　B．ServerRoot
C．DirectoryIndex　　D．DefaultIndex

（2）当 Web 服务器产生错误时，用于设定在浏览器中显示网站管理员电子邮箱地址的参数是（　　）。

A．ServerName　　B．ServerAdmin
C．ServerRoot　　D．DocumentRoot

（3）Web 服务器提供服务的标准端口是（　　）。

A．10000　　B．23　　C．80　　D．53

（4）平时所说的上网“冲浪”其实是指（　　）服务。

A．Web　　B．Telnet　　C．FTP　　D．DNS

（5）下列没有包含在网页 URL 中的是（　　）。

A．主机名　　B．端口号　　C．网络协议　　D．软件版本

（6）在 Linux 中，Web 主配置文件位于（　　）目录中。

A．/etc/httpd/　　B．/etc/httpd/conf
C．/etc/　　D．/etc/apache

（7）Apache 用于搭建（　　）。

A．DNS 服务器　　B．Web 服务器
C．FTP 服务器　　D．Sendmail 服务器

（8）如果要将 Web 服务端口号修改为 8080，则需要修改配置文件中的（　　）。

A．pidfile 80　　B．timeout 80　　C．keepalive 80　　D．listen 80

（9）与 MUA 交互，帮助收件人从其收件箱中收取邮件的是（　　）。

A．MUA　　B．MTA　　C．MDA　　D．MRA

（10）以下不属于常用 MUA 软件的是（　　）。

A．Foxmail　　B．Thunderbird
C．Outlook Express　　D．Postfix

（11）（　　）是一种常用的 MTA 软件。

A．Postfix　　B．Thunderbird　　C．Dovecot　　D．Foxmail

（12）（　　）是一种常用的 MRA 软件。

A．Dovecot　　B．Foxmail　　C．Thunderbird　　D．Postfix

（13）发送邮件时使用的标准协议是（　　）。

A．POP3　　B．IMAP　　C．SMTP　　D．ICMP

（14）（　　）是广泛使用的邮件接收协议，使用的端口是 143/TCP。

A．POP3　　B．IMAP　　C．SMTP　　D．ICMP

（15）POP3 使用的端口号是（　　）。

A．25　　B．57　　C．110　　D．80

2．填空题

（1）Web 服务在互联网中的应用非常广泛，它采用的是______模式。

（2）在 Linux 中，Web 主配置文件的绝对路径是______。

（3）Web 服务使用的是______端口。

（4）URL 的英文全称为______，中文名称为______。

（5）邮件用户代理的英文缩写为______，即通常所说的邮件客户端。

（6）MUA 先将邮件发送至发件人所在的______。

（7）Dovecot 是一种典型的______。

（8）______定义了传输邮件的规则，以及邮件在传输过程中的中转方式。

（9）IMAP 和 POP3 均运行于 TCP/IP 之上，使用的端口号分别是______和______。

3. 简答题

（1）简述浏览器和 Web 服务器交互的过程。

（2）什么是虚拟目录？它有什么优势？

（3）简述和邮件服务相关的几个基本概念。

（4）简述邮件服务的工作过程。

（5）简述常用的邮件协议的功能和特点。

项目10 技能大赛综合案例

10

1. 初始化环境

（1）默认账号及默认密码如下。

Username: root

Password: ChinaSkill24!

Username: skills

Password: ChinaSkill24!

（2）操作系统配置如下。

Region: China

Locale: English US (UTF-8)

Key Map: English US

2. 项目任务描述

尤博作为统信 UOS 技术工程师，被公司指派构建企业网络，为员工提供便捷、安全、稳定的内外网络服务。尤博必须在规定的时间内完成任务，并进行充分的测试，以确保设备和应用能够正常运行。请根据网络拓扑、基本配置信息和服务需求完成网络服务的安装与测试。网络拓扑如图 10-1 所示，基本配置信息如表 10-1 所示。

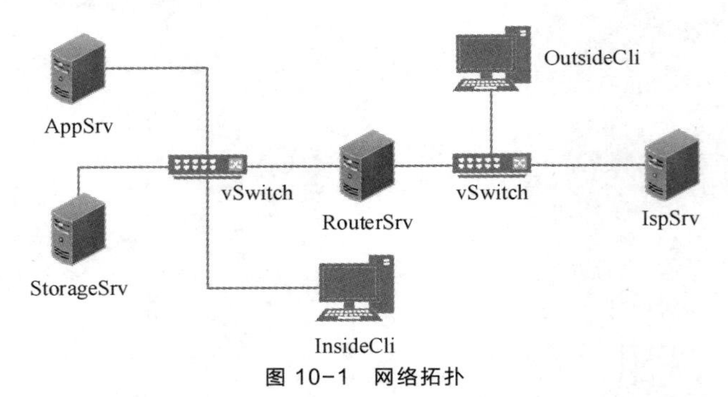

图 10-1　网络拓扑

表 10-1　基本配置信息

主机名	全限定域名（FQDN）	IP 地址/子网掩码/网关
IspSrv	ispsrv.chinaskills.cn	81.6.63.100/255.255.255.0/无
OutsideCli	outsidecli.chinaskills.cn	DHCP From IspSrv
AppSrv	appsrv.chinaskills.cn	192.168.100.100/255.255.255.0/192.168.100.254
StorageSrv	storagesrv.chinaskills.cn	192.168.100.200/255.255.255.0/192.168.100.254

续表

主机名	全限定域名（FQDN）	IP 地址/子网掩码/网关
RouterSrv	routersrv.chinaskills.cn	192.168.100.254/255.255.255.0/无 192.168.0.254/255.255.255.0/无 81.6.63.254/255.255.255.0/无
InsideCli	insidecli.chinaskills.cn	DHCP From AppSrv

注意：所有任务规划都基于统信 UOS。其中，为 OutsideCli 和 InsideCli 安装带有图形用户界面的系统，其他主机采用最小安装，均为字符界面。

3. 项目任务清单

（1）服务器 IspSrv 上的工作任务如下。

① DHCP 服务设置：为 OutsideCli 客户端网络分配 IP 地址，IP 地址池范围为 81.6.63.110～81.6.63.190/24；按照实际需求配置 DNS 服务器地址；按照实际需求配置网关地址。

② DNS 服务设置：配置为 DNS 根域名服务器，将其他未知域名统一解析为该主机 IP 地址；创建正向区域 chinaskills.cn；类型为 slave；主服务器为 AppSrv。

③ 防火墙设置：修改 INPUT 和 FORWARD 链默认规则为 DROP，添加必要的放行规则，在确保安全的前提下，最小限度地放行网络流量；放行 ICMP 流量。

（2）服务器 RouterSrv 上的工作任务如下。

① DHCP 中继设置：配置 DHCP 中继；允许客户端通过中继服务获取网络地址。

② 路由设置：启用路由转发功能，为当前网络环境提供路由功能。

③ SSH 服务设置：工作端口号为 2022；只允许用户 user01（密码为 ChinaSkill22）登录 RouterSrv，其他用户（包括 root 用户）不能登录；创建一个新用户，新用户可以从本地登录，但不能进行远程登录。

④ 防火墙设置：添加必要的 NAT 规则，使外部客户端能够访问内部服务器上的 DNS、Mail、Web 和 FTP 服务，允许内部客户端访问外部网络；INPUT、OUTPUT 和 FORWARD 链默认拒绝所有流量通行；添加必要的放行规则，在确保安全的前提下，最小限度地放行网络流量。

（3）服务器 AppSrv 上的工作任务如下。

① SSH 服务设置：安装 SSH，监听端口号为 19210；仅允许 InsideCli 客户端进行 SSH 访问，其余所有主机的请求都被拒绝；InsideCli 的 cskadmin 用户可以免密登录且拥有 root 用户的权限。

② DHCP 服务设置：为 InsideCli 客户端网络分配 IP 地址，IP 地址池范围为 192.168.0.110～192.168.0.190/24；按照实际需求配置 DNS 服务器地址；按照实际需求配置网关地址；为 InsideCli 客户端分配固定 IP 地址 192.168.0.190/24。

③ DNS 服务设置：为 chinaskills.cn 提供域名解析服务；为 www.chinaskills.cn、download.chinaskills.cn 和 mail.chinaskills.cn 提供域名解析服务；启用内外网解析功能，当内网客户端请求解析的时候，解析对应的内部服务器 IP 地址，当外部客户端请求解析的时候，解析提供服务的公有 IP 地址；添加邮件记录；将 IspSrv 作为上游 DNS 服务器，所有未知查询都由该服务器进行处理。

④ Web 服务设置：安装 httpd 进程，httpd 进程以 webuser 系统用户身份运行；搭建

www.chinaskills.cn 站点，网页文件存放在 StorageSrv 上，根目录为/webdata/wwwroot，在 StorageSrv 上安装 MariaDB，在本机上安装 PHP 开发环境，发布 WordPress 网站，MariaDB 管理员信息为 root/ChinaSkill22!；搭建 download.chinaskills.cn 站点，网页文件存放在 StorageSrv 上，根目录为/webdata/download，在该站点的根目录中创建文件 test.mp3、test.mp4、test.pdf，其中，test.mp4 文件的大小为 100MB，页面访问成功后能够列出目录中的所有文件。

⑤ Mail 服务设置：安装并配置 Postfix 和 Dovecot，启用 IMAP 和 SMTP；创建测试用户 mailuser1 和 mailuser2，用户邮件均被存储到用户主目录的 Maildir 中；添加广播邮箱地址 all@chinaskills.cn，当该邮箱收到邮件时，所有用户都能在自己的邮箱中查看该邮件；使用 mailuser1@chinaskills.cn 向 mailuser2@chinaskills.cn 发送一封测试邮件，邮件标题为“just test mail from mailuser1”，邮件内容为“hello , mailuser2”；使用 mailuser2@chinaskills.cn 向 mailuser1@chinaskills.cn 发送一封测试邮件，邮件标题为“just test mail from mailuser2”，邮件内容为“hello，mailuser1”；使用 mailuser1@chinaskills.cn 向 all@chinaskills.cn 发送一封测试邮件，邮件标题为“just test mail from mailuser1 to all”，邮件内容为“hello, all”。

⑥ 防火墙设置：修改 INPUT 和 FORWARD 链默认规则为 DROP；添加必要的放行规则，在确保安全的前提下，最小限度地放行网络流量；放行 ICMP 流量。

（4）服务器 StorageSrv 上的工作任务如下。

① NFS 服务设置：共享/目录，用于存储 AppSrv 的 Web 数据；仅允许 AppSrv 访问该共享目录。

② FTP 服务设置：安装并启用 vsftpd 服务；以本地用户 webadmin 身份登录 FTP 服务器后根目录为/webdata，且登录后被限制在自己的根目录下；允许 webadmin 用户下载和上传文件，但是禁止其上传扩展名为“.doc”“.docx”“.xlsx”的文件。

③ Samba 服务设置：创建 Samba 共享目录，本地目录为/data/doc，共享名为 cskdoc，仅允许用户 zsuser 上传文件；创建 Samba 共享目录，本地目录为/data/public，共享名为 cskshare，允许匿名访问，所有用户都能上传文件。

④ 防火墙设置：修改 INPUT 和 FORWARD 链默认规则为 DROP；添加必要的放行规则，在确保安全的前提下，最小限度地放行网络流量；放行 ICMP 流量。

（5）客户端 OutsideCli 上的工作任务如下。

软件安装及服务验证：作为 DNS 服务器域名解析测试的客户端，安装 nslookup、dig 命令相关软件；作为网站访问测试的客户端，安装 Firefox 浏览器及 curl 命令相关软件；作为 SSH 远程登录测试的客户端，安装 SSH 命令相关软件；作为 Samba 测试的客户端，使用图形用户界面进行浏览器测试，并安装 smbclient 命令相关软件；作为 FTP 测试的客户端，安装 lftp 命令相关软件；作为防火墙规则效果测试的客户端，安装 ping 命令相关软件。

（6）客户端 InsideCli 上的工作任务如下。

软件安装及服务验证：作为 DNS 服务器域名解析测试的客户端，安装 nslookup、dig 命令相关软件；作为网站访问测试的客户端，安装 Firefox 浏览器及 curl 命令相关软件；作为 SSH 远程登录测试的客户端，安装 SSH 命令相关软件；作为 Samba 测试的客户端，使用图形用户界面进行浏览器测试，并安装 smbclient 命令相关软件；作为 FTP 测试的客户端，安装 lftp 命令相关软件；作为防火墙规则效果测试的客户端，安装 ping 命令相关软件。